景园树木学

——识别特征与设计特性

周武忠　黄寿美　编著

Landscape Dendrology

内容提要

树木是有生命的景观，受环境条件的制约极大。不同的地域环境适宜不同的植物种类；同种植物在不同的地域环境下会有不同的生长表现。因此，为了确保设计效果，景观设计师必须掌握树木相关的植物学知识，包括形态特征、环境要求、分布区域、栽培习性、抗污染抗病虫能力，还应提出施工和养护管理要求。本书是在作者原有《观赏树木学》讲义的基础上改写而成，收录了华东地区城乡景观和园林绿地中常见景园树木约500种，重在描述常见树木的分类(识别)特征和设计特性，以便于景观设计师、园林艺术家和植物爱好者使用。

图书在版编目(CIP)数据

景园树木学：识别特征与设计特性/周武忠，黄寿美编著.
—上海：上海交通大学出版社，2020
ISBN 978-7-313-22142-1

Ⅰ.①景… Ⅱ.①周…②黄… Ⅲ.①园林树木-树木学
Ⅳ.①S685

中国版本图书馆 CIP 数据核字(2020)第 019171 号

景园树木学——识别特征与设计特性
JINGYUAN SHUMUXUE——SHIBIE TEZHENG YU SHEJI TEXING

编　　著：周武忠　黄寿美
出版发行：上海交通大学出版社　　地　　址：上海市番禺路951号
邮政编码：200030　　电　　话：021-64071208
印　　制：当纳利(上海)信息技术有限公司　　经　　销：全国新华书店
开　　本：710mm×1000mm　1/16　　印　　张：32.25
字　　数：505千字
版　　次：2020年5月第1版　　印　　次：2020年5月第1次印刷
书　　号：ISBN 978-7-313-22142-1
定　　价：192.00元

前言

本书是在我原有教学成果《观赏树木学》的基础上改写而成的，重在描述常见树木的分类（识别）特征和设计特性，以便于景观设计师、园林艺术家和植物爱好者使用。我的本意是想写一本《艺术家的植物学》（*The Botany for Artists*），因为在与一些画家和有艺术学背景的景观设计师交流中发现，他们的植物学知识很贫乏；此外在艺术院系读书的大学生和研究生有不少对植物学知识特别是花木知识很感兴趣。我也曾试着开设过相关课程和讲座，但讲授的花木知识不足以达到一名合格的景观设计师的专业要求。于是我编著了这本书，作为景观设计师的工具书或参考书。

树木是有生命的景观，受环境条件的制约极大。不同的地域环境要求栽种不同种类的植物；同种植物在不同的地域环境下会有不同的生长表现，甚至在同一地点由于营养条件的差异而发生变化。因此，为了确保设计效果，景观设计师必须掌握相关的植物学知识，包括形态特征、环境要求、分布区域、栽培习性、抗污染及抗病虫能力，还应提出施工和养护管理要求。现在不少地区都在进行公园城市建设，前期建设得很好，但在后续管理中植物养护的工作量很大、养护成本过高，造成巨大的财政压力，这些问题很大程度上是由植物种类选择不当引发的。树木是公园等绿色景观的骨架，熟悉它们是景园设计师的基本功。

本书收录了华东地区城乡景观和园林绿地中常见景园树木 500 多种（含变种、变型、品种）。编写时，我本想为每种植物配以精美实景照片和设计参数图表，但由于时间和能力所限，虽努力多年竟未能完成，只能争取在再版时加以完善。本书的初稿即原江苏农学院 1987 年版《观赏树木学》，初次编写过程中，雷东林、王晓春、黄永高等老师参与了部分工作，并参考了原南京林学院树木学教研室的《观赏树木学》讲义和原北京林学院的《园林树木学》讲义。本书重新编撰时得到了江苏东方景观设计研究院有限公司和绿艺建设集团有限公司的大力支持。黄寿美、黄寿颇、郭少海、方敏与我一起完成了本书稿的编写工作。对于为本书编撰作出贡献的上述教学、设计单位和相关人员，特别是我在原南京林学院树木学教研室进修时的三位指导老师向其柏教授、朱政德教授、赵奇增教授，谨在此一并深表感谢！

周武忠

2019 年 12 月 25 日

于上海交通大学

目录

总论：景园树木简述

各论：常用景园树木

第五章
针叶树类　45

总论：景园树木简述

第一章

概　　述

这一章的内容虽然是根据高等院校园林学和观赏园艺学专业的大纲编写，侧重于教学内容上的论述，作为相对独立的中级读物似乎没有必要；但系统了解树木和景园树木的概念，熟悉景园树木学的内容特别是树木识别的方法，对景园设计师不无裨益。

第一节　景园树木学的概念和研究内容

树木，为所有木本植物的总称，包括各种乔木、灌木和藤木。乔木是主干明显而直立、分枝繁盛的木本植物，植株一般较高大，分枝在距离地面较高处形成树冠，如松、杉、杨、榆等。灌木是无明显主干的木本植物，植株一般矮小，近地面处枝干丛生，均为多年生，如紫荆、木槿、迎春、海桐等。藤木则是茎干细长，不能直立，匍匐地面或攀附他物而生长的木本植物，如葡萄、紫藤、木香、凌霄等。

景园树木，顾名思义就是指具有造景作用的木本植物，包括观赏树木、经济树木、环保树木和具有其他功用的木本植物，只要能用于景观营建的目的，均可称为景园树木。景园树木广泛栽种于城镇绿地(各种公共绿地和专用绿地)、风景区、名胜古迹乃至室内等,可运用于各种景观类型中。通常所讲的“园林树木”是其中一个重要的组成部分。由于现代造景不仅求美,还较多地考虑环境保护、生态修复、防火防灾等各种功能,因此那些虽不以美观为其特色,但在城市及工矿区绿化和风

扬州瘦西湖花木景观之一——春日林间

扬州瘦西湖花木景观之二:木兰科开花盛景

扬州瘦西湖花木景观之三:长堤春柳

扬州瘦西湖花木景观之四:桃红柳绿

扬州瘦西湖花木景观之五:瘦西湖树木景观

扬州瘦西湖花木景观之六:香樟树为主体的风景林

景区建设中能起防护和改善环境作用的树种，如杨树、青檀、臭椿、刺槐等，都是景园树木。

景园树木学作为一门学科，是研究景园树木的种类、习性、栽培、管理及应用的科学。研究景园树木的种类，主要是解决树种识别的问题。这要从树种的形态特征入手，按植物的自然分类系统正确识别和鉴定树种，进而辨明一些重要的景园树木的变种、变型和品种，这是学好景园树木学的前提。景园树木的习性主要是指树木的生态习性和生物学特征。为了更好地栽培和应用景园树木，必须对各种景园树木的习性有较深入和全面的了解。因此，掌握景园树木的习性是学好景园树木学的基础。研究景园树木的栽培和管理是本学科的重点，其内容十分丰富，包括各类型景园树木的繁殖、育苗、栽培、养护等一系列原理和技术措施。至于景园树木的应用，一种是根据造景的综合功能和要求，对各类型景观和园林绿地的树种进行选择、搭配和布置；另一种根据盆栽观赏和室内布置的需要，选择合适的景园树木，恰当地造型和布置。这是学习景园树木学的目的。

第二节　景园树木学与其他学科的关系及学习方法

了解了景园树木学的概念和研究内容，不难理解它与其他学科的关系。景园树木学不仅与植物形态学、植物解剖学、植物分类学、植物生理学、植物地理学、植物生态学，以及气象学、土壤肥料学等基础课和专业基础课密切相关，也与其他专业课如花卉园艺学、造园学、果树栽培学、观赏植物保护学、景观建筑学、景观工程学等学科存在着彼此呼应、相辅相成的关系。此外，景园树木学作为园艺——这一古老艺术的一个部类，自然与文学、美学、绘画学、色彩学等不少艺术门类相关联。如果说观赏园艺专业是农业院校内的“艺术专业”的话，那么，这个专业的学生除了具备扎实的专业理论基础外，还必须具有较好的艺术修养和广博的知识面。这一点，不仅是学好景园树木学的需要，也是当今社会科学高度分化又高度综合，向综合化、整体化方向迈进，这一所谓“泛概念思潮”提出的新要求，是时代的召唤。当然，对于艺术院校和工科院校的环境艺术和景观学专业的学生而言，植物学和园艺学基础知识是必须补习的内容，否则是无法成为一位真正的景观设计师的。

在强调掌握必要的基础理论的同时，要学好这门课程，尤其要求重视景园树木学的实践性。

路边的野蔷薇（黄山）

林中绿色（琅琊山）

树林秋色

松林植被

黄山红叶树种

绿树环抱的美丽乡村

与许多其他栽培植物一样，景园树木最初都生于山野之中，通过人类的多年引种、栽培、选育和应用，才形成了今日花木世界的盛况。为了进一步研究、利用景园树木，尤其是洞悉树种生态习性与群体规律，可从观察、采集、记载、鉴定、分析野生树种及天然群落入手。通过对野生树种及其产地的调查，有助于深入了解观赏树种的习性及群体规律，扩大和丰富新的栽培树种。古人的学习经验“读万卷书，行万里路”，以及值得借鉴的最基本的国画理论“外师造化，中得心源”，都为研究景园树木指明了一条有效的途径，就是向自然学习。

研究景园树木学的另一条有效途径就是向传统学习！不仅要学习前人总结的科学的书本知识，更重要的是向生产实践学习，向老花农、老园丁学习。很多景园树木在人类的长期栽培下，产生了大量的变异。人们不仅培育出丰富多彩的树木品种，也积累了系统的栽培、应用经验。许多老花农、老园丁正是在多年的生产实践中，正确而细致地掌握了景园树木及其主要品种的生态习性与生物学特性。这些丰富而宝贵的经验，我们必须设法继承它，继往才能开来。只有在总结以往经验的基础上，深入研究在不同地区、不同条件以及不同要求下不同树种及其主要品种的习性、栽培技术和利用特点，才能促使这一学科的加速发展。

景园树木学是一门实践性很强的应用学科。因此，在景园树木学的教学过程中，必须始终贯彻理论联系实际的原则。除了通过课堂讲授以使学生掌握必要的基本理论外，学生还必须积极、认真、踏实地参加教学计划里的现场教学和实习，而且，还应尽可能多地利用一切良机进行实践锻炼，以培养自己在各种具体情况下解决实际问题的能力。

景园树木种类繁多，形态、习性、应用及优缺点等各有不同，应善于运用比较鉴别、归纳分析等方法，多动脑筋，在同中存异，在异中求同。这样反复对比，多方应用，加之随时随地发现和分析问题，多做实际观察和记载，假以时日，必能集腋成裘；掌握其中若干规律后，可望运用自如，得心应手。至于景园树木的拉丁学名与科、属、种特点，学习时除应用以上方法外，还要记忆背诵，勤学苦练，多采集标本，多鉴定树种，持之以恒，锲而不舍。如此方可功到自然成。

园林植物绚丽多彩的季相变化(维多利亚公园)

自然栽植的松柏景观

梅、茶间种

林缘栽植(双夹槐)

鸡爪槭秋色

冬日树林(黄连木)

第二章

景园树木的分类

进行景园树木的分类，主要是为便于识别和应用树种。分类的方法很多。除按植物进化系统将景园树木进行分类之外，还可按其他标准分类，如有按树木特性分类者（本书采用此分类方法，以便于设计应用），也有按观赏特性、园林用途和应用方式进行分类者，还有综合的分类方式等。目前学术界对树种分类尚有些不同观点，现择要介绍如下。

第一节　按植物进化系统分类

一、分类系统

要对纷繁的物种进行分类，就必须有一个依据的系统。人们对植物的分类，大概经历了人为的分类系统时期和自然的分类系统时期。

人为的分类系统仅就形态、习性、用途上的某些性状进行分类，往往用一个或少数性状作为分类依据，而不考虑亲缘关系和演化关系。如我国明朝李时珍

(1518—1593)所著《本草纲目》,依据外形及用途将植物分为草、木、谷、果、菜等五个部分;瑞典生物学家林奈根据雄蕊的有无、数目及着生情况将植物分为24纲,此皆为人为的分类系统。

为了某种应用上的需要,各种人为的分类系统至今时有使用。如经济植物学中往往以油料、纤维、香料等进行分类;果树学上往往以核果类、仁果类、干果类等进行分类。本书中提到的将景园树木按园林用途进行的分类亦属人为分类法。

自然分类系统或称系统发育分类系统(phylogenetic system),出现自19世纪后半期,它力求客观地反映出生物界的亲缘关系和演化发展。直到现在,虽然已有不少自然分类系统相继问世,但都不完善。其中有两个被子植物分类系统比较完备,一是恩格勒系统,由恩格勒(Engler)和勃兰特(Prantl)于1897年提出,另一是哈钦松(Hutchinson)系统,由哈钦松于1926年、1934年在其《有花植物科志》Ⅰ、Ⅱ中提出。

(一) 恩格勒系统

其特点归纳如下:

(1) 被子植物分单子叶植物和双子叶植物两个纲,单子叶植物纲在前(1964年的新系统改为双子叶植物纲在前)。

(2) 双子叶植物纲分离瓣花和合瓣花两个亚纲,离瓣花亚纲在前。

(3) 离瓣花亚纲中,按无被花、单被花、异被花的次序排列,因此把柔荑花序类(无被花和单被花类)作为最原始的双子叶植物处理,放在最前面。

(4) 在各类植物中又大致按子房上位、子房半下位、子房下位的次序排列。

(5) 目与科的范围较大。

恩格勒系统是植物分类学史上第一个比较完整的自然系统,也是目前应用最广的一个,特别是在欧洲大陆和美洲应用较广。由于它比较稳定实用,我国许多重要植物学著作也都应用这一系统,如《中国树木分类学》《中国高等植物图鉴》和《中国植物志》等。

(二) 哈钦松系统

其特点归纳如下:

（1）被子植物分双子叶植物和单子叶植物两个纲，双子叶植物纲在前。

（2）双子叶植物纲分木本植物和草本植物两大群。木本群以木兰目为起点，草本群以毛茛目为起点。木本植物较草本植物原始，木本群在草本群前。

（3）单子叶植物起源于毛茛目，较双子叶植物进化。

（4）不用人为分离瓣花、合瓣花两大群，而是把合瓣花类分散到木本、草本群中去。

（5）花的各部分呈离生状态，各部分螺旋状排列，具多数离生雄蕊、两性花、单叶和叶互生等系原始性状；而花的各部分合生或附生，各部分呈轮状排列，具少数合生雄蕊、单性花、复叶和叶对生或轮生等系进化（或次生）性状。

目前很多人认为哈钦松系统较为合理，而恩格勒系统则忽视了木麻黄科、杨柳科等雌蕊都是合生心皮的进化特征。我国华南、西南一带采用哈钦松系统者较多，《广州植物志》《海南植物志》等书即是。

此外，还有塔赫他间（Takhtajan）系统、日本田村道夫系统和美国柯朗奎斯特（Cronquist）系统。本书各论部分按树木的用途分类进行编排，便于设计师应用。

二、分类阶层

为了将各种植物分门别类，就需要按等级高低、从属关系有一个顺序。分类学的主要等级为界、门、纲、目、科、属、种，这些等级称为分类阶层（taxon）（见表2-1）。

表2-1　主要分类阶层及中外文对照表

中　文	英　文	拉丁文	学名字尾形式
界	Kingdom	Regnum	无
门	Phylum	Divisio (Phylum)	-phyta(菌)
纲	Class	Classis	-opsida -eae(藻) -tes(菌)
目	Order	Ordo	-ales
科	Family	Familia	-aceae
属	Genus	Genus	无
种	Species	Species	无

(1) 种(species):是植物分类鉴定和命名中的基本单位。遗传学上或者说生物学上对待种有一种流行的解释,认为同一物种的个体间可以进行交配,交换基因,产生能生育的后代,因此同一物种的全部个体就是一个能种内交配繁殖的群落。而不同的种之间就不能交配,或者交配了也只产生不能再繁殖的后代;换句话说,不同的种有生殖隔离。这就是生物意义上的种。

植物分类学能不能运用生物学种的概念和方法进行分类工作呢?理论上说是可以的,但是具体做时会遇到不少困难。因为许多种的分类、鉴别和命名是根据已经采回的腊叶标本进行的,如果要做遗传试验,看有无生殖隔离现象,在较短的时间内几乎不可能。另外,植物种的变异和形成新种的原因和过程又是极为复杂的,植物分类学者相信一点,即植物种内在的变化发展,如遗传性的变化和进化,生理、生化的变化多少要反映到形态上来,引起形态的相应变化。根据形态的分类,对种的划分和种的演化的判断是能够在一定程度上反映内在差异的。因此,植物分类学对植物的种的划分主要是根据植物的形态,尤其是花和果实的形态差异来进行的,这种差异必须比较稳定、可靠,才能与相近的种区别开来,否则将会引起混乱。但选择种间的形态差别在各学者中并无统一标准,因而在查阅植物学分类文献时常可以发现同一属种数不一致的现象。

(2) 亚种(subspecies):一般认为一个种内的类群,形态上有区别,分布上或生态上、季节上有隔离,这样的类群即为亚种。

(3) 变种(variety,拉丁文为 varietas):变种是一个种在形态上有一定的变异,而变异比较稳定,它分布的范围(或地区)比起前述的亚种小得多。因此有人认为变种是一个种的地方宗(local race)。

(4) 变型(form,拉丁文为 forma):也是发生了形态变异,但是看不出有一定的分布区,而是体现在零星分布的个体上,这样的个体被视为变型。

附:品种(cultivar,简写 cv.)不是植物分类学上的最小单位,它是人工长期培育和选择的产物。一个品种在植物分类上的最低位置既可以是变型、变种,也可以是种。但在多数情况下品种在植物分布上的最低位置相当于变种或变型。品种具有经济性状相近和繁殖稳定两大基本特征,且有明显的地区性。

三、植物命名法

同一种植物，由于地区不同，语言不同，往往有不同的名称。在我国，如金钟花，扬州又叫一串黄金，这叫同物异名。例如，叫白头翁的植物多达16种，且分属于4科16属。因此，为避免混乱和便于工作、学术交流，有必要给每一种生物制定统一使用的科学名称，即学名(scientific name)。国际上建立了生物命名法规，包括国际动物命名法规、国际栽培植物命名法规、国际细菌命名法规等。

国际植物命名法规(International Code of Botanical Nomenclature, ICBN)是1867年德堪多之子(Alphonso de Candolle)创议，参考英美学者意见后拟定的植物命名规则，经过多次国际植物学会议讨论修订而成。

现行的双名命名法(binomial nomenclature)是用两个拉丁字(或拉丁化形式的字)构成某一种植物的学名。这种命名方式是林奈首创的。第一个是属名，为名词；第二个是种名，为形容词。双名的后面可以附上命名人的姓氏缩写和命名的年份。如果种之下还有种下等级的名称，如变种，则叫三名法。示例如下。

桃：*Prunus persica* (L.) Batsch (二名)

蟠桃：*Prunus persica* (L.) var. *compressa* Bean.(三名)

以上例子说明蟠桃是桃的变种。桃和蟠桃所属的分类阶层是：植物界(Plantae)、被子植物门(Angiospermae①)、双子叶植物纲(Dicotyledonae②)、蔷薇目(Rosales)、蔷薇科(Rosaceae)、李属(Prunus)。

四、植物检索表

植物检索表(key)是鉴定植物的工具。检索表编制方法常运用植物形态比较方法，按照划分属、种(在园艺分类上还有品种)的标准和特征，选用一对明显不同的特征，将植物分为两类，如双子叶类和单子叶类，又从每类中再找相对的特征区

① 这两个字是已使用习惯了的，作为保留名，它们的字尾是不符合命名法规的。
② 同①。

分为两类，依此类推，最后分出科、属、种或品种。

检索表有两种常用的形式。

第一种，定距（二歧）检索表。这是最常用的一种，每对特征写在左边一定的距离处，前有号码如1，2，…，与之相对立的特征写在同样距离处，如此下去每行字数减少，距离越来越短，直到出现科、属或种、品种。

这种检索表的优点是相对立的特征排在同样距离处，对照区别清楚，使用方便。不足之处是种类多时，项目也多，左边空白太浪费篇幅。

定距检索表以裸子植物门10个科为例说明如下：

1. 乔木或灌木，叶条形或羽状深裂，不退化；花无假花被，花时胚珠完全裸露；次生木质部无导管。
  2. 叶大型，羽状深裂；茎通常不分枝 …………………… 1. 苏铁科 Cycadaceae
  2. 叶较小；树干有分枝。
    3. 叶扇形，叶脉二叉状 ……………………………… 2. 银杏科 Ginkgoaceae
    3. 叶非扇形，叶脉非二叉状。
      4. 球果（罕浆果状），种子无肉质假种皮。
        5. 常雌雄异株，每种鳞具1种子 ………… 3. 南洋杉科 Araucariaceae
        5. 常雌雄同株，每种鳞具2至多数种子。
          6. 球果的种鳞与苞鳞离生，每种鳞具2种子 …… 4. 松科 Pinaceae
          6. 球果的种鳞与苞鳞合生，每种鳞具1至多数种子。
            7. 叶及种鳞均螺旋状排列（罕对生） …… 5. 杉科 Taxodiaceae
            7. 叶及种鳞均交互对生或轮生 ………… 6. 柏科 Cupressaceae
      4. 种子核果状，有肉质假种皮。
            8. 雄蕊具2花药，花粉常无气囊 … 7. 罗汉松科 Podocarpaceae
            8. 雄蕊具3～9花药，花粉无气囊。
              9. 胚珠2枚，种子全为假种皮所包 ……………………
                 ………………………… 8. 三尖杉科 Cephalotaxaceae
              9. 胚珠1枚，种皮部分为假种皮所包，罕全包 …………
                 ……………………………… 9. 红豆杉科 Taxaceae

1. 灌木、亚灌木或草本状，叶退化成膜质鞘状，花有假花被；次生木质部有导管 …

…………………………………………………… 10. 麻黄科 Ephedraceae

第二种，平行检索表。与定距检索表不同处在于每一对特征（相反的）紧紧相连，易于比较。在一行叙述之后为一数字或为名称。仍以上例说明：

1. 乔木或灌木，叶条形或羽状深裂，不退化；花无假花被，花时胚珠完全裸露；次生木质部无导管 …………………………………………………………… 2

1. 灌木、亚灌木或草本状，叶退化成膜质鞘状；花有假花被；次生木质部有导管……………………………………………………………… 麻黄科 Ephedraceae

2. 叶大型，羽状深裂；茎通常不分枝 …………………… 苏铁科 Cycadaceae

2. 叶较小，树干有分枝 ……………………………………………………… 3

3. 叶扇形，叶脉二叉状 ………………………………… 银杏科 Ginkgoaceae

3. 叶非扇形，叶脉非二叉状 ………………………………………………… 4

4. 球果（罕浆果状），种子无肉质假种皮 …………………………………… 5

4. 种子核果状，有肉质假种皮 ……………………………………………… 8

5. 常雌雄异株，每种鳞具 1 种子 ……………………… 南洋杉科 Araucariaceae

5. 常雌雄同株，每种鳞具 2 至多数种子 …………………………………… 6

6. 球果的种鳞与苞鳞离生，每种鳞具 2 种子………………… 松科 Pinaceae

6. 球果的种鳞与苞鳞合生，每种鳞具 1 至多数种子 ……………………… 7

7. 叶及种鳞均螺旋状排列（罕对生）…………………… 杉科 Taxodiaceae

7. 叶及种鳞均交互对生或轮生 ……………………… 柏科 Cupressaceae

8. 雄蕊具 2 花粉，花粉常有气囊 ………………… 罗汉松科 Podocarpaceae

8. 雄蕊具 2～9 花药，花粉常无气囊 ……………………………………… 9

9. 胚珠 2 枚，种子全为假种皮所包 ……………… 三尖杉科 Cephalotaxaceae

9. 胚珠 1 枚，种子部分为假种皮所包，罕全包 ………… 红豆杉科 Taxaceae

五、鉴定植物的方法

进行植物标本鉴定时，应利用《中国植物志》《中国树木志》，各省及地区的植物志(树木志)及《中国高等植物科属检索表》来鉴定植物的科、属、种。每一种植物都有模式标本①可供查对,结合种的描述和插图,再参阅原始文献,鉴定就更有把握,但并不是每一种植物的鉴定都要这样做。

第二节　按树木的性状分类

按景园树木的性状,大致可分为以下几类。

(一) 针叶树类

(1) 常绿针叶树,如雪松、黑松、圆柏等。

(2) 落叶针叶树,如金钱松、池杉、水杉等。

(二) 阔叶乔木类

(1) 常绿阔叶乔木,如广玉兰、香樟、石楠等。

(2) 落叶阔叶乔木,如玉兰、苹果、樱花等。

(三) 阔叶灌木类

(1) 常绿阔叶灌木,如含笑、黄杨、茶梅等。

---

① 科或科级以下的分类群的名称都是由命名模式决定的。但更高等级(科级以上)分类群的名称当其名称是基于属名的时候也是由命名模式决定的。种或种级以下的分类群的命名必须有模式标本根据。模式标本必须要永久保存,不能是活植物。模式标本有下列几种。①主模式标本(全模式标本、正模式标本)(holotype):是由命名人指定的模式标本,即著者发表新分类群时据以命名、描述和绘图的那一份标本。②等模式标本(同号模式标本、复模式标本)(isotype):系与主模式标本同为一采集者在同一地点与时间所采集的同号复份标本。③合模式标本(等值模式标本)(syntype):著者在发表一分类群时未曾指定主模式而引证了 2 个以上的标本或被著者指定为模式的标本,其数目在 2 个以上时,此等标本中的任何 1 份均可称为合模式标本。④后选模式标本(选定模式标本)(lectotype):当发表新分类群时,著作者未曾指定主模式标本或主模式已遗失或损坏时,经后来的作者根据原始资料,在等模式或依次从合模式、副模式、新模式和原产地模式标本中,选定 1 份作为命名模式的标本,即为后选模式标本。⑤副模式标本(同举模式标本)(paratype):对于某一分类群,著者在原描述中除主模式、等模式或合模式标本以外同时引证的标本,称为副模式标本。⑥新模式标本(neotype):当主模式、等模式、合模式、副模式标本均有错误、损坏或遗失时,根据原始资料从其他标本中重新选定出来充当命名模式的标本。⑦原产地模式标本(topotype):当不能获得某种植物的模式标本时,便从该植物的模式标本产地采到同种植物的标本,与原始资料核对,完全符合者以代替模式标本的称为原产地模式标本。

（2）落叶阔叶灌木，如木兰、月季、玫瑰等。

（四）藤木

（1）常绿藤木，如常春藤、金银花、络石等。

（2）落叶藤木，如紫藤、凌霄、葡萄等。

（五）竹类

第三节　按景园树木的用途分类

景园树木按其用途可以分为以下九大类。

（1）庭荫树　植于庭园和公园以取其绿荫为主要目的的树种。一般多为冠大荫浓的落叶乔木，在冬季人们需要阳光时落叶。例如：梧桐、银杏、七叶树、槐、栾、朴、榉、榕等。

（2）行道树　种在道路两旁给车辆和行人遮阴并构成街景的树种。落叶或常绿乔木均可作行道树，但必须具有抗性强、耐修剪、主干直、分枝点高等特点。例如：悬铃木、槐、椴、银杏、七叶树、元宝枫、樟等。

（3）园景树（孤植树）　通常作为庭园和园林布局的中心景物，赏其树形或姿态，也有赏其花、果、叶色等的。例如：南洋杉、日本金松、金钱松、龙柏、云杉、冷杉、紫叶李、龙爪槐等。

（4）花灌木　通常指有美丽芳香的花朵或色彩艳丽的果实的灌木和小乔木。这类树木种类繁多，观赏效果显著，在园林绿化中广泛应用。例如：梅花、碧桃、樱桃、海棠、榆叶梅、锦带花、连翘、丁香、月季、山茶、杜鹃、牡丹、木芙蓉、金丝桃、火棘、枸骨等。

（5）藤木　具有细长茎蔓的木质灌木植物，它们可以攀缘或垂挂在各种支架上，有些可以直接吸附于垂直的墙壁上。它们不占或很少占用土地面积，应用形式灵活多样，是各种棚架、凉廊、围篱、墙面、拱门、灯柱、山石、枯树等的绿化好材料。藤木对提高绿化质量、丰富园林景色、美化建筑立面等方面有其独到之处。例如：

紫藤、凌霄、络石、地锦(爬山虎)、常春藤、薜荔、葡萄、金银花、铁线莲、木香等。

(6) 绿篱树种　适于栽作绿篱的树种。绿篱是成行密植,通常修剪整齐的一种园林栽植方式,主要起范围和防范作用,也可以用来分隔空间和屏障视线,或作为雕像、喷泉等的背景。用作绿篱的树种,一般都是耐修剪、多分枝和生长较慢的常绿树种。例如:圆柏、侧柏、杜松、黄杨、女贞、珊瑚树等。也有以观赏其花、果为主而不加修整的自然式绿篱。此类常用的树木有小檗、贴梗海棠、黄刺玫、枸橘(枳)、木槿等。

(7) 木本地被植物　指用于对裸露地面或斜坡进行绿化覆盖的低矮、匍匐的灌木或藤木。例如:铺地柏、匍地龙柏、平枝栒子、箬竹、倭海棠、常春藤等。

(8) 抗污染树种　这类树木对烟尘及有害气体的抗性较强,有些还能吸收一部分有害气体,起到净化空气的作用。它们适用于工厂及矿区绿化。例如:臭椿、榆、朴、杨树、桑、刺槐、槐、悬铃木、合欢、皂荚、木槿、无花果、圆柏、侧柏、广玉兰、棕榈、夹竹桃、女贞、珊瑚树、大叶黄杨等。

罗汉松盆景

古典园林最常用的传统花木白玉兰

纪念建筑常用松柏装饰

南京励志社历史建筑前的龙柏(由于栽植距离不合理,距建筑过近,树体过度外倾,只得用钢绳固紧,否则必定倒地)

人工松柏景观

松柏前的花木

韩国济州岛药泉寺庭园树木景观

1960年代的树木景观

成为建筑和构筑物配景的树木景观

(9) 盆景树种　指适于盆栽观赏或盆景艺术造型的树种，一般以姿态优雅、树叶细密、花果艳美、耐剪扎、易繁殖、寿命长的树种为佳。常用者如银杏、日本五针松、黑松、云杉、柏类、枷罗木、含笑、贴梗海棠、蜡梅、梅花、紫藤、檵木、瓜子黄杨、老鸦柿、石榴、金柑、寿星桃、柽柳、枸骨、雀梅、榔榆、鸡爪槭、虎刺、六月雪、小叶栀子、凌霄、十大功劳、南天竹、竹类、九里香、福建茶等。

第三章

景园树木的作用

景园树木的价值重在观赏，主要起植物造景和盆栽观赏等作用。当然，景园树木在环境保护方面的作用是显而易见的。除此之外，景园树木亦有一定的生产作用，可为人们带来经济效益。

第一节　景园树木的造园作用

景园树木是造园的"三要素"（山水、建筑和植物）之一。它不仅是大自然生态环境的主体，也是风景资源的重要内容。取之用于园林创作，可以造成一个充满生机的幽美的绿化自然环境；繁花似锦的植物景观可提供焕发精神的自然审美享受的对象。造园可以无山或无水，但不能没有植物。除了日本的"枯山水"庭园，似乎是没有植物的园林特例。但"枯山水"往往是园林的局部，而整个园林环境中，则是不乏栽种植物的。中国古典园林，特别是江南私家园林，虽然植物比重不大，但它仍然是园林景象构成必不可少的要素。连北京的颐和园和承德的避暑山庄等皇家宫苑，建筑也只在一个角落里，更多的是自然山水和植物。欧洲造园，不论是花园

(garden)或林园(park),顾名思义更是以植物造景为主要手段。我们可以说,植物与园林不可分割,离开了树木花草也就不成其为园林艺术了。

从现存的一些古典园林中也可以看出与花木有直接或间接的联系。例如承德离宫中的"万壑松风""青枫绿屿""梨花伴月""曲水荷香"等,都是以花木作为景观的主题而命名的。江南园林也不例外,例如拙政园中的枇杷园、远香堂、玉兰堂、海棠春坞、留听阁、听雨轩等,其命名也都与花木有联系。它们有的以直接观赏花木为主题,有的则是借花木而间接地抒发某种意境和情趣。

我们知道,中国古典园林不单是一种视觉艺术,而且还涉及听觉、嗅觉等感官。此外,春、夏、秋、冬时令变化,雨、雪、阴、晴等气候变化都会改变空间的意境并深深地影响人的感受,而这些因素往往又都是借花木为媒介而间接发挥作用的。例如拙政园中的听雨轩,就是借雨打芭蕉而产生的声响效果来渲染雨景气氛的。借风声也能产生某种意境。例如承德离宫中的"万壑松风"建筑群,就是借风掠松林而发出的松涛声得名的。

通过嗅觉而产生作用的花木就更多了。例如苏州留园中的"闻木樨香",拙政园中的"雪香云蔚"和"远香益清"(远香堂)等景观,巧借桂花、梅花、荷花等的香气袭人而成景得名的。

在园林创作中,植物不但是绿化的颜料,而且也是万紫千红的渲染手段。描写大自然的园林景象,要求它同大自然现实一样具备四季的变化,表现季相的更替,这正是植物所特有的作用。江南有四时不谢之花,它们分别显示着不同的时节;树木更是季相鲜明,花果树木春华秋实,仲夏则绿叶成荫果满枝,季相更替不已。一般落叶树的形、色也随季节而变化,春发嫩绿,夏被浓荫,秋叶胜似春花,冬季则有枯木寒林的画意。由花木的开谢与时令的变化所形成的丰富的园林景观是其他造园材料所望尘莫及的。

古藤老树或珍贵花木更具有独特的造园价值,有名胜的性质,它本身即可构成独立观赏的对象。因此,造园时常在一个适当的环境里,诸如小庭院、小天井、月台、路口等处,以台、座、栏、篱为衬托,做相对独立的陈设式布置。这些"活的历史文物",常招徕无数游客。如江苏昆山亭林公园入口处的古琼花树,苏州光福司徒庙四株形态各异的千年古柏(古人因其形而分别给它们题名"清、奇、古、怪"),杭州

南京六朝松(圆柏),成为南京悠久历史的活证

花开倾城的流苏树(邹城孟府)

镇院之宝——龙榆(糙叶树,青岛崂山太清宫)

皖南宏村入口处的“风水树”

上海养云安缦庭院栽植的中央景观树

银杏树(苏州天平山)

超山的一唐一宋两株老梅，以及山东曲阜孔庙大成殿前的一株相传为孔子手植的桧柏(现存者为清雍正二年即1732年所萌新条)等都起到了这样的作用。亭台楼阁、山石水池，圮废了还可以重修，而苍松古柏、老槐高桐等古树名木，却不能死而复活。因此，各地园林部门都十分重视古树名木的保护工作。即使枯干朽木，也不轻易挖去，而是采用特殊的手法，如缠以紫藤、凌霄，便可“枯木逢春”，蔚然成景。

综上所述，植物(花草树木)以其姿态(整体造型及根、干、叶、花、果的表现)、色彩、气味，在我国造园艺术中发挥着独特的景象结构作用。杨鸿勋先生曾对植物的园林艺术功能做过如下概括，简洁明了地说明了花木在造园中的作用：

隐蔽园墙，拓展空间；
笼罩景象，成荫投影；
分隔联系，含蓄景深；
装点山水，衬托建筑；
陈列鉴定，景象点题；
渲染色彩，突出季相；
表现风雨，供听天籁；
散布芬芳，招蜂引蝶；
根叶花果，四时清供。

第二节　景园树木的环境保护作用

人类是大自然的产物，它与自然环境息息相关，人类的生存依赖于良好的自然环境。在地球上人口较少，资源足以为人类提供足够的必需品的历史时期，环境问题是微乎其微的。但是，随着人口的增长，生产力的发展，再加上长期利用自然资源时存在着极大的盲目性，生产和生活排放的污染物超过了自然环境的容许量。这种变化不仅影响了局部地区的环境质量状况，而且也导致全球性环境的破坏，威胁着全人类的生存。这一全球性的环境问题，在人口稠密、居住拥挤、污染严重的城市尤为突出。因此以生态学的整体观点，着眼于长期的环境效益，从改善生态平衡的高度来进行城市园林绿化，是对人类、对社会、对历史负责的做法。毫无疑问，作为恢复良性生态循环重要手段之一的园林绿化，注重环境效益，强调以“绿”为主，以植物造园为主，已成为历史的必然趋势。

景园树木在改善环境和保护环境方面，可起相当显著的作用。根据一些学者对森林、树林、竹林等的卫生防护所做的试验和研究证明，它们具有放氧、吸毒、除尘、杀菌、减噪、防风沙、蓄水、保土、调节小气候以及对有害物质指示监测等作用，被称为绿色的环境卫士。所以，景园树木对环境污染的生态反应及其在改善和净化环境中的作用是人们用来监测环境和保护环境的重要手段。掌握各树种的特性，根据环境特点及要求科学地组织城市各类园林绿化，就能使景园树木在保护环境、美化环境中产生巨大的作用。

第三节　景园树木的生产作用

景园树木的生产作用表现为两个方面。一方面，有许多景园树木在满足园林美化和卫生防护两个主要功能的前提下，可以积极为社会提供一些经济副产品；另一方面，景园树木亦是花木生产者的生产资料，生产者可通过培育苗木，生产盆栽花木和树桩盆景等，获取经济效益。这后一方面的内容显而易见，不再赘述。

许多景园树木既有很高的观赏价值，又不失为良好的经济树种。例如桃、梅、李、杏、苹果、梨、山楂、枇杷、柑橘、杨梅等果树的观赏价值很高，其果实也美味可口。松属、胡桃属、山茶属、文冠果等树种的果实和种子富含油脂，为油料树种。茉莉、含笑、白玉兰、珠兰、桂花等著名花木富含芳香油。很多花木的不同器官多可以入药，如银杏、牡丹、十大功劳、五味子、木兰、枇杷、刺楸、杜仲、接骨木、金银花等均为药用花木。此外，还有不少树种可以提供淀粉类、纤维类、鞣料类、橡胶类、树脂类、饲料类、用材类等经济副产品，尤其是一些果树，除了兼有园林观赏与品果尝鲜等双重功效外，对于一些公园、风景区、私人住宅等具有更大的实用意义。纵观园林发展史，园林初出现的时候，倒是毫不例外地与有用的经济植物紧密结合的。它们的前身大多数是栽培药用植物、香料植物和果木类的园圃，后来才进一步发展为专门栽种争奇斗艳的珍花异卉，供帝王贵族游赏用的园子。一些贵族大家的园林里把实用的植物排除在外，纯粹以装饰性，甚至以栽培非实用性植物借此赏玩为基本目的。相应地，在栽培植物的选种育种上也出现了专业分化。育种工作者为了培育纯观赏目的的绿化材料，牺牲果实而追求较大的花朵，创造出许多不结果的纯观赏园艺品种。这种以装饰性美化为主的园林绿化概念一直持续到今天。

随着现代都市的日益繁杂，以及我国人民生活水平提高、观念意识改变，一方面使得“根叶花果，四时清供”的园林功能再度被认识；另一方面也使园林单位把已放弃了的经济效益重新提了出来。这意味着在园林里可较多地考虑栽培有实用价值的景园树木。“园林提供经济副产品”的问题又被提到园林工作的议事日程上来了。

在考虑园林提供经济副产品的问题时，应注意和防止两种偏向。一种是过分片面强调结合生产，甚至是重生产、轻园林，结果园林质量降低，综合功能难以发挥；另一种是完全忽视景园树木结合生产的意义，对能够合理兼收的副产品也不加采取和利用。当然，从整体上看，景园树木的防护作用和美化作用应是主导的、基本的，而景园树木的生产作用则是次要的、派生的，但也应尽可能地受到重视。

总之，很多景园树木既有很高的观赏价值，又是良好的经济树种，可以兼收不少副产品。只要选择得当，处理得法，在不妨碍景园树木发挥多种综合功能的前提下，可望做到一举两得。这样的美事何乐而不为呢？

第四章

景园树木的选择与配置

景园树木的选择是种植设计(俗称“配置”)的基础,应该包括两方面的内容:树种选择和种苗选择,不过后者一般属于施工阶段的内容。树种选择应当根据立地条件、气候特征和功能要求作出判断,然后进行科学合理的种植设计(配置)。

第一节　景园树木的配置原则

造园固然离不开山水,但如没有树木花草,园林的美好境界也难以形成,其中树木又充当着主角。因此,树木的选择是否合理,配置是否得当,直接关系着造园之工拙。谈到造园,就不能不讲求配植上的艺术效果,当然这要建立在满足树木生态习性的基础上,也得考虑造园的功能要求。也就是说树木的配置要体现美观、适用、经济的原则。

(1) 树木的配置首先要体现设计意图,满足功能需要。

景园树木的配置,首先要从园林的主题、立意和功能出发,选择适当的树种和配置方式来表现主题,体现设计意境,满足园林的功能要求。在配置中,要注意先面后点，先主后宾，远近、高低相结合的原则。

运用不同的树种可产生不同的意境。一般说来不规则的阔叶树可形成活泼、轻松的气氛，高大的针叶树能构成肃穆的环境。把树木的形态做各种象征和比拟，还能引起人们的想象和联想。如杭州的西泠印社，以松竹梅为主题，来比拟文人雅士清高、孤洁的性格。而在墓园、庙宇、祠墓、碑林、古迹等环境中，通过种植低垂的盘槐象征哀悼。此外，梅有"疏影横斜水清浅，暗香浮动月黄昏"的诗赞，竹子多被比拟为刚直脱俗，石榴花可用来表达炽热的情感等。

在用树木体现园林的主题上，我国古典园林中有许多值得后人借鉴的佳例。如杭州西湖的"平湖秋月"一景，它的主题是秋景和赏月，因此在树种选择方面以桂花、红枫为主，配以含笑、栀子花等芳香树木。夜间赏月时，微风习习送来阵阵花香，月光、水色、花香点出了"四时月好最宜秋"的意境。

园林兼有社会、经济、生态三大效益，选用树种时，一定要综合考虑，在一般功能之外，须出色地满足其重点要求。例如行道树，当然也要树形美观和适当结合生产，但树冠高大、叶密荫浓、生长迅速、根系发达，抗性较强、抗污染、少病虫害、耐土壤板结，耐修剪、发枝力强、不生根蘖、寿命长却是主要的要求。

(2) 树木配置也要满足生态学要求。

自然界的各种树木由于系统发育的不同，形成了不同的生态特征，对温度、湿度、光照、土壤及地形等环境因子的要求都不一样，对大气污染的抗性也不同。所以在树种的选择与配置上要适地适树，最好多采用乡土树种，使树木健康成长，充分发挥其自然面貌与典型之美；同时要排好种间关系，建立相对稳定的植物群落，充分发挥树木改善气候的功能和卫生防护功能。

值得一提的是工厂绿化中的树种选择问题。因为大多工厂会排放有害物质，所以应选择抗性强或净化能力较强的树种，并且具有生长快、成树早、耐瘠薄、易移植、便于管理的优点。沿海的工厂绿化设计时，还可选用具有抗盐、耐潮、抗风沙等特征的树种。

(3) 景园树木的配置还要体现色彩季相的变化和形体变化。

在配置中，景园树木的色彩能带来极明显的艺术效果。它的色彩变化一方面只是由树木本身具有的季相特点引起的色彩变化；另一方面是采用不同色彩的花木配置成丰富多彩的园林景象。园林的色彩首先由叶片体现，如从叶片着手，则不论是否开花，都具有良好的效果。因此要重视色叶木的应用。另外还应该注意绿叶树在不同季节色度和色调有明暗、深浅之异。不同树种的绿色也有区别，甚至同一树种的叶色还因土质、温度等环境因子的不同而不一样。表 4-1 和表 4-2 所示为几种常见色叶木及绿叶树的叶色分级。

表 4-1　色叶木一览表

编号	树种	叶形、特征	叶色				叶变色期	
			春	夏	秋	冬	变色日期	天数
1	无患子	偶数羽状复叶	—	—	黄	落	11 月上—12 月初	25～30
2	银杏	单生与簇生	—	—	黄	落	—	—
3	重阳木	互生	—	—	棕红	落	10 月中—11 月中	30
4	枫香	大、三裂	—	—	红黄	落	11 月初—12 月上	30
5	三角枫	—	—	—	黄红	落	10 月下—12 月上	20
6	乌桕	互生	—	—	红	落	10 月下—12 月上	20
7	柿	椭圆形	—	—	黄红	落	—	—
8	红枫	—	红	红	红	落	至 12 月上落叶	三季
9	鸡爪槭	掌状浅裂	—	—	红	落	—	—
10	红叶李	—	深红	深红	深红	落	至 12 月中落叶	三季
11	羽扇槭	—	—	—	红	落	—	—
12	青槭	—	—	—	黄	落	—	—
13	香樟	交互对生	棕红	—	—	落	—	—
14	麻栎	互生、边缘锯齿	—	—	棕黄	落	11 月上—11 月底	30
15	悬铃木	互生、缺刻深	—	—	黄	落	11 月中—12 月上	20

注：引自北京林学院《园林树木学》讲义。

表 4-2　树叶的绿色度分级表

绿色度分级	1	2	3	4
色调	淡绿	浅绿	深绿	暗绿
代表树种及类别	落叶树的春天叶色（如柳树）	阔叶落叶树的叶色（如悬铃木）	阔叶常绿树的叶色（如香樟）	针叶树的叶色（如雪松）

注：引自北京林学院《园林树木学》讲义。

在叶色和花色的搭配上，要注意明暗、色彩对比。如在以暗绿色常绿树为背景时,宜多种白色、黄色、粉红色的花灌木,以形成明快的园林景色。

园林的时空感主要由树木的季相变化体现,因此树木配置要体现不同时期的丰富色彩,交替出现优美的季相,做到四季各种重点,每月均有花开。正如欧阳修《谢判官幽谷种花》云:“浅深红白宜相间,先后仍须次第栽。我欲四时携酒去,莫教一日不花开。”为了创造四季花景,有效的配置方法是采取不同花期的花木,分层次布置,或混合种植以延长整个园林的花期。各树木的花、果期可参阅表 4-3。

表 4-3 园林树木的花果物候表

树种	开花期	花色	果熟期	果色	树种	开花期	花色	果熟期	果色
日本冷杉	3—4	—	10	褐	匐地柏	4	—	—	—
银杏	3—4	—	9—10	淡黄	铅笔柏	3—4	—	10—11	蓝绿
雪松	10—11	—	翌年 10	淡黄	罗汉柏	4—5	—	8—9	深绿
白皮松	4—5	—	翌年 10—11	赤褐	竹柏	5—6	—	11	黑
赤松	3—4	—	翌年 10	淡褐	南方红豆杉	3—4	—	10—11	红
湿地松	3	—	翌年 10	黄褐	榧	3—4	—	翌年 8—10	淡紫红
马尾松	4	—	翌年 11	栗褐	响叶杨	2—3	—	4	—
日本五针松	4—5	—	翌年 6	淡褐	加拿大白杨	3	—	5	—
黑松	4	—	翌年 10	栗褐	毛白杨	3	—	4	—
金钱松	4—5	—	10—11	红褐	垂柳	3	—	4	—
柳杉	2—3	—	10—11	黄绿	旱柳	3—4	—	4—5	—
杉木	3—4	—	10—11	黄褐	杨梅	4	紫红	4	紫红
水杉	3	—	10	深褐	薄壳山核桃	4—5	淡黄	11	黑褐
池杉	3—4	—	10—11	深褐	山核桃	4—5	淡黄	9	褐
侧柏	3	—	10	绿褐	黑胡桃	4—5	—	9—10	灰褐
千头柏	3—4	—	10	灰褐	枫杨	4	黄绿	8	灰褐
日本扁柏	3—4	—	11	绿褐	板栗	5—6	黄褐	9—10	棕褐
日本花柏	3—4	—	11	绿褐	锥栗	5—6	—	10	棕褐
柏木	3	—	翌年 6—7	黄褐	苦槠	5	黄	10	棕褐
圆柏	3—4	—	翌年 11	暗褐	钩锥	5—6	淡黄	翌年 9—10	褐
龙柏	3—4	—	翌年 10	蓝黑	绵槠	8—10	♂乳白	翌年 10	褐
石栎	8	—	翌年 12	紫褐	十大功劳	8—10	黄	12	蓝黑
青冈栎	4—5	♂黄绿	10—11	褐	阔叶十大功劳	1—3	淡黄	5	暗蓝
青栲	1—5	—	10—11	褐	天竹	5—6	淡黄白	12	鲜红

(续表)

树种	开花期	花色	果熟期	果色	树种	开花期	花色	果熟期	果色
栓皮栎	4—5	黄绿	翌年 10	淡褐	玉果南天竹	5—6	白	12	淡黄
麻栎	4—5	乳白	翌年 10	淡褐	红茴香	4—5	暗红	10	赭褐
糙叶树	3	—	9—10	灰黑	南五味子	5—6	淡黄	10	深红
珊瑚朴	4	白	10	暗黄橙	鹅掌楸	4—5	橙黄	10	淡黄褐
朴树	4	淡绿	9	橙红	北美鹅掌楸	5	淡绿黄	10—11	灰白
紫弹树	4	—	10	橙黄	玉兰	3	白	9—10	淡褐
黑弹树	4	—	10	紫黑	荷花玉兰	5—6	白	9—11	淡紫红
榔榆	8—9	—	10—11	淡灰褐	日本辛夷	3	白带紫	9—10	淡紫红
榆树	3—4	紫褐	5	黄白	木兰	4—5	外紫内白	9	淡褐
榉树	3—4	—	10—11	淡杰褐	凹叶厚朴	4—5	白	9—10	淡褐
无花果	春夏秋	—	次第成熟	紫黑	二乔木兰	3—4	紫红带白	9—10	紫红
薜荔	4	—	8—9	黄褐	狭叶木莲	4—5	白	9	紫红
桑树	4	♂黄♀绿	5—6	紫褐	含笑	4	乳黄	9	黄绿
牡丹	4	紫红等	8	黄褐	山蜡梅	11	黄白	翌年 6	褐
木通	4	♂淡紫 ♀褐	8	暗紫	蜡梅	2	蜡黄	8	紫褐
三叶木通	4	紫红	8	蓝紫	樟	15	淡黄绿	10—11	紫黑
鹰爪枫	4	♂白♀紫	9	紫红	浙樟	5—6	黄绿	10—11	蓝黑
长柱小檗	4	黄	11	蓝紫	细叶香桂	5—6	白	9	蓝黑
日本小檗	4	淡黄	10	鲜红	月桂树	4	黄	9	暗褐
长叶小檗	4—5	黄	11	红	乌药	3—4	黄绿	9—10	鲜红
紫楠	5—6	黄绿	10—11	蓝黑	石楠	4—5	白	11	紫红
浙江紫楠	5—6	淡黄	11	黑	杏	3—4	白、粉红	6	黄
檫木	2—3	黄	8	蓝黑	郁李	3—4	白、淡红	6—7	紫黑
溲疏	5—6	白	10—11	灰绿	尾叶樱	3—4	微红、白	5—6	紫黑
八仙花	6—7	白蓝	10—11	—	梅	1—3	白、红	6	黄绿
山梅花	5—6	白	10	—	桃	3	粉红	6—7	黄绿
海桐	4—4	白、淡绿	10—11	橙黄	李	3	白	7	黄、青紫
蜡瓣花	3—4	黄	9	黄褐	欧洲紫叶李	3—4	粉红	6	紫红
蚊母树	4	绿	9—10	黄褐	日本晚樱	4	粉红	—	—
金缕梅	2—3	金黄	10	黄褐	火棘	4—5	白	10—11	深红
枫香	3—4	黄褐	10—11	灰褐	窄叶火棘	5—6	白	10—11	橙红

（续表）

树种	开花期	花色	果熟期	果色	树种	开花期	花色	果熟期	果色
杜仲	3—4	淡黄	10—11	黄褐	月季	5—10	玫瑰红	8—10	橙黄
悬铃木	4	♂淡黄绿 ♀棕红	10	灰褐	山木香(小果蔷薇)	4—5	白	12	橙红
木瓜	4	淡粉红	9—10	深黄	野蔷薇	4—5	白	11	深红
贴梗海棠	3—4	深红	10	黄绿	木香花	5	淡黄、白	9—10	红
枇杷	11—12	白	5	橙黄	玫瑰	4—5	紫红	8—9	砖红
白鹃梅	4—5	白	8—9	棕红	粉花绣线菊	6	粉红	8—9	棕褐
棣棠	4—5	金黄	8	紫黑	麻叶绣线菊	4—5	白	9	黄褐
海棠	4—5	淡红	9	黄	李叶绣线菊	3—4	白	8—9	黄褐
西府海棠	3—4	粉红	—	—	珍珠绣线菊	3—4	白	4—5	黄褐
垂丝海棠	3—4	玫瑰红	—	—	合欢	6—7	粉红	10	黄褐
苹果	4	粉红	7—10	红、黄绿	山合欢	5—6	黄白	9—10	深褐
紫穗槐	5—6	紫蓝	9—10	棕褐	冬青	5—6	淡紫红	11	红
云实	5—6	黄	9—10	赤褐	毛梗冬青	4—5	灰白	11	深红
紫荆	4	玫瑰红	10	灰黑	大叶冬青	5	绿	10—11	红
肥皂荚	4—5	紫红	10—11	褐紫	枸骨	4	黄绿	11	鲜红
油麻藤	4	紫黑	10	黄褐	温州冬青	4—5	淡黄白	11	深红
刺槐	4—5	白	8—9	赤褐	卫矛	4—5	淡黄绿	9—10	紫绿
槐	6—7	—	10	黄绿	胶东卫矛	8	淡绿	11	粉红
紫藤	4	淡紫蓝	10	深灰	扶芳藤	6—7	粉红	10	淡黄紫
朱橘	5	白	10	朱红	冬青卫矛	6	绿白	10	淡红
金柑	7	白	12	金黄	三角枫	4	黄绿	9	淡灰黄
枸橘(枳)	4—5	白	9—10	橙黄	梣叶槭	4	♂棕红♀ 黄绿	9	淡褐
酸橙	5	白	11	橙黄	鸡爪槭	3—4	紫红	10	棕黄
臭椿	5	黄绿	9	灰黑	七叶树	5	白	9—10	棕黄
楝	4—5	淡紫	11	淡黄	山膀胱(全缘叶栾树)	8—9	黄	10—11	黄褐
香椿	5—6	白	10	灰褐	无患子	5—6	黄白	11	淡黄褐
山麻	4—5	紫	7—8	—	南枳椇	6	绿白	10	灰褐
重阳木	4—5	淡绿	11	暗红褐	枣	5—6	黄绿	9—10	紫红
乌桕	6	黄绿	11	黑褐	雀梅藤	10	黄绿	翌年 4—5	紫黑
匙叶黄杨	4	黄	7	紫黑	爬山虎	6	淡黄绿	10	蓝黑

（续表）

树种	开花期	花色	果熟期	果色	树种	开花期	花色	果熟期	果色
黄杨	3—4	黄绿	7—8	黑	葡萄	5—6	淡黄绿	9	黄白 红紫
南酸枣	4	紫红	9—10	黄褐	杜英	6—7	黄白	11	暗紫
黄连木	4	淡绿 紫红	11	紫蓝	木芙蓉	9—11	红、白	—	—
梧桐	6	淡黄	9	黄褐	木槿	6—10	紫蓝	10—11	淡灰褐
猕猴桃	5	白	10	黄褐	常春藤	9	黄白	翌年 4—5	橙黄
山茶	2—4	绯红	10	绿紫	刺楸	8—9	淡黄绿	11—12	蓝黑
杨妃茶	1—3	水红	—	—	酒金珊瑚	3—4	紫褐	11	鲜红
茶梅	12—2	玫瑰红	—	—	山茱萸	3	淡黄	9—10	深红
油茶	10—11	白	翌年 10	紫褐	毛梾	5—6	白	8—9	紫黑
木荷	6	白	翌年 10	黄褐	光皮梾木	5—6	白	11	紫黑
厚皮香	6	淡黄	10	绛红	马银花	4	淡紫黄	10	深褐
金丝桃	6—7	鲜红	8	黄褐	云锦杜鹃	5	淡玫瑰红	11	—
金丝梅	6—7	金黄	8—9	黑褐	鹿角杜鹃	4	粉红	10	紫褐
密花金丝桃	6	黄	9—10	黑褐	安徽杜鹃	4	白、淡紫	—	—
柽柳	4、6、8	淡红	8	黄褐	杜鹃	4	玫瑰红	10	暗褐
柞木	8—9	淡黄	12	黑	满山红	4	蔷薇红	—	—
结香	2—3	金黄	5	暗绿	羊踯躅	4—5	金黄	10	赤褐
胡颓子	10—11	银白	翌年 5	棕红	毛白杜鹃	4—5	白	—	—
牛奶子	白	—	—	—	紫蓝杜鹃	4—5	玫瑰紫	—	—
黄薇	6—7 8—9	黄	3　11	—	石岩杜鹃	4—6	深橙红	—	—
紫薇	7—9	红色	11	褐	锦绣杜鹃	—	蔷薇紫	—	—
浙江紫薇	6	淡黄	11	褐	柿	5—6	黄白	9—10	橙黄
(安)石榴	5	鲜紫	8—9	深黄	油柿	5	黄白	10	灰黄
喜树	7—8	淡绿	11	褐	浙江柿	4—5	苍白	10	红
蓝果树	4	绿白	9—10	—	君迁子	4—5	白	9—10	蓝黑
八角金盘	10—11	白	翌年 10	紫黑	老鸦柿	4	白	9—10	橙黄
雪柳	4—5	白带淡红	10	黄褐	留春树	2—4	白	10—1	蓝黑
金钟花	3—4	金黄	10—11	黄褐	毛泡桐	4—5	紫蓝	9—11	褐
连翘	4	金黄	9—10	褐	光泡桐	4—5	紫蓝	9—11	褐
云南黄馨	3—4	淡黄	—	—	凌霄	7—9	鲜红	10	褐

（续表）

树种	开花期	花色	果熟期	果色	树种	开花期	花色	果熟期	果色
迎春花	2—3	黄	—	黑	美国凌霄	7—10	橙红	11	褐
探春花	5—6	鲜黄	12	绿褐	楸	5	白	10	黑褐
女贞	6	白	11—12	淡紫蓝	梓树	5—6	淡黄	9—10	黑褐
小蜡	6	白	11	紫黑	黄金树	5—6	白	8—9	黑
油橄榄	5	黄白	10	紫黑	灰楸	3—5	淡红	6—11	—
桂花	9—10	金黄	翌年4	紫黑	白马骨	5—6	白	—	—
金桂	9—10	暗黄	—	—	六月雪	7—9	白	—	—
银桂	9—10	白	—	—	雀舌花	7	白	—	—
丹桂	9—10	橘红	—	—	糯米条	6—9	白、粉红	10—11	黄褐
四季桂	5—10	白	翌年4	紫黑	金银花	5—6	淡黄、白	10	黑
丁香	3—4	淡紫	8—9	黄褐	珊瑚树	5—6	白	10	绛红
夹竹桃	6—3	粉红	9—10	—	木绣球	4—5	白	10—11	黑
白花夹竹桃	7	白	—	—	阴绣球	4—5	白粉红	—	—
络石	5	白	12	紫黑	对球	4—5	白	—	—
白花泡桐	4	白	11	灰褐	天目琼花	5	白	10	鲜红
南方泡桐	4	紫	10	褐	锦带花	5	玫瑰红	10	深褐
川泡桐	4	白—淡	9—10	褐	海仙花	5—6	淡红	10	深褐
台湾泡桐	4	淡紫	9—10	褐	杨栌	4—5	白、粉红	10	深褐
楸叶泡桐	4—5	淡紫	10	褐	棕榈	4—5	淡黄	10—11	蓝黑
兰考泡桐	4—4	紫—粉白	9—10	褐	凤尾兰	6—10	乳白		

注：引自北京林学院《园林树木学》讲义。

园林空间内树木配置的形体变化主要是结合地形，用乔木、灌木的不同组合形式，形成虚实、疏密、高低、简繁、曲折不同的林缘线和立体轮廓线。这里要注意凡树木体形、生长习性独特的树种，如雪松等，宜采用单纯的栽植形式为好。

（4）树木的配置要与建筑协调，起到陪衬和烘托作用。

景园树木的选择，无论是体型大小或色彩的浓淡，必须与园中建筑的性质、体量相适应。如杭州灵隐寺大殿配置以浓绿、淡绿、金黄色叶的楠木、银杏等大乔木，取得了树种体型和色彩对比的良好效果。选择适当的树种，还能使园林建筑主题更加突出，如杭州岳庙“精忠报国”影壁下种的杜鹃花，是借“杜鹃啼血”之意，以杜鹃花鲜红浓郁的色彩表达后人对岳飞的景仰与哀思。

树木的配置方式亦要与建筑的形式、风格以及建筑在园中所起的作用联系起来，这样方能发挥树木陪衬和烘托的作用，起到协调建筑和环境的关系，丰富建筑物艺术构图，完善建筑物的功能。我国园林建筑中常见的亭、廊、桥、榭、轩等都辅以绚丽多姿的花木，而使得园景更明媚动人。

在花木与园林建筑的配置上，一般来说，花色浓深的宜植于粉墙旁边，鲜明色淡的则宜于绿丛或空旷处点缀。如《花镜》中所述：桃花夭冶，宜别墅山限，小桥溪畔，横参翠柳，斜映明霞。杏花繁灼，宜屋角墙头，疏村广榭。梨之韵，李之洁，宜闲庭旷圃，朝晖夕蔼……榴之红，葵之灿，宜粉壁绿窗……

(5) 树木配置还要与园林的地形、地貌及园路结合起来，取得景象的统一性。

通过树种的选择和配置，可以改变地形或突出地形。如在起伏地形配置树木，高处栽大乔木，低处配矮灌木，可突出地形的起伏感，反之则有缓平的感觉。在地形起伏处配置景园树木，还应考虑衬托或加强原地形的协调关系。如在陡峻岩坡配置尖塔形树木，在浑圆土坡处配置圆头形树木，使两者轮廓相协调，可增加融洽、匀称的感觉。

作为山地景园树木的配置，土山与石山是不一样的。对土山来说，一般山麓多采用灌木、地被等接近地表的植物用于覆盖地面，再适当置以小乔木，目的在于遮挡平视观赏线，不使看到山岗的全体，造成幽深莫测的感觉；山腰可适当间植大乔木；山顶则多种大乔木。如此可造成有一定景深效果的山林，平视可看到层层树木，仰视枝丫相交，俯视则虬根盘曲，这便衬托出山巅岭上、林莽之间生动的景象效果。

石山的树木应侧重于姿态生动的精致树种，如罗汉松、白皮松、紫薇等。体量较小，表现抽象、形式美的叠石或独立石峰，多半是配置蔓性月季、蔷薇、凌霄、木香、络石、薜荔之类攀缘花木。

园林中的各种水体，无一不借助山石花木创造丰富的水体景观。一般飞瀑之旁，用松、枫及藤蔓象征山崖的险要，溪谷处则宜栽竹、桃、柳等。水中之岛可选用南天竹、棕榈、罗汉松、杜鹃花、桃叶珊瑚、八角金盘、木芙蓉等。水滨可配置落羽松、池杉、水杉、柳、槭、乌桕、樱花、蜡梅、梅、桃、棣棠、锦带花、迎春、连翘、紫薇、月季等。

作为湖面背景的乔灌木配置，沿湖而栽，层层搭配，要点在于疏朗，留出水景透视线。岸边树木的配置可根据设计意图需要或形成宁静的“垂直绿障”，或以树木（如红枫、香樟、紫藤）为主景，或是与湖石结合，利用花草镶边配置花木，加强水景趣味，丰富水边的色彩。

水面的植物（草本）配置以保持必要的湖光山色，倒影灵动、水光潋滟为原则。

园路不仅起交通作用，也是为了导游。所以园路本身也常常就是景，有时设计得变化多样，没有整齐的路缘。因此路边树木不一定要种成行道树的模样，相反，布局要自然、灵活而有变化。只有在主干道两旁或入口，为强调主景的作用，才采用整齐规则的配置方式。园林中还常常采用林中穿路、竹中取道、花中求径等顺应自然的处理方法，使得园路变化有致，别具一番情趣。

(6) 树木配置中的经济原则。

在发挥园林树木主要功能的前提下，树木配置中要尽量降低成本，并妥善结合生产。降低成本的途径主要有节约并合理使用名贵树种，多用乡土树种；可取的情况下尽量用小苗；适地适树。园林结合生产，主要是指种植有食用、药用价值及可提供工业原料的经济树木，如花、果繁多，易采收，可供药用的凌霄、七叶树、紫藤等；结实多而病害少的果树如荔枝、枣、柿、山楂等。

种植果树，既能带来一定的经济价值，还可与旅游活动结合起来。因为园林的审美享受是通过人体诸感官综合接受的，并不只是视觉的美，采摘、品尝美果佳实，更是游园活动中的一种乐趣。

以上所述各个方面实际上总的体现着因景制宜，灵活地创造园林空间的置景题材的变化、空间形体的变化、色彩季相的变化和意境上的诗情画意；力求符合功能上的综合性、生态上的科学性、配置上的艺术性、经济上的合理性等要求。在实际工作中，要综合考虑，先进行总体规划再进行局部设计，力求体现地方风格，具有特色。

第二节　景园树木的配置方式

所谓配置方式，就是搭配园林树木的样式。园林树木的配置方式有规则式和自然式两大类。前者整齐、严谨，具有一定的种植株行距，且按固定的方式排列；后者自然、灵活，参差有致，没有一定的株行距和固定的排列方式。

一、规则式配置方式

（一）单植

在重要的位置，如建筑物的正门、广场的中央、轴线的交点等重要地点，可种植树形整齐、轮廓严正、生长缓慢、四季常青的景园树木。在北方可用的有桧柏、云杉等，在南方可用雪松、整形大叶黄杨、苏铁等。

（二）对植

在进出口、建筑物前等处，在其轴线的左右，相对地栽植同种、同形的树木，使之对称。对植之树种，要求外形整齐美观，两株大体一致，常用的有桧柏、龙柏、云杉、海桐、桂花、柳杉、罗汉松、广玉兰等。

（三）列植

一般是将同形同种的树木按一定的株行距排列种植（单行或双行，亦可为多行）。如果间隔狭窄，树木排列很密，能起到遮蔽后方的效果。如果树冠相接，则树列的密闭性更大。也可以反复种植异形或异种树，使之产生韵律感。列植多用于行道树、绿篱、林带及水边。

（四）正方形栽植

按方格网在交叉点种植树木，株行距相等。优点是透光、通风良好，便于抚育管理和机械操作。缺点是幼龄树苗易受干旱、霜冻、日灼及风害，又易造成树冠密接，一般园林绿地中极少应用。

（五）三角形种植

株行距按等边式或等腰三角形排列。此法可经济利用土地，但通风透光较差，不利机械化操作。

（六）长方形栽植

为正方形栽植的一般变形，它的行距大于株距。长方形栽植兼有正方形和三角形两种栽植方式的优点，而避免了它们的缺点，是一种较好的栽植方式。

（七）环植

这是按一定株距把树木栽为圆环的一种方式，有时仅有一个圆环，甚至半个圆环，有时则有多重圆环。

（八）花样栽植

像西洋庭园常见的花坛那样，构成装饰花样的图形。

二、自然式配置方式

（一）孤植

孤植树主要是表现树木的个体美，其园林功能有两个，一是单纯为观赏，作为园林艺术构图上的孤植树；一是荫庇与观赏相结合。

孤植树的构图位置应该十分突出，体形要巨大，树冠轮廓要富于变化，树姿要优美，开花要繁茂，香味要浓郁或叶色具有丰富季相变化。具有这些特点的树种都可以成为孤植树，如榕树、珊瑚树、苹果树、白皮松、银杏、红枫、雪松、香樟、广玉兰等。

(二) 丛植

一个树丛系由两株到九、十株乔木组成，如加入灌木，总数最多可数十株。树丛的组合主要考虑群体美，但其单株植物的选择条件与孤植树相似。

树丛在功能和配置上与孤植树基本相似，但其观赏效果要比孤植树更为突出。作为纯观赏性或诱导性树丛，可以用两种以上的乔木搭配栽植，或乔灌木混合配植，亦可同山石花卉相结合。庇荫用的树丛以采用树种相同、树冠开展的高大乔木为宜，一般不与灌木配合。

配置的基本形式如下：

(1) 两株配合。

两树必须既有调和又有对比。因此两株配合，首先必须有通相，即采用同一树种（或外形十分相似），才能使两者统一起来；但又必须有其殊相，即在姿态和大小上应有差异，才能有对比，显得生动活泼。一般来说两株树的距离应小于两树冠半径之和。

(2) 三株配合。

三株配合最好采用姿态大小有差异的同一树种，栽植时忌三株在同一线上或成等边三角形。三株彼此间的距离都不要相等，一般最大和最小的要靠近一些成为一组，中间大小的远离一些单成一组。如果是采用不同树种，最好同为常绿或同为落叶，或同为乔木，或同为灌木，其中大的和中的应同为一种。

三株配合是树丛的基本单元，四株以上可按此规律类推。

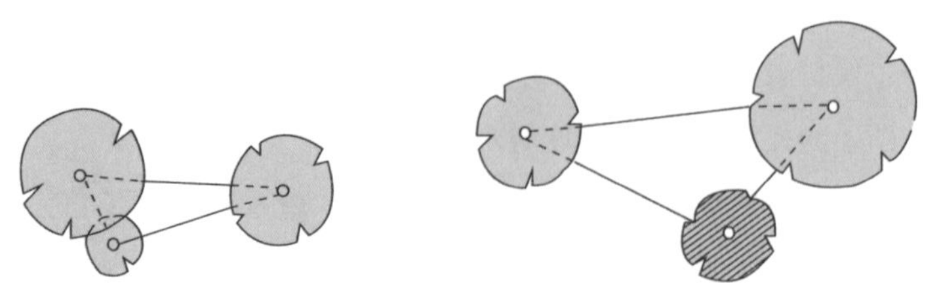

三株配合示意图

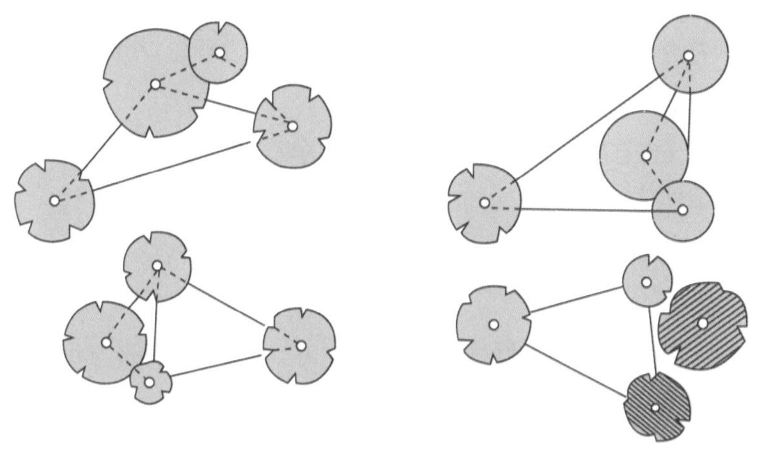

四株配合示意图

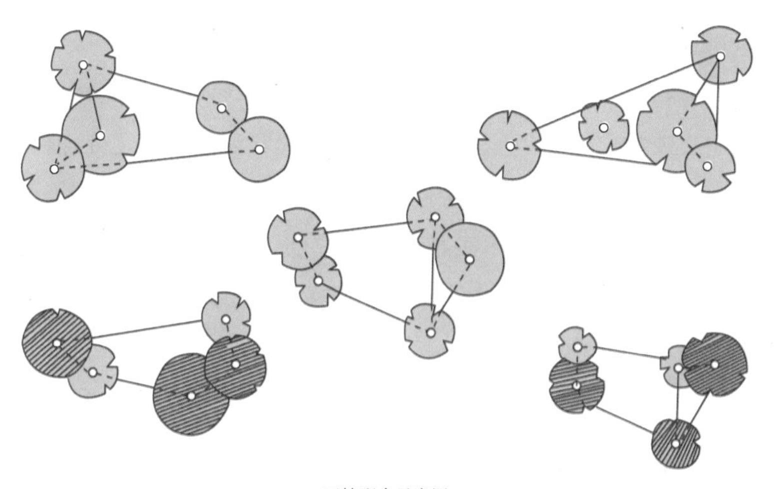

五株配合示意图

（三）群植

群植系由十多株以上，七八十株以下的乔灌木组成的人工群体。这主要为表现群体美，因而对单株要求不严格，树种也不宜过多。

树群在园林功能和配置上与树丛类同。不同之处是树群属于多层结构，须从整体上来考虑生物学与美观的问题，同时要考虑每株树在人工群体中的生态环境。树群可分为单纯树群和混交树群两类。单纯树群观赏效果相对稳定，树下可用耐阴宿根花卉作为地被植物；混交树群在外貌上应该注意季节变化，树群内部的树种组合必须符合生态要求。高大的乔木应居中央作为背景，小乔木和花灌木在外缘。

树群中不允许有园路穿过。其任何方向上的断面，应该是林冠线起伏错落，水平轮廓要有丰富的曲折变化。树木的间距要疏密有致。

（四）林植

此为较大规模成片成带的树林状的种植方式。园林中的林带与片林在种植方式上可较整齐、有规则，但比之真正的森林，仍可略为灵活自然，做到因地制宜。配置时，应在防护功能之外，着重注意在树种选择和搭配时考虑美观和符合园林的实际需要。

树林可粗略分为密林（郁闭度 0.7～1.0）与疏林（郁闭度 0.4～0.6）。郁闭度指森林中乔木树冠在阳光直射下在地面的总投影面积（冠幅）与此林地（林分）总面积的比，它反映林分的密度。密林又有单纯密林和混交密林之分，前者简洁壮阔，后者华丽多彩。但从生物学的特性来看，混交密林比单纯密林好。疏林中的树种应具有较高观赏价值，树木种植要三五成群，疏密相间，有断有续，错落有致，务使构图生动活泼。疏林还常与草地和花卉结合，形成草地疏林和嵌花草地疏林。

孤植（香樟）

对植（香樟）

三株丛植(香樟)

三株栽植(黑松)

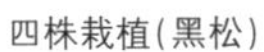

四株栽植(黑松)

丛植(广玉兰)

群植(香樟)

各论：常用景园树木

第五章

针叶树类

第一节　常绿针叶树

苏铁

(别名:铁树)

- 拉丁学名:*Gycas revoluta* Thunb.
- 科属

类　别	名　称	拉丁名
科	苏铁科	Cycadaceae
属	苏铁属	*Cycas* L.
种	苏铁	*Gycas revoluta* Thunb.

● 树木习性

常绿乔木，株高约 2 m；树干圆柱形，倒卵状狭披针形羽状叶，自茎顶向上斜展生成“V”字形，边缘明显向下反卷。

● 形态特征

类　别	形　　态	颜　色	时　期
叶	羽状叶呈倒卵状狭披针形，自茎顶生成，长 75～200 cm，下层下弯，上层斜上展	上表面深绿色有光泽，下表面浅绿色	常年
花	雄球花圆柱形，花药 3 个聚生，大孢子叶长 14～22 cm，密生淡黄色或淡灰黄色绒毛	淡黄色或淡灰黄色	6—7 月
种子	倒卵形或卵圆形，稍扁，密生灰黄色短绒毛，后脱落出木质种皮，顶端有尖头	红褐色或橘红色	10 月

● 适用范围

本种原产于我国福建、广东、台湾地区，在福建、广东、江西、广西、云南、贵州及四川东部可露天栽培。江苏、浙江及华北各省多温室过冬。现广泛栽培于全国各省份。

● 景观用途

本种树形典雅，主干粗壮，材质坚硬如铁，羽叶光滑油亮，四季常青，是珍贵的观赏树种。南方多植于庭前阶旁或草坪内；北方多作为大型盆栽。雌雄异株，雄球花长椭圆形，雌球花浅黄色，扁圆形，紧贴于茎顶。其苍劲、古朴的外形搭配古典建筑和现代建筑都适宜。

- **环境要求**

苏铁多生长于温暖湿润的环境，喜光，稍耐半阴，喜肥沃微酸性的土壤，在含有石砾和微量铁质的土壤中生长良好，不耐寒冷。

- **繁殖要点**

本种多以播种和分蘖繁殖为主。

南洋杉

- **拉丁学名**：*Araucaria cunninghamii* Sweet
- **科属**

类别	名称	拉丁名
科	南洋杉科	Araucariaceae
属	南洋杉属	*Araucaria*
种	南洋杉	*Araucaria cunninghamii* Sweet

- **树木习性**

常绿大乔木，株高可达 60 m，胸径 1 m 以上；幼树冠尖塔形，老树平顶状，大枝平展或斜伸；侧生小枝密生，下垂，近羽状排列。

- **形态特征**

类别	形态	颜色	时期
叶	叶二型，幼树和侧枝叶疏松，开展呈钻状、针状、镰状或三角状，成树和花果枝叶排列紧密而叠盖	上面灰绿色，下面绿色	常年
花	雌雄异株，雄球花单生枝顶，圆柱形，雌球花卵形或椭圆形	黄绿色	10—11 月
种子	椭圆形，具两侧结合而生的膜质翅	黄褐色	次年 6—7 月

- **适用范围**

原产于大洋洲昆士兰等东南沿海地区，我国广州、厦门及海南岛等地露地栽培，在长江流域及北方作为温室盆栽观赏植物。

- **景观用途**

南洋杉是世界五大公园树种之一，多作为行道树、园景树、纪念树及盆栽室内装饰树种。南洋杉树型高大，姿态优美，可孤植、列植或配植于树丛，也可作为大型景观的背景树，北方常作为室内盆景观赏，高雅古朴。

- **环境要求**

适宜生长温度为10～25℃，冬季最低温度保持在5℃以上，适于冬、夏温暖湿润的亚热带气候，畏寒怕旱，喜排水良好的黏壤土，生长速度快，易生萌蘖，具较强的抗病虫、污染能力。

- **繁殖要点**

南洋杉常采用播种或扦插进行繁殖。种子发芽率低，播前要破伤种皮，可促进发芽，否则发芽迟缓。扦插繁殖时插条常选主干或萌芽枝以利于树形美观。管理上，冬季夜间温度控制在7～16℃为宜；夏季应避免过强光照。

- **变种与品种**

银灰南洋杉（*Araucaria cunninghamii* 'Glauca'），叶银灰色。垂枝南洋杉（'Pendula'），枝下垂。

冷杉

- **拉丁学名**:*Abies fabri* (Mast.) Craib
- **科属**

类别	名称	拉丁名
科	松科	Pinaceae
属	冷杉属	*Abies* Mill.
种	冷杉	*Abies fabri* (Mast.) Craib

- **树木习性**

常绿乔木,株高可达 40 m,胸径可达 1 m;树冠尖塔形,树皮灰色或深灰色,呈不规则薄片状裂纹,内皮淡红色,大枝斜上伸展。

- **形态特征**

类别	形态	颜色	时期
叶	叶在枝条上斜上伸展,枝条下面之叶列成两列,条形,直或微弯,边缘微反卷	光绿色	常年
花	雌雄同株,雄球花矩圆形,后变为圆柱形,下垂;雌球花直立,短圆柱形	淡绿色	5月
种子	球果卵状圆柱形或短圆柱形,有短梗,种子长椭圆形,种翅楔形,上端截形	球果熟时暗黑色或淡蓝黑色;种子黑褐色	10月

- **适用范围**

我国特有树种,原产于四川大渡河流域、青衣江流域、马边河流域、金沙江下游、安宁河上游流域及灌县等地的高山上部,江西庐山亦有栽培。

- **景观用途**

本树种树冠姿态优美,城市园林中可应用,可丛植、群植。

- **环境要求**

耐阴性很强,喜冷凉而湿润的气候,喜中性及微酸性土壤,浅根性,常与苦槠、铁杉、七叶树等混生。

- **繁殖要点**

播种繁殖。

铁杉

- **拉丁学名**：*Tsuga chinensis* (Franch.) pritz.
- **科属**

类　别	名　称	拉丁名
科	松科	Pinaceae
属	铁杉属	*Tsuga* Carr.
种	铁杉	*Tsuga chinensis* (Franch.) pritz.

- **树木习性**

常绿针叶乔木，株高可达 50 m，胸径可达 1.6 m；树冠塔形，大枝平展，枝稍下垂。树皮暗深灰色，纵裂，块状脱落，一年生枝细，淡黄至淡灰黄色。

- **形态特征**

类　别	形　　态	颜　色	时　期
叶	条形，排列成两列，先端钝圆有凹缺，边缘全缘	上面光绿色，下面淡绿色	常年
花	雌雄同株，雄球花生于叶腋，雌球花生于枝顶	黄色	4 月
种子	球果卵圆形或长卵圆形，具短梗，种子具翅，下表面有油点	球果熟时暗黑色或淡蓝黑色；种子黑褐色	10 月

- **适用范围**

我国特有树种，产于浙江、安徽、福建、江西、湖南、广东、广西、云南、甘肃等地。

- **景观用途**

铁杉是濒危树种，城市园林绿化中可丛植、群植，冠如巨伞，枝繁叶茂，雄伟壮丽，为珍贵用材及观赏树种。

- **环境要求**

耐阴性强，喜凉爽而湿润的气候，在中性及微酸性土壤中生长良好，浅根性，常与苦槠、冷杉、七叶树等混生。

- **繁殖要点**

播种繁殖。

云杉

- **拉丁学名**：*Picea asperata* Mast.
- **科属**

类　别	名　称	拉丁名
科	松科	Pinaceae
属	云杉属	*Picea*
种	云杉	*Picea asperata* Mast.

- **树木习性**

常绿针叶乔木，株高可达 45 m，胸径可达 1 m；树冠圆锥形，树皮淡灰褐色或淡褐灰色，裂成不规则鳞片或稍厚的块片脱落；一年生小枝淡褐黄色、褐黄色、淡黄褐色或淡红褐色，光滑或疏生短毛。

- **形态特征**

类　别	形　　态	颜　色	时　期
叶	四棱状条形，微弯曲，先端微尖或极尖，横切面四棱形	青绿色	常绿
花	雌雄同株，雌球花着生于一年生长枝顶端，顶生或侧生，穗形；雄球花生于 1～3 年生枝上，顶生、基部簇生或侧生，圆锥形	紫红色	4—5 月
种子	球果圆柱状矩圆形或圆柱形，上端渐窄，种子倒卵圆形，种翅倒卵矩圆形	球果成熟前绿色，成熟后淡褐色或栗褐色，种翅淡褐色	9—10 月

- **适用范围**

我国特有树种，产于陕西西南部、甘肃东部及白龙江流域、洮河流域、四川岷江流域上游及大小金川流域海拔 2 400～3 600 m 地带。河北、山西亦有分布，江西庐山植物园有栽培，生长良好。南京中山植物园亦有栽培。

- **景观用途**

云杉树形优美，枝叶繁盛，可孤植于庭院中，亦可片植；可在室内盆栽作为观赏植物，也可放置在饭店、宾馆或家中作为圣诞树装饰用。作为绿化观赏树种，云杉可孤植、丛植或与桧柏、白皮松配植，亦可做草坪衬景。

- **环境要求**

浅根性树种，稍耐阴、耐寒，适宜生长在气候凉润的地区，在土层深厚、排水良好的微酸性棕壤地带生长良好。

- **繁殖要点**

播种繁殖。

- **变种与品种**

我国有 17 种 9 个变种。

青扦

- **拉丁学名**：*Picea wilsonii* Mast.
- **科属**

类 别	名 称	拉丁名
科	松科	Pinaceae
属	云杉属	*Picea*
种	青扦	*Picea wilsonii* Mast.

- **树木习性**

常绿针叶乔木，株高可达 50 m，胸径可达 1.3 m；树冠广圆锥形，树皮灰色或暗灰色，不规则鳞状块片脱落，枝条近平展。一年生小枝淡黄绿色或淡黄灰色，二三年生枝淡灰色、灰色或淡褐灰色。冬芽卵圆形,淡黄褐色或褐色。

● 形态特征

类 别	形 态	颜 色	时 期
叶	排列较紧密,四棱状条形,直或微弯,先端尖,横切面四棱形或扁菱形	青绿色	常绿
花	雌雄同株,雄球花单生于新枝叶腋处或顶芽周围,椭圆形或卵圆形;雌球花生于新枝顶芽周围,圆柱形	紫红色	4月
种子	球果卵状圆柱形长卵圆形,中部种鳞倒卵形,先端圆或有急尖头而基部宽楔形,种子倒卵圆形,种翅倒宽披针形,先端圆	球果成熟前绿色,成熟后黄褐色或淡褐色,种翅淡褐色	10月

● 适用范围

为我国特有树种,分布广泛,主要产于内蒙古、陕西南部、湖北西部、甘肃中部及南部洮河与白龙江流域、四川东北部,现各地均有引种栽培。

● 景观用途

青扦树枝叶繁密,树形优美,枝冠层次清晰,观赏价值较高,是极为优良的园林绿化观赏树种。

● 环境要求

青扦适应性强,耐阴耐寒、耐全光,适宜生长在湿润、深厚、排水良好的微酸性土壤中,也能适应微碱性土壤,适应性较强。

- **繁殖要点**

以播种繁殖为主,也可扦插。

银杉

- **拉丁学名:***Cathaya argyrophylla* Chun et Kuang
- **科属**

类 别	名 称	拉丁名
科	松科	Pinaceae
属	银杉属	*Cathaya*
种	银杉	*Cathaya argyrophylla* Chun et Kuang

- **树木习性**

常绿针叶乔木,株高可达 20 m,胸径 40 cm 以上;树冠尖塔形,树皮暗灰色,老时不规则薄片状脱落,大枝平展。一年生小枝黄褐色,密被灰黄色短柔毛,深黄色,叶枕近条形,稍隆起。冬芽卵圆形或圆锥状卵圆形,顶端钝,淡黄褐色,无毛。

- **形态特征**

类 别	形 态	颜 色	时 期
叶	螺旋状辐射伸展,在枝节间的上端紧密排列,成簇生状,边缘微反卷,叶条形,先端圆,基部渐窄成不明显的叶柄	上表面深绿色,下表面中脉被褐色短毛	常绿
花	雄球花开放前长椭圆状卵圆形,盛开时穗状圆柱形,近于无毛,雌球花基部无苞片,卵圆形或长椭圆状卵圆形,珠鳞近圆形或肾状扁圆形	雄蕊黄色,雌球花珠鳞黄绿色,苞鳞黄褐色	4 月
种子	球果卵圆形、长卵圆形或长椭圆形,种鳞近圆形或带扁圆形至卵状圆形,种子略扁,斜倒卵圆形,基部尖	球果成熟前绿色,成熟时由栗色变成暗褐色,种子橄榄绿带墨绿色,有不规则的浅色斑纹,种翅黄褐色	10 月

- **适用范围**

我国特有的世界珍稀物种，现存林木不多，产于广西、重庆、四川、湖南东南部、贵州等地。

- **景观用途**

树冠枝叶繁密，层次清晰，观赏价值较高，是一种极为优良的园林绿化观赏树种。

- **环境要求**

阳性树种，根系发达，耐土壤瘠薄，抗寒、耐旱、抗风，喜温暖、湿润气候。

- **繁殖要点**

以播种繁殖为主，也可扦插。当年采收的球果通风阴干后将种子去翅拌湿砂储藏，次年播种。

- **备注**

中国特有的世界珍稀物种，和水杉、银杏一起被誉为植物界的"国宝"，国家一级保护植物。

雪松

- **拉丁学名：** *Cedrus deodara* (Roxb.) G. Don
- **科属**

类　别	名　称	拉丁名
科	松科	Pinaceae
属	雪松属	*Cedrus*
种	雪松	*Cedrus deodara* (Roxb.) G. Don

- **树木习性**

常绿乔木，原产地株高可达 70 m，胸径可达 3 m；树冠塔形，大枝不规则轮生，平展，小枝通常微下垂，树皮深灰色，呈不规则鳞片状深裂。

● 形态特征

类　别	形　　态	颜　色	时　期
叶	叶在长枝上辐射伸展，短枝呈簇生状，针叶，先端锐尖，下部渐窄，常呈三棱形	淡绿色或深绿色，幼时气孔有白粉	常年
花	多为雌雄异株，雄球花长卵圆形或椭圆状卵圆形，雌球花卵圆形	雄花先绿后黄，雌花绿中带红	10—11 月
种子	球果卵圆形或宽椭圆形	成熟前淡绿色，熟后红褐色	次年 10 月

● 适用范围

原产于喜马拉雅山西部，分布于阿富汗至印度海拔 1 300～3 300 m 地带，我国福建、广东、广西、江西、云南、贵州及四川东部可露天栽培。现各地普遍有栽培。

● 景观用途

本种树形高大典雅，羽叶光滑油亮，四季常青，是珍贵的观赏树种。其主干下部近地面处平展生长，树冠雄伟。最适宜孤植于草坪中央、建筑前庭之中心，亦可列植于园路两旁。

● 环境要求

抗旱耐寒，较喜光，对土壤适应性强，酸性土、微碱性土均能适应，亦可适应黏重的黄土和瘠薄干旱地。浅根性，抗风力差，不耐水湿。

- **繁殖要点**

一般用播种和扦插繁殖。

华山松

- **拉丁学名：*Pinus armandi* Franch.**
- **科属**

类别	名称	拉丁名
科	松科	Pinaceae
属	松属	*Pinus*
种	华山松	*Pinus armandi* Franch.

- **树木习性**

常绿乔木，株高约35 m；幼树树皮灰绿色或淡灰色，平滑，老则呈灰色，裂成方形或长方形厚块片固着于树干上，或脱落，枝条平展成圆锥形或柱状塔形树冠。

- **形态特征**

类别	形态	颜色	时期
叶	针叶5针一束，叶细软，边缘具细锯齿，叶鞘早落	绿色或灰绿色	常年
花	雄球花卵状圆柱形，长约1.4 cm，基部围有近10枚卵状匙形鳞片	黄色	4—5月
种子	球果圆锥状长卵圆形，种子倒卵圆形，无翅或两侧及顶端具棱脊	球果幼时绿色，成熟时黄色或褐黄色；种子黄褐色、暗褐色或黑色	次年9—10月

- **适用范围**

产于山西南部中条山、河南西南部及嵩山、陕西南部秦岭、甘肃南部、四川、湖北西部、贵州中部及西北部、云南及西藏雅鲁藏布江下游海拔1 000～3 300 m地带，江西庐山、浙江杭州等地亦都有栽培。

- **景观用途**

高大挺拔，冠形优美，生长迅速，是优良的庭园树木，可作为园景树、庭荫树、行道树及林带树。园林设计中常用于丛植、群植，系高山风景区之优良风景林树种，是点缀庭院、公园、校园的佳品，植于假山旁、流水边更显诗情画意。

- **环境要求**

华山松喜光喜温，耐寒，适宜凉爽、湿润的气候，不耐高温及干燥；喜肥沃、湿润、排水良好的中性或微酸性土壤；不耐盐碱，抗 SO_2 的能力较强。

- **繁殖要点**

播种育苗，种子发芽慢，可用催芽方法。播种用撒播，条播。全光育苗，注意防病。

日本五针松

- **拉丁学名**：*Pinus parviflora* Sieb. et Zucc.
- **科属**

类　别	名　称	拉丁名
科	松科	Pinaceae
属	松属	*Pinus*
种	日本五针松	*Pinus parviflora* Sieb. et Zucc.

- **树木习性**

常绿乔木，在原产地高达 25 m，胸径 1 m，通常株高 10～30 m，胸径 0.6～1.5 m；树冠圆锥形，树皮灰黑色，呈不规则鳞片状剥落；一年生小枝初为绿色，后呈黄褐色，有毛；冬芽卵圆形，褐色。

- **形态特征**

类　别	形　　态	颜　色	时　期
叶	针叶 5 针一束，微弯曲，边缘具细锯齿，叶鞘早落	背面暗绿色	常年

（续表）

类 别	形 态	颜 色	时 期
花	雄球花聚生新枝下部，雌球花聚生新枝顶部	红色	4—5 月
种子	球果卵圆形或卵状椭圆形，种子不规则倒卵形，具黑色斑点，连鞘长 1.8～2 cm	球果鳞盾淡褐色或暗灰褐色；种子近褐色	次年 10—11 月

- **适用范围**

原产于日本，分布在本州中部、北海道、九州、四国海拔 1 500 m 的山地。我国长江流域及青岛各地广泛引种栽培。

- **景观用途**

干苍枝劲，翠叶葱茏，秀枝舒展，偃盖如画，诚集松类气、骨、色、神之大成，为园林中珍贵树种，栽作重点配置点缀。五针松最宜与假山石配置成景，或配以牡丹，或配以杜鹃，或以梅为侣，以红枫为伴，可在建筑的主要门庭、纪念性建筑物前对植，或植于主景树丛前。苍劲朴茂，古趣盎然，可用于构建传统小品“松、竹、梅”。经过加工的五针松为树桩盆景之珍品。

- **环境要求**

常生山腹干燥之地，耐阴，喜通风透光，忌湿畏热。对土壤适应性较强，除碱性土外都可适应，而以微酸性灰化黄壤最为合适。虽对海风有较强的抗性，但不适于沙地生长。生长速度缓慢，耐整形，不耐移植，移植时不论大小苗均需带土球。

- **繁殖要点**

常用嫁接繁殖，砧木多用黑松，亦可播种育苗。

白皮松

- **拉丁学名**：*Pinus bungeana* Zucc. ex Endl.
- **科属**

类　别	名　称	拉丁名
科	松科	Pinaceae
属	松属	*Pinus*
种	白皮松	*Pinus bungeana* Zucc. ex Endl.

- **树木习性**

株高可达 30 m 余，胸径可达 3 m；有明显主干，或从树干近基部分成数干，树冠幼时塔形，老则阔圆锥形或圆头形，树皮淡灰绿色至灰白色，呈不规则薄块片脱落。一年生小枝灰绿色，较细长，光滑无毛。

- **形态特征**

类　别	形　　态	颜　色	时　期
叶	针叶 3 针一束，粗硬，先端尖，边缘有细锯齿，叶鞘脱落	绿色或灰绿色	常绿或半常绿

（续表）

类 别	形 态	颜 色	时 期
花	雄球花卵圆形或椭圆形，多数聚生于新枝基部成穗状	—	4—5月
种子	球果通常单生，初直立，后下垂，卵圆形或圆锥状卵圆形，种子近倒卵圆形，径5～6 mm，长约1 cm，种翅短	球果成熟前淡绿色，熟时淡黄褐色，种子灰褐色	次年10—11月

- **适用范围**

我国特有树种，原产于我国山西省吕梁山、太行山海拔1 200～1 850 m处，陕西蓝田有成片的纯林，华北、西北等地均有分布，辽宁南部、北京、庐山、南京、杭州、衡阳、昆明等地均有栽培，且生长良好。扬州园林也有栽培的大树，生长也较正常。

- **景观用途**

我国特产，世界少见的三针松，为珍贵的树种之一。自古以来配植于宫廷、寺院以及名园、墓地之中。白皮松树形优美，树干斑驳、苍劲奇特，衬以青碧树冠，可谓独具一格，可孤植、群植、行植。干皮斑驳美观，针叶短粗亮丽，是一个不错的历史园林绿化的传统树种。

- **环境要求**

喜光，耐旱耐贫瘠，抗寒性强，天然分布在冷凉的酸性石山上，在土层深厚、肥沃的钙质土、黄土上生长良好，即使在pH值7.5～8的土壤仍能生长。寿命长，可达数百年之久。抗SO_2的能力较强。

- **繁殖要点**

播种繁殖，亦可嫁接繁殖，砧木用黑松。

- **备注**

白皮松为松类树种中能适应钙质黄土及轻度盐碱土壤的主要针叶树种。

马尾松

- **拉丁学名：***Pinus massoniana* Lamb.

● 科属

类 别	名 称	拉丁名
科	松科	Pinaceae
属	松属	*Pinus*
种	马尾松	*Pinus massoniana* Lamb.

● 树木习性

常绿乔木，株高可达 45 m，胸径 1 m 余；树皮红褐色，下部灰褐色，裂成不规则鳞状块片，枝平展或斜展，树冠宽塔形或伞形，枝条每年生长一轮。

● 形态特征

类 别	形 态	颜 色	时 期
叶	针叶 2 针一束，稀 3 针一束，叶细软，微扭曲，边缘有细锯齿	初成褐色，后渐变灰黑色	常年
花	雄球花圆柱形，弯垂，聚生于新枝下部苞腋，雌球花单生或 2～4 个聚生于新枝近顶端，一年生小球果圆球形或卵圆形	雄球花淡红褐色，雌球花淡紫色	4—5 月
种子	球果卵圆形或圆锥状卵圆形，有短梗，种子长卵圆形，长 4～6 mm，连翅长 2～2.7 cm	球果成熟前绿色，熟时栗褐色	次年 10—12 月

● 适用范围

分布极广，北自河南、山东南部，南至两广、台湾，东自沿海，西至四川中部及贵州。遍布华中、华东、华南各省，主要生长于海拔 600～1 500 m 的地区。

● 景观用途

马尾松树形高大雄伟，是江南及华南自然风景区和普通绿化、造林的重要树种，可作为五针松的嫁接砧木。

● 环境要求

喜强光，不耐荫庇，喜暖畏寒，仅能耐短时间的－20℃以上的低温，适于年降雨量在 699～2 000 mm 的地区。可长于砾土、砂质土、黏土，山脊和阳坡的冲刷薄地以及陡峭的石山岩缝里；在微酸性土壤中生长良好；深根性，能耐瘠薄的红壤。

- **繁殖要点**

播种繁殖，每千克种子 10 万粒，发芽率 80%左右，春播当年苗可高达 15 cm 左右。

黄山松

- **拉丁学名：*Pinus taiwanensis* Hayata**
- **科属**

类 别	名 称	拉丁名
科	松科	Pinaceae Lindl.
属	松属	*Pinus*
种	黄山松	*Pinus taiwanensis* Hayata

- **树木习性**

常绿乔木，高可达 30 m，胸径 80 cm；树皮深灰褐色，枝平展，老树树冠平顶；冬芽深褐色，卵圆形或长卵圆形，顶端尖，微有树脂；针叶边缘有细锯齿。

- **形态特征**

类 别	形 态	颜 色	时 期
叶	针叶 2 针一束，稍硬直，长 5～13 cm，多为 7～10 cm，两面有气孔线；横切面半圆形，单层皮下层细胞，稀出现 1～3 个细胞宽的第二层，树脂道 3～9 个，中生；叶鞘初呈淡褐色或褐色，后呈暗褐色或暗灰褐色，宿存	深绿色	常年
花	雄球花圆柱形，在新枝下部聚生成短穗状	淡红褐色	4—5 月
果	球果卵圆形，无梗，向下弯垂，常宿存树上 6～7 年	成熟前绿色，熟时褐色或暗褐色	翌年 10 月

- **适用范围**

黄山松分布于中国台湾中央山脉海拔 750～2 800 m 和福建东部(戴云山)及西部(武夷山)、浙江、安徽、江西、广东、广西、云南、湖南东南部及西南部、湖北东部、河南南部海拔 600～1 800 m 山地。

- **景观用途**

黄山历经沧海桑田孕育出的奇秀的黄山松,它以特有的姿态和黄山自然环境相辅相成,达成了自然景观的和谐一致。本种适合造林、园植和盆栽。

- **环境要求**

本种为独特地貌和气候条件下形成的一种中国特有树种。黄山松生长在海拔 600 m 以上,其叶较马尾松更为粗短,与油松相比它的树脂道有不同的性状,深根性树种,喜光、喜凉润、耐瘠薄,但生长迟缓。

- **繁殖要点**

繁殖可用播种法。

赤松

- **拉丁学名:** *Pinus densiflora* Sieb. et Zucc.

● 科属

类 别	名 称	拉丁名
科	松科	Pinaceae
属	松属	*Pinus*
种	赤松	*Pinus densiflora* Sieb. et Zucc.

● 树木习性

常绿乔木，株高可达 30 m，胸径可达 1.5 m；树冠圆锥形或扁平伞形，树皮橙红色，裂成不规则鳞片状脱落，树干上半部分树皮红褐色，大枝平展。一年生小枝淡黄色或红黄色，微被白粉，无毛。

● 形态特征

类 别	形 态	颜 色	时 期
叶	针叶 2 针一束，先端微尖，边缘有细锯齿叶鞘宿存，较软	深绿色	常年
花	雄球花圆筒形，聚生于新枝下部呈短穗状，雌球花单生或 2～3 个聚生	雄球花淡红黄色，雌球花淡红紫色	4 月
种子	一年生小球果的种鳞先端具短刺，成熟球果为卵圆形或卵状圆锥形，有短梗，种子倒卵圆形或卵圆形	球果熟时暗黄褐色或淡褐黄色	次年 9—10 月

● 适用范围

分布于我国黑龙江东部（鸡西、东宁）、吉林长白山、山东半岛、辽东半岛及江苏北部云台山等地，日本、朝鲜也有分布。

- **景观用途**

树皮橙红色，树冠翠绿，斑斓可爱，为重要的园林树种，可作为庭院树，孤植、群植或与红叶类树木混植。可在辽东半岛、山东胶东地区及江苏云台山区等沿海山地作为造林树种。

- **环境要求**

较耐寒，耐瘠薄、干旱，酸性及中性土均能生长。深根性喜光树种，抗风力强，生于温带沿海山区及平原，年降雨量达 800 mm 以上的地方。比马尾松耐寒，能耐贫瘠土壤；能生于由花岗岩、片麻岩及砂岩风化的中性土或酸质土(pH 值 5～6)的山地，不耐盐碱；通气不良的重黏壤土上生长不好。

- **繁殖要点**

用播种繁殖，观赏品种采用嫁接繁殖，砧木多用实生赤松苗。

油松

- **拉丁学名**：*Pinus tabulaeformis* Carr.
- **科属**

类　别	名　称	拉丁名
科	松科	Pinaceae
属	松属	*Pinus*
种	油松	*Pinus tabulaeformis* Carr.

- **树木习性**

常绿乔木，株高可达 25 m，胸径约 1 m；壮年期树冠为塔形或广卵形，老年期呈盘状伞形；树皮灰棕色或褐灰色，裂成不规则较厚鳞状块片；枝平展或向下斜展，小枝粗壮无毛，褐黄色，幼时微被白粉。

● 形态特征

类别	形态	颜色	时期
叶	针叶2针一束，长10～15 cm，径约1.5 mm，粗梗，边缘有细锯齿	深绿色	常年
花	雄球花圆柱形，聚生成穗状	雄花橙黄色，雌花绿紫色	4—5月
种子	球果卵形或圆卵形，无柄或有短梗，种子卵圆形或长卵圆形，有斑纹，具种翅	球果成熟前绿色，熟后淡黄色或淡黄褐色，种子淡褐色	次年10月

● 适用范围

我国特有树种，分布于吉林南部、辽宁、河北、山东、河南、山东、山西、内蒙古、陕西、甘肃、宁夏、青海及四川等省区，生于海拔100～2 600 m地带，多组成单纯林。辽宁、山东、河北、山西、陕西等省有人工林。

● 景观用途

老年树冠伞形，树姿苍劲古雅，枝繁叶茂，苍劲挺拔，适于风景林、公园、庭园栽植，为北方观赏树种，可与速生树成行混交植于路边。

● 环境要求

喜光树种，幼树耐阴，喜干冷气候，在年降水量300 mm处亦可生长，对土壤要求不严，耐干旱瘠薄土壤。喜土层深厚、排水良好的中性及微酸性土壤，不耐盐碱，在pH值7.5以上的土壤中生长不良。不耐积水，要求土壤排水良好。

● 繁殖要点

播种繁殖，每千克种子2万～3.4万粒，可保存2年，出苗率70%左右。

黑松

- **拉丁学名**:*Pinus thunbergii* Parl.
- **科属**

类　别	名　称	拉丁名
科	松科	Pinaceae
属	松属	*Pinus*
种	黑松	*Pinus thunbergii* Parl.

- **树木习性**

常绿乔木,株高可达 30 m,胸径 2 m 余;幼树树皮暗灰色,老则灰黑色,粗厚,裂成块片状剥落,树冠宽圆锥状或伞形。一年生小枝淡黄褐色,无毛。冬芽长椭圆形,银白色。

- **形态特征**

类　别	形　　态	颜　色	时　期
叶	针叶 2 针一束,粗硬,边缘有细锯齿	深绿色	常年
花	雄球花圆柱形;雌球花单生或 2～3 个聚生于新枝近顶端,直立,有梗	雄花红褐色,雌花淡紫红色或淡褐红色	4—5 月
种子	球果圆锥状卵圆形,种子倒卵形,具种翅	球果熟时褐色	10—11 月

- **适用范围**

原产于日本及朝鲜南部海岸地区，我国辽东半岛，山东、江苏、浙江、台湾、安徽等省均有栽培，适合全国各地种植。

- **景观用途**

树姿雄壮古雅，极富观赏价值，为著名的海岸绿化树种，用作防风、防沙、防潮林带，亦可为海滨浴场、公园的风景树、行道树、庭荫树。也可将黑松密植，然后人工修剪成高篱(7～8 m)，围于庭园、建筑物、宅院外围，既能美化又达到防护作用。黑松又是五针松、锦松等良好的嫁接砧木。

- **环境要求**

喜光树种，喜温暖湿润气候，对土壤要求不高，耐瘠薄，在中性及微碱性土壤中亦能很好生长。深根性，抗风力强，能适应海岸生长。

- **繁殖要点**

播种繁殖，每千克种子 7.4 万粒，春播 20 天可发芽。第二年移植，第三年再移植一次，株行距 25～40 cm。四年生苗高度可达 2 m。

火炬松

- **拉丁学名**：*Pinus taeda* L.

- **科属**

类别	名称	拉丁名
科	松科	Pinaceae
属	松属	*Pinus*
种	火炬松	*Pinus taeda* L.

- **树木习性**

常绿乔木，原产地株高可达 30 m，胸径 60～80 cm；树皮裂成鳞片状，近黑色、暗灰褐色或淡褐色，枝条每年生长数轮，小枝黄褐色或淡红褐色。

- **形态特征**

类别	形态	颜色	时期
叶	针叶3针一束，稀2针一束，刚硬，略有扭曲，叶鞘中生	蓝绿色	常年
花	—	—	—
种子	球果卵状圆锥形或窄圆锥形，基部对称，几无梗，种子卵圆形，具种翅	球果熟时暗红褐色，种子栗褐色	翌年9—10月

- **适用范围**

原产于美国东南部，我国已引种，适宜推广范围大致是长江流域及以南马尾松生长适区，如江苏、安徽、浙江、江西、湖南、广东、广西、四川、福建等省。

- **景观用途**

树干圆满通直，生长迅速，适应性强，树形苍劲，树姿优美挺拔，冠似火炬，主干通直，生长迅速，在南方园林绿地中可以作为观赏绿化树种应用，亦可在苏南丘陵山区造林。

- **环境要求**

喜光，喜温暖湿润气候，多植于山地、丘陵坡地的中部至下部坡麓，对土壤要求不严，能耐干燥瘠薄，除含碳酸盐土壤外，在多种土壤中都可生长，忌水湿，不耐盐碱，在土层深厚、质地疏松、湿润的土壤中生长良好。

- **繁殖要点**

用种子繁殖，但需注意种源。

湿地松

- 拉丁学名:*Pinus elliottii* Engelm.
- 科属

类 别	名 称	拉丁名
科	松科	Pinaceae
属	松属	*Pinus*
种	湿地松	*Pinus elliottii* Engelm.

- 树木习性

常绿乔木,原产地株高可达 30 m,胸径可达 90 cm;树皮灰褐色或暗红褐色,纵裂成鳞片状剥落;枝条每年生长 3~4 轮,春季生长的节间较长,夏秋生长的节间较短,小枝粗壮,橙褐色,后变褐色至灰褐色。

- 形态特征

类 别	形 态	颜 色	时 期
叶	针叶 2 针与 3 针一束并存,粗硬,边缘有锯齿,有光泽,腹背两面均有气孔线	深绿色	常绿或半常绿
花	—	米黄色,锈红色	3—4 月
种子	球果圆锥形或窄卵圆形,有梗,种子卵圆形,略具三棱,具种翅	种子黑色	11 月

- **适用范围**

原产于美国东南部暖带潮湿的低海拔地区，我国长江流域以南各省广为引种栽培，生长良好。

- **景观用途**

湿地松苍劲而速生，宜配植山间坡地、溪边池畔，可丛植、群植于河岸池边做园景树，也可孤植于草地或丛植做荫庇树及背景树，是江南园林绿地和自然风景区的重要树种。

- **环境要求**

喜光，不耐阴，对气温的适应性较强，能忍耐 40℃的绝对最高温度和－20℃的绝对最低温度，在中性及至强酸性红壤丘陵地带均生长良好，耐旱、耐水湿，在低洼沼地边缘生长尤佳，但在干旱瘠薄的丘陵地也能正常生长。喜深厚肥沃的中性至强酸性土壤。

- **繁殖要点**

播种繁殖，长江流域多用春播，亦可扦插育苗，6 月下旬或 10 月中下旬从 1～2 年生苗木上取侧枝插，成活率可达 80％以上。园林绿化用树，用 3～5 年生大苗，带土球移植。

金松

- **拉丁学名**：*Sciadopitys verticillata* Sieb. et Zucc.
- **科属**

类　别	名　称	拉丁名
科	杉科	Taxodiaceae
属	金松属	*Sciadopitys*
种	金松	*Sciadopitys verticillata* Sieb. et Zucc.

- **树木习性**

常绿乔木，原产地株高可达 40 m，胸径可达 3 m；树冠为尖塔形，树皮淡红褐色或灰褐色，条状脱落，大枝近轮生，水平展开。

● **形态特征**

类 别	形 态	颜 色	时 期
叶	叶二型，散生于嫩枝上的鳞状叶三角形，另一种聚簇枝梢，呈轮生状，扁平条状	鳞状叶基部绿色，上部红褐色	常绿或半常绿
花	雌雄同株，雄球花圆锥状，花序着生枝端，雌球花卵圆形，单生枝顶	雄球花黄褐色	4上旬
种子	球果卵状矩圆形，种鳞木质，种子扁平，长圆形或椭圆形，有种翅	黄褐色	10月

● **适用范围**

原产于日本，为现代孑遗植物之一，日本金松纯林分布在海拔600～1 200 m的山区。我国青岛、庐山、南京、上海、杭州、武汉等地有栽培。扬州园林亦有盆栽。

● **景观用途**

为世界五大公园树种之一，属名贵的观赏树种，又是著名的防火树种。其树姿端丽，适于西式庭园及西式建筑中栽植，宜孤植、对植、群植。在庭园中3～5株群植一处，颇为壮观。

● **环境要求**

性耐阴，属亚热带及温带树种，喜温暖湿润，在干旱或潮湿、石灰质、光照强烈及土质坚硬的条件下均生长不良；具有一定的抗寒性，在庐山、青岛及华北等地均可露地越冬。

● **繁殖要点**

播种、嫁接、分株等方法均可，种子发芽率低。扦插易形成偏冠，呈灌木状，嫁接用靠接法，也可用分株、分根繁殖。

杉木

● **拉丁学名**：*Cunninghamia lanceolata* (Lamb.) Hook.

● 科属

类 别	名 称	拉丁名
科	杉科	Taxodiaceae
属	杉木属	*Cunninghamia* R. Br.
种	杉木	*Cunninghamia lanceolata*（Lamb.）Hook.

● 树木习性

常绿乔木，株高可达 30 m，胸径 2.5～3.0 m；树冠幼年为尖塔形，大树为广圆锥形；树皮灰褐色，呈长条片状剥落，内皮淡红色；大枝平展，小枝近对生或轮生，幼枝绿色，光滑无毛。

● 形态特征

类 别	形 态	颜 色	时 期
叶	叶披针形至条状披针形，常略弯呈镰状，革质、坚硬，边缘有锯齿，先端渐尖，被白粉	上面深绿色，下面淡绿色	常年或春夏秋
花	雄球花圆锥形，有短梗，雌球花单生或 2～3 个集生	铁锈红	4 月
种子	球果卵圆形，种子扁平，长卵形或长圆形，两侧有窄翅	球果熟时棕黄色，种子暗褐色	10—11 月

● 适用范围

栽培区北起秦岭南坡、河南桐柏山、安徽大别山、江苏句容、宜兴，南至广东信宜、广西玉林、龙津、云南广南、麻栗坡、屏边、昆明、会泽、大理，东自江苏南部、浙江、福建西部山区，西至四川大渡河流域及西南部安宁河流域。

● 景观用途

树干端直，枝叶密生，是很优良的庭园观赏树种。可群植或与其他树木混植，也可孤植，对植或列植道旁。生长快，材质优良，耐腐而不受白蚁危害，是优良的用材树种。

● 环境要求

喜光树种，喜温暖湿润气候，不耐寒，绝对最低气温以不低于－9℃为宜，喜肥沃土壤，在干旱瘠薄土壤生长的杉木，叶色发黄生长缓慢，易形成小老树。杉木喜酸性土壤，但在中性及微碱性土壤中，加强肥水管理，仍能生长。

- **繁殖要点**

多用种子繁殖，亦有扦插、嫁接繁殖。播种冬、春二季均可，扦插成活率也很高，嫁接用实生杉木作为砧木，有枝接和芽接。

秃杉

- **拉丁学名：*Taiwania flonsiana* Gaussen**
- **科属**

类 别	名 称	拉丁名
科	杉科	Taxodiaceae
属	台湾杉属	*Taiwania* Hayata
种	秃杉	*Taiwania flonsiana* Gaussen

- **树木习性**

常绿乔木，株高可达 75 m，胸径可达 2 m，树冠圆锥形，树皮淡褐灰色，不规则长条片开裂，内皮红褐色。

- **形态特征**

类 别	形 态	颜 色	时 期
叶	大树之叶四枝状钻形，排列紧密，幼树或萌生枝叶镰状钻形	绿色	常绿或半常绿
花	雌雄同株，雄球花 2～7 个簇生于小枝顶端，雌花生于枝顶	褐色	—
种子	球果长椭圆形或圆柱状，种鳞背部先端至尖头上方有明显腺头，种子长椭圆形或倒卵形，具种翅	熟时褐色	10—11 月

- **适用范围**

产于云南西部怒江流域，海拔 1 700～2 700 m 森林地带，与松、铁杉混交。贵州雷公山，鄂西南也有分布。

- **景观用途**

树形壮丽，枝条下垂，宜作为园景树木，江苏园林有引种栽培。

- **环境要求**

喜温暖或温凉，夏秋多雨潮湿，冬季较干的气候，在排水良好的酸性红壤或棕色森林土地带生长良好。

- **繁殖要点**

目前多用播种繁殖，亦可扦插。

柳杉

- **拉丁学名**：*Cryptomeria fortunei* Hoolbrenk ex Otto et Dietr.
- **科属**

类 别	名 称	拉丁名
科	杉科	Taxodiaceae
属	柳杉属	*Cryptomeria* D. Don
种	柳杉	*Cryptomeria fortunei* Hoolbrenk ex Otto et Dietr.

- **树木习性**

常绿乔木，株高可达 40 m，胸径可达 2 m；树冠圆锥形，树皮赤褐色，纤维状，裂成长条片剥落；大枝近轮生，平展或斜展，小枝细长下垂，绿色，枝条中部的叶较长，常向两端逐渐变短。

- **形态特征**

类 别	形 态	颜 色	时 期
叶	叶钻形，微向内曲，先端内曲，果枝的叶通常较短	绿色	常年或春夏秋
花	雄球花单生叶腋，长椭圆形，集生于小枝上部，短穗状花序，雌球花顶生于短枝上	雄球花淡绿色	4 月
种子	球果圆球形或扁球形，种子近椭圆形，扁平，边缘具短翅	球果褐色，种子褐色	10 月

● **适用范围**

为我国特有树种，产于浙江天目山，江西庐山及福建等海拔 1 100 m 以下地带，长江流域、广东、广西、云南、贵州、四川、河南、山东等地均有栽培，且生长良好。

● **景观用途**

树冠高大，树干通直，树姿秀丽，纤枝略垂，孤植、群植均极为美观，是一个良好的绿化和环保树种。

● **环境要求**

幼龄能稍耐阴，在温暖湿润的气候和土壤酸性、肥厚而排水良好的地方生长较快；在寒凉干燥、土层瘠薄的地方生长不良。

● **繁殖要点**

以种子繁育为主，扦插也可以，但成活率较低。

北美红杉

● **拉丁学名：***Sequoia sempervirens* (Lamb.) Endl.

● 科属

类别	名称	拉丁名
科	杉科	Taxodiaceae
属	北美红杉属	*Sequoia* Endl.
种	北美红杉	*Sequoia sempervirens* (Lamb.) Endl.

● 树木习性

常绿巨大乔木，株高可达 110 m，胸径可达 8 m，树冠圆锥形，树皮厚度达 15～25 cm，赤褐色，纵裂，枝条平展。

● 形态特征

类别	形态	颜色	时期
叶	叶二型，主枝之叶卵状长圆形，侧枝之叶条形，基部扭转裂成两列状，无柄，中脉明显	上面深绿色或亮绿色	常年或春夏秋
花	雌雄同株，雄球花单生，雌球花生短枝顶端	淡绿色、橙黄色	—
种子	球果卵状椭圆形或卵形，种子当年成熟，种鳞木质，具种翅	球果淡红色，种子淡褐色	—

- **适用范围**

原产于北美西海岸，我国上海、杭州、南京均有引种栽培。

- **景观用途**

树体高大雄伟，是一种理想的园景树木。

- **环境要求**

要求年平均温度7～18℃，喜湿，在低湿的河谷处可成纯林，在较干燥处常呈混交林。

- **繁殖要点**

种子及扦插法繁殖。

崖柏

- **拉丁学名：***Thuja sutchuenensis* Franch.
- **科属**

类 别	名 称	拉丁名
科	柏科	Cupressaceae
属	崖柏属	*Thuja* L.
种	崖柏	*Thuja sutchuenensis* Franch.

● **树木习性**

常绿灌木或乔木，生鳞叶的小枝呈扁平状平面生长，枝条密，开展。

● **形态特征**

类 别	形 态	颜 色	时 期
叶	生于小枝中央之叶斜方状倒卵形，侧面之叶船形，宽披针形，较中央之叶稍短	绿色	常年
花	雄球花近椭圆形，长约 2.5 mm，雄蕊约 8 对，交叉对生，雌球花很小	雄花淡红或淡黄色，雌花绿色或带紫色	—
种子	球果幼时椭圆形，最外面的种鳞倒卵状椭圆形，顶部下方有一鳞状尖头	灰褐色	—

● **适用范围**

产于四川城口海拔 1 400 m 石灰岩山地。

● **景观用途**

宜孤植或丛植，或用作绿篱，因其对称优美的树冠而成为极受欢迎的观赏树种，亦可做盆栽。

● **环境要求**

阳性树种，稍耐阴，耐瘠薄干燥土壤，不耐酸性土和盐土，忌积水，喜空气湿润和富含钙质的土壤，喜气温适中，超过 32℃生长停滞，在－10℃低温下持续 10 天即受冻害。

● **繁殖要点**

用播种育苗或扦插法均可繁殖。

侧柏

● **拉丁学名：** *Platycladus orientalis* (L.) Franco

● 科属

类 别	名 称	拉丁名
科	柏科	Cupressaceae
属	侧柏属	*Platycladus* Spach
种	侧柏	*Platycladus orientalis* (L.) Franco

● 树木习性

常绿乔木，株高可达 20 m，胸径可达 1 m，幼树树冠卵状尖塔形，老树广圆形，树皮薄，淡灰褐色，纵裂成薄片状(剥落)，生鳞叶的小枝细而扁平，向上直展或斜展，呈平面排列。

● 形态特征

类 别	形 态	颜 色	时 期
叶	全为鳞叶，二型，交叉对生，排成四列，背部中间有条状线槽	绿色	常年
花	雌雄同株，球花单生于小枝顶端	雄球花黄色，雌球花蓝绿色，被白粉	3—4 月
种子	球果卵圆形，成熟后木质开裂，中部两对种鳞倒卵形或椭圆形，种子顶端微尖，稍有棱脊，无翅	球果灰褐色	10—11 月

- **适用范围**

全国各地均有栽培。

- **景观用途**

侧柏为我国应用普遍的园林树木之一，多植于庭院、寺院、陵园等处。山东泰山岱庙的汉柏高 20 m，胸径 5 m 之巨，相传是汉武帝手植。曲阜的孔林内即有大片侧柏。北京天坛通过配植侧柏与桧柏，以形成肃静清幽的气氛，与祈年殿、天桥等建筑相呼应、相结合。现在园林中亦用侧柏为行道树或成片栽植。

- **环境要求**

喜光，稍耐阴，喜温暖湿润气候，亦耐多湿、干燥和严寒，对土壤要求不高，酸性、中性、碱性土均能生长。在沈阳以南地区生长均良好，能耐 −25℃的低温，在哈尔滨市背风向阳处可越冬。

- **繁殖要点**

播种繁殖，每千克种子 9 万粒左右，发芽率 70％～85％，能保存 2 年。春播，2 周后出苗，一年生苗高 15～25 cm。移植时株行距控制在 30 cm×40 cm。培育三年生苗高 70～80 cm，一、二年生苗可作为嫁接龙柏的砧木。

日本花柏

- 拉丁学名：*Chamaecyparis pisifera* (Sieb. et Zucc.) Endl.
- 科属

类别	名称	拉丁名
科	柏科	Cupressaceae
属	扁柏属	*Chamaecyparis* Spach
种	日本花柏	*Chamaecyparis pisifera* (Sieb. et Zucc.) Endl.

- 树木习性

常绿乔木，在原产地株高可达 50 m，胸径可达 1 m，树冠尖塔形，树皮红褐色，薄皮状脱落，生鳞叶小枝扁平，略开展并排成一平面。

- 形态特征

类别	形态	颜色	时期
叶	鳞形，先端锐尖，侧面之叶较中央之叶稍长	中央之叶深绿色，下面之叶具明显白粉	常年
花	雌雄同株，球花单生于短枝顶端，雄球花卵圆形或矩圆形，雌球花圆球形	雄球花黄色、暗褐色或深红色	—
种子	球果圆球形，种子三角状卵圆形，有棱脊，两侧有宽翅	球果熟时暗褐色	—

- 适用范围

原产于日本，我国青岛、庐山、南京、上海、杭州、长沙等地引种栽培，扬州园林及苗圃亦有栽培。

- 景观用途

孤植观赏，也可在草坪一隅、坡地丛植，丛外点缀数株观叶灌木，可增加层次，相映成趣，或密植为绿篱，整修成绿墙、绿门；在长江流域园林中普遍用作基础种植材料，营造风景林。

● **环境要求**

中性树种,较耐阴,小苗需遮阴,喜温暖湿润气候,不耐寒,喜湿润深厚的砂壤土,浅根性树种,不耐干旱,耐修剪。

● **繁殖要点**

播种繁殖,扦插繁殖成活率也很高,还可嫁接,用侧柏做砧木嫁接繁殖。

● **变种与品种**

① 线柏(*Chamaecyparis pisifera* 'Filifera'):乔木或灌木状,株高可达 20 m。树冠卵状圆球形或近球形,通常宽大于高。枝叶浓密,绿色或淡绿色,小枝细长而线状下垂,鳞叶先端锐尖。原产日本,我国南京、上海、杭州、庐山、青岛等地引种,生长良好,江南地区露地栽植,华北多盆栽观赏,能耐−16℃低温,为优美的风景树。

② 绒柏('Squarrosa'):小乔木或灌木,树冠塔形,大枝斜展,小枝不规则着生,非扁平,枝叶浓密,叶条状刺形,柔软,小枝下面之叶的中脉两侧有白粉带。原产日本南部和中部 600～1 600 m 的山地。我国南京、上海、杭州、庐山、青岛引种栽培。庐山植物园引种 28 年生者,树高 3.5 m,胸径 3.5 cm。因抗寒抗病性强,多用于庭园绿化。

日本扁柏

● **拉丁学名**:*Chamaecyparis obtusa* (Sieb. et Zucc.) Endl.

● **科属**

类 别	名 称	拉丁名
科	柏科	Cupressaceae
属	扁柏属	*Chamaecyparis* Spach
种	日本扁柏	*Chamaecyparis obtusa* (Sieb. et Zucc.) Endl.

● **树木习性**

常绿乔木,在原产地株高可达 40 m,胸径可达 1.5 m,树冠尖塔形,树皮赤褐色,光滑,薄片状脱落,生鳞叶小枝扁平,略开展并排成平面。

● **形态特征**

类 别	形 态	颜 色	时 期
叶	鳞叶先端钝,肥厚,小枝上面中央之叶露出部分近方形,背部具纵脊,侧面之叶对折呈倒卵状菱形	绿色	常年
花	雄球花椭圆形	花药黄色	4月
种子	球果圆球形,种子近圆形,两侧有窄翅	球果熟时红褐色	10—11月

● **适用范围**

我国青岛、庐山、南京、上海、河南鸡公山、杭州、广州等地引种栽培,江西庐山、浙江南部海拔1 000 m上下用之造林,生长旺盛。

● **景观用途**

具有一定的观赏价值,可作为庭院观赏树木,也可栽作行道树、园景树,密植成绿篱。

● **环境要求**

耐干旱瘠薄的土壤,适应性强,稍耐阴,具有一定的抗寒性,在北京需小气候良好处才能越冬。

● **繁殖要点**

播种繁殖,种子发芽率60%左右,可保存一年。扦插生根率60%左右。幼苗需遮阴,6~7年生后生长迅速。

● **变种与品种**

① 云片柏(*Chamaecyparis obtusa* ‘Breviramea’):小乔木,树冠窄塔形,生鳞叶小枝有规则地排列成云片状,枝短,侧生片状小枝盖住顶生片状小枝,球果较小。原产日本,我国庐山、杭州、南京、上海引种栽培。

② 孔雀柏(‘Tetragona’):灌木或小乔木,较矮生,生长缓慢,枝长伸而窄,小枝短,扁平而密集,鳞叶小而厚,顶端钝,鳞叶背部具脊,极深亮绿色。原产日本,我国杭州、上海、南京等地栽此作为观赏树。

③ 凤尾柏(‘Filicoides’):灌木,枝条短,末端鳞叶分枝短,扁平,在主枝上排列紧密,外观像凤尾蕨状,鳞叶钝,有腺点。我国庐山、南京、杭州等地均有引种栽培,用作观赏。

台湾扁柏

［原变种］

- 拉丁学名：*Chamaecyparis obtusa* var. *formosana* Rehd.
- 科属

类 别	名 称	拉丁名
科	柏科	Cupressaceae
属	扁柏属	*Chamaecyparis* Spach
种	台湾扁柏	*Chamaecyparis obtusa* var. *formosana* Rehd.

- 树木习性

常绿乔木，在原产地株高可达 40 m，胸径 3 m，树冠尖塔形，树皮赤褐色，光滑，裂成鳞状薄片脱落，生鳞叶小枝扁平，红褐色，略开展并排成平面。

- 形态特征

类 别	形 态	颜 色	时 期
叶	鳞叶较薄，先端钝尖，小枝上面之叶露出部分菱形，侧面之叶斜三角状卵形，先端微内弯	绿色	常年
花	—	—	4 月
种子	球果较大，圆球形，种子扁，倒卵圆形，两侧边缘有窄翅	球果熟时红褐色，种翅红褐色	10—11 月

- **适用范围**

我国特有树种，台湾最主要的森林树种，产于台湾中央山脉中部及北部海拔1 300～2 800 m处。

- **景观用途**

可在分布带组成大面积单纯林，在风景区成片栽植，也可做园景树、树丛、绿篱的基础材料。

- **环境要求**

喜气候温和湿润，雨量多、相对湿度大，在富腐殖质的黄壤、灰棕壤及黄棕壤上生长良好。

- **繁殖要点**

播种繁殖，种子发芽率60%左右，种子可保存一年。扦插生根率60%左右。幼苗需遮阴，6～7年生后生长迅速。

圆柏

(别名:桧柏)

- **拉丁学名**：*Sabina chinensis* (L.) Ant. (*Juniperus chinensis* L.)
- **科属**

类别	名称	拉丁名
科	柏科	Cupressaceae
属	圆柏属	*Sabina* Mill.
种	圆柏	*Sabina chinensis* (L.) Ant. (*Juniperus chinensis* L.)

- **树木习性**

常绿乔木，株高可达20 m，胸径可达3.5 m；树冠尖塔形或圆锥形，树皮深灰色，成条状纵裂，幼树尖塔形，老树广卵形、球形或钟形，树皮片状脱落；小枝直立或斜生，亦有下垂。

● **形态特征**

类 别	形 态	颜 色	时 期
叶	叶二型，鳞叶三枚交互轮生，近披针形，先端渐尖，多见于老树或老枝上，刺叶三枚轮生，披针形，先端微渐尖，紧密排列	深绿色	常年
花	雌雄异株，雄球花椭圆形，雌球花形小	雄球花黄色	4月上旬
种子	球果近圆球形，种子卵圆形，扁，顶端钝	球果熟时暗褐色	次年10—11月

● **适用范围**

产于我国华北各省、长江流域、两广北部，四川、云南、贵州等地，各地均多栽培。

● **景观用途**

庭院中应用广泛，当作绿篱可植于建筑物北侧，幼树树形优美，老树树形奇特，奇姿古态，多为古典民族形式园林中使用，也可做桩景、盆景，亦为石灰岩山地良好的造林绿化树种，在工厂区或行车带列植可吸收有害气体、阻尘并降低噪声。

- **环境要求**

喜光树种，幼树稍耐阴，耐干旱瘠薄，喜温凉、温暖气候及湿润土壤；微酸性、中性及钙质土均能生长，稍耐干旱及潮湿，忌水湿，抗有害气体。

- **繁殖要点**

播种繁殖，种子发芽率约 40%，亦用扦插繁殖及嫁接繁殖。

- **变种与品种**

① 偃柏［*S. c.* var. *sargentill* (Henry) Cheng et L. K. Fu］：匍匐灌木，株高 0.6～0.8 m，冠径 2～3 m。小枝上升成密丛状，刺叶交互对生，长 3～6 mm，排列较紧密，略斜展。老树多鳞叶，幼树之叶刺状。球果带蓝色。耐瘠薄土壤，可生于岩缝，耐寒性强。产自东北张广才岭，海拔 1 400 m 山地。苏联及日本也有分布。

② 龙柏（'Kaizuca'）：常绿小乔木，株高可达 4 m，树冠圆柱状或柱状塔形，树皮深灰色，树干表面有纵裂纹。枝条向上直展，常有扭曲上升之势。小枝密，在枝端成几等长之密簇状。全为鳞叶，密生，幼叶淡黄绿，后呈翠绿色。球果蓝黑色。喜阳，适种植于排水良好的砂质壤土。多为无性繁殖，长江流域及华北各大城市庭院均有栽培。

③ 球柏（'Globosa'）：常绿小灌木，树冠近球形，无主杆，从根际多数分枝，枝条斜上，柔软密生，全为鳞叶，披针形，先端尖，呈四轮排列或交互对生，间有刺叶，叶色嫩绿青翠，冬季变紫绿色。喜光和温暖气候，适于湿润的中性土、钙质土和微酸性土上生长，稍耐干旱瘠薄。多植于花坛、园路、台坡及建筑边缘或甬道两旁，是适用范围极广的庭院观赏园林树种。

④ 鹿角桧（'Pfitzeriana'）：小乔木或丛生灌木，主干不发育，树冠卵形或广卵形，多分枝，大枝自地面向四面斜展上伸，树姿优美，适宜自然式园林配植等用。

铅笔柏

（别名：北美圆柏）

- **拉丁学名**：*Sabina virginiana* (L.) Ant. (*Juniperus virginiana* L.)

- **科属**

类别	名称	拉丁名
科	柏科	Cupressaceae
属	圆柏属	*Sabina* Mill.
种	铅笔柏	*Sabina virginiana* (L.) Ant. (*Juniperus virginiana* L.)

- **树木习性**

常绿乔木，在原产地株高可达 30 m，树皮红褐色，长条片开裂脱落，树冠圆锥形或柱状圆锥形，枝直立或斜展，生鳞枝的小枝细，四棱形。

- **形态特征**

类别	形态	颜色	时期
叶	叶二型，刺叶交互对生，被有白粉，鳞叶着生在四棱状小枝上，菱状卵形，先端急尖或渐尖	绿色	常年
花	雌雄异株，雄球花 6 对雄蕊	—	—
种子	球果近球形或卵圆形，被白粉，种子卵圆形	球果熟时蓝绿色，种子熟时褐色	10—11 月

- **适用范围**

原产于北美，我国华东地区引种栽培用作观赏。

- **景观用途**

树姿优美，树干挺拔，枝繁叶茂，早春更呈翠绿色，美艳动人，在庭院中广泛应用于观赏树种，可植于建筑物北侧。

- **环境要求**

适应性强，耐阴性很强，耐旱、耐寒、耐低湿、耐瘠薄，在各种土壤中均能生长。

- **繁殖要点**

播种繁殖，种子发芽率 40%，亦用扦插繁殖及嫁接繁殖。

铺地柏

- **拉丁学名**：*Sabina procumbens* (Endl.) Iwata et Knsaka
- **科属**

类 别	名 称	拉丁名
科	柏科	Cupressaceae
属	圆柏属	*Sabina* Mill.
种	铺地柏	*Sabina procumbens* (Endl.) Iwata et Knsaka

- **树木习性**

匍匐小灌木，高可达75 cm，树幅可达2 m，枝叶贴近地面伏生，褐色，密生小枝，枝梢及小枝向上斜展。

- **形态特征**

类 别	形 态	颜 色	时 期
叶	叶全为刺叶，条状披针形，3叶交叉轮生，先端渐尖成角质锐尖头，叶基下延生长，叶面有两条白粉气孔带	蓝绿色	常年
花	—	淡黄色	3—5月
种子	球果近球形，被白粉，种子有棱脊	球果熟时黑色	9—11月

- **适用范围**

原产于日本，我国青岛、庐山、昆明及华东地区各大城市引种栽培作为观赏树。

- **景观用途**

宜盆栽，制作盆景，配植于岩石园或草坪角隅，又为缓土坡的良好地被植物。

- **环境要求**

喜光，耐干旱瘠薄，喜石灰质土壤，不耐涝。

- **繁殖要点**

播种繁殖，扦插易成活。

柏木

- **拉丁学名：***Cupressus funebris* Endl.
- **科属**

类别	名称	拉丁名
科	柏科	Cupressaceae
属	柏木属	*Cupressus* L.
种	柏木	*Cupressus funebris* Endl.

- **树木习性**

常绿乔木，株高可达 35 m，胸径可达 2 m；树冠圆锥形，树皮淡褐灰色，裂成窄长条片；小枝细长下垂，生鳞叶的小枝扁平，排成一平面，两面同形，绿色，较老的小枝圆柱形，暗褐紫色。

- **形态特征**

类别	形态	颜色	时期
叶	鳞叶二型，先端锐尖，中央之叶背部有条状腺点，两侧的叶对折，背部有棱脊	绿色	常年
花	雌雄同株，球花单生枝顶，雄球花椭圆形或卵圆形，具 6 对雄蕊，雌球花近球形	雄球花淡绿色，边缘褐色	3—5 月
种子	球果圆球形或近球形，种子宽倒卵状菱形或近圆形，稍扁，有光泽，两侧具窄翅	球果熟时暗褐色，种子熟时淡褐色	次年 5—6 月

- **适用范围**

我国特有树种，分布很广，产于浙江、福建、江西、湖南等长江流域以南各省。

- **景观用途**

树冠浓密，枝叶纤细下垂，树体高耸，可以成丛成片配置在草坪边缘、风景区、森林公园等处，形成柏木森森的景色。此树在西南地区最为普遍，可在陵园做甬道树，或在纪念性建筑物周围配置，还可在门庭两边、道路入口对植；宜盆栽，制作盆景，配置于岩石园或草坪角隅。

- **环境要求**

喜光，略能耐侧方荫蔽，喜暖热气候，不耐寒；喜生于温暖湿润的各种土壤地带，尤以石灰岩山地钙质土上生长良好，对土壤适应性广，中性、微酸性及钙质土均能生长；耐干旱瘠薄，也耐水湿，主根浅、侧根发达。

- **繁殖要点**

播种繁殖，种子沙藏后可以提高发芽率。扦插繁殖常在冬季进行。

墨西哥柏木

- **拉丁学名**：*Cupressus lusitanica* Mill.
- **科属**

类　别	名　称	拉丁名
科	柏科	Cupressaceae
属	柏木属	*Cupressus* L.
种	墨西哥柏木	*Cupressus lusitanica* Mill.

- **树木习性**

常绿乔木，在原产地株高可达 30 m，胸径可达 1 m；树皮红褐色，纵裂；小枝不规则排列，生鳞叶小枝下垂，末端鳞叶枝四棱形。

- **形态特征**

类 别	形 态	颜 色	时 期
叶	先端锐尖或钝尖，被蜡质白粉	蓝绿色	常年
花	—	橘黄色	3—5 月
种子	球果圆球形，被白粉，种子有棱脊，具窄翅	球果熟时褐色	翌年 5—6 月

- **适用范围**

原产于美国西南部和墨西哥，海拔 1 300～3 300 m 之间。在我国江苏、浙江、江西、湖南、湖北扩大试种，生长均良好。

- **景观用途**

树干通直，终年常绿，红枝绿叶，具有极高的观赏价值，被广泛作为庭院树、行道树种植。

- **环境要求**

喜温暖湿润气候，适应性强，耐干旱瘠薄，稍耐寒冷，抗病虫害能力强，对土壤要求不高，在深厚、疏松、肥沃的土壤上生长良好，喜中性至微碱性土。

- **繁殖要点**

多采用种子容器育苗方法，一般成活率可达 95%以上。

- **变种与品种**

中山柏(*Cupressus lusitanica* ‘Zhongshabai’):常绿乔木,树冠圆锥形,树皮纵裂深而长,侧枝多而粗。小枝斜上,鳞叶排列紧密,叶紧贴小枝。球果长卵形,鳞尖大而长。江苏植物研究所在引种过程中,于1973年发现该速生优株,1979年正式命名其为“中山柏”,系墨西哥柏的优良品种。目前已扩大该品种的试种和推广,主要采取扦插繁殖。

杜松

- **拉丁学名**:*Juniperus rigida* Sieb. et Zucc.
- **科属**

类 别	名 称	拉丁名
科	柏科	Cupressaceae
属	刺柏属	*Juniperus* L.
种	杜松	*Juniperus rigida* Sieb. et Zucc.

- **树木习性**

常绿灌木或小乔木,株高可达10 m;树冠塔形或圆锥形,枝条直展,枝皮褐灰色,纵裂;小枝下垂,幼枝三棱形,无毛。

- **形态特征**

类 别	形 态	颜 色	时 期
叶	3叶轮生,条状刺形,质厚、坚而硬,先端尖,上面凹有深槽,下面有明显纵脊	绿色	常年
花	雄球花椭圆形或近球状,雌球花圆形	—	4月
种子	球果圆球形,种子近卵圆形	球果熟前紫褐色,熟后淡褐色或蓝黑色,被白粉	次年10月

- **适用范围**

黑龙江、吉林、辽宁、内蒙古、华北、西北等地区均有分布。

- **景观用途**

树姿挺直优美，可用作庭院树、行道树，亦可用作风景林树种，常孤植、对植、列植、丛植在庭院、公园、广场绿地和街道等地。

- **环境要求**

强阳性树种，耐寒、耐干旱瘠薄、耐阴，对土壤适应力强，喜石灰岩形成的栗钙土或黄土形成的灰钙土，喜酸性土壤。

- **繁殖要点**

播种繁殖。

欧洲刺柏

- **拉丁学名**：*Juniperus communis* L.
- **科属**

类 别	名 称	拉丁名
科	柏科	Cupressaceae
属	刺柏属	*Juniperus* L.
种	欧洲刺柏	*Juniperus communis* L.

- **树木习性**

常绿乔木或直立灌木，乔木株高可达 12 m，灌木高 1～3 m，干径可达 0.6 m；树冠圆锥形，若为灌木呈开展状，树皮灰褐色，枝条直展或斜展；小枝向上或下垂。

- **形态特征**

类 别	形 态	颜 色	时 期
叶	3 叶轮生，全刺叶，通常与小枝成钝角开展，条形或条状披针形，叶上面微凹，有条比叶缘绿色部分宽的白粉带	深绿色	常年
花	—	—	—
种子	球果球形或宽卵圆形，种子卵圆形，顶端尖，具三棱	球果熟时紫黑色，被白粉	次年

- **适用范围**

分布极广，欧洲、北美、西伯利亚、蒙古、北非、朝鲜北部均有分布。我国北京、河北、青岛、上海、庐山、杭州等地园林中偶有栽培。

- **景观用途**

欧美园林中常见的园林树种。

- **环境要求**

能耐寒，对土壤要求不高，在石灰质土壤和酸性土壤上均能生长。

- **繁殖要点**

播种及扦插繁殖。

罗汉松

- **拉丁学名：***Podocarpus macrophyllus* (Thunb.) D. Don.
- **科属**

类　别	名　称	拉丁名
科	罗汉松科	Podocarpaceae
属	罗汉松属	*Podocarpus* L. Her. ex Persoon
种	罗汉松	*Podocarpus macrophyllus* (Thunb.) D. Don.

- **树木习性**

常绿乔木，株高可达 20 m，胸径可达 60 cm，树皮灰褐色或灰色，浅纵裂，成薄片脱落，枝开展或斜展，较密。

- **形态特征**

类　别	形　　态	颜　色	时　期
叶	螺旋状着生，条状披针形，微弯，先端尖，基部楔形	上面深绿色，有光泽，下面带白色、灰绿色或淡绿色	常年
花	雌雄异株，雄球花穗状腋生，常 3～5 个簇生于极短的总梗上，雌球花单生叶腋，有梗	黄色	4—5 月
种子	种子卵圆形，先端圆，种托肉质短圆柱状	熟时肉质假种皮紫黑色，有白粉，种托红色或紫红色	8—9 月

- **适用范围**

产于长江流域以南至广东、广西、云南、贵州，海拔 1 000 m 以下。

- **景观用途**

树形优美，绿色种子之下有红色种托，好似许多披着红色袈裟正在打坐的罗汉。满树紫红点点，颇富奇趣，宜孤植做庭荫树，对植或散植于建筑之前。罗汉松耐修剪，适宜海岸环境，故宜用于海岸边起美化及防风高篱等。

- **环境要求**

较耐阴，为半阴性树种，喜生于温暖多湿处，喜排水良好而湿润之砂壤土，在海边也能生长良好；较耐寒，但在华北只能盆栽，培养土可用沙土和腐殖土等量配合。

- **繁殖要点**

可用播种及扦插繁殖，种子发芽率 80%～90%。在梅雨季时扦插易生根。

竹柏

- **拉丁学名**：*Podocarpus nagi*（Thunb.）Zoll. et Mor ex Zoll.
- **科属**

类 别	名 称	拉丁名
科	罗汉松科	Podocarpaceae
属	罗汉松属	*Podocarpus* L. Her. ex Persoon
种	竹柏	*Podocarpus nagi*（Thunb.）Zoll. et Mor ex Zoll.

- **树木习性**

常绿乔木，高达 20 m，胸径 50 cm；树皮近平滑，红褐色或暗紫红色，裂成小块薄片脱落；枝条开展或伸展，树冠广圆锥形。

- **形态特征**

类 别	形 态	颜 色	时 期
叶	对生，长卵形、卵状披针形或披针状椭圆形，先端渐尖，基部楔形或宽楔形	上面深绿色，有光泽，下面淡绿色	常年
花	雄球花穗状圆柱形，单生叶腋，常呈分枝状，雌球花多单生叶腋，稀成对腋生	淡黄色	3—4 月
种子	种子圆球形，外种皮骨质，顶端圆，基部尖，密被细小凹点	种子熟时假种皮暗紫色，被白粉	10 月

- **适用范围**

产于浙江、福建、江西、湖南、广东、广西、四川等省。

- **景观用途**

叶形奇异，终年苍翠，树干修直，树态优美，叶茂荫浓，抗病虫害强，为优美的常绿观赏树木，可在公园、庭园、住宅小区、街道等成片栽植，也可与其他常绿落叶树种混合栽种。

- **环境要求**

耐阴性强，林冠下天然更新良好，适生于温暖、湿润的气候环境（年平均气温

18～26℃，最低气温－7℃），湿润肥沃的酸性、砂壤土至轻黏土地带。

- **繁殖要点**

用种子繁殖，宜随采随播（种子易丧失发芽力），亦可扦插繁殖，取幼龄母树枝条做插穗，成活率高达98%。一年生苗高20～30 cm。

粗榧

- **拉丁学名**：*Cephalotaxus sinensis* (Rehd. et Wils.) Li
- **科属**

类　别	名　称	拉丁名
科	三尖杉科	Cephalotaxaceae
属	三尖杉属	*Cephalotaxus* Sieb. et Zucc. ex Endl.
种	粗榧	*Cephalotaxus sinensis* (Rehd. et Wils.) Li

- **树木习性**

常绿灌木或小乔木，株高可达15 m，树皮灰色或灰褐色，裂成薄片状脱落。

- **形态特征**

类　别	形　　态	颜　色	时　期
叶	条形，先端渐尖或微凸尖，质地较厚，中脉明显，有两条白色气孔带	深绿色	常年
花	雄球花卵圆形	淡绿色、红色	3—4月
种子	种子卵圆形、椭圆状卵形或近球形	褐红色	8—10月

- **适用范围**

我国特有树种，分布很广，产于江苏南部、浙江、安徽南部、福建、江西、河南、湖北、湖南、陕西南部、四川、甘肃南部、云南东南部、贵州东北部、广西、广东西南部及海南岛等地，多生于海拔 600～2 200 m 的花岗岩、砂岩或石灰岩山地。

- **景观用途**

有较高的观赏价值，通常多与其他树配植，作基础种植用，可孤植、丛植、林植等，或在草坪边缘，植于大乔木之下做栽植材料，亦可将幼树修剪成球形做盆栽或孤植造景。

- **环境要求**

阴性树，较喜温暖，喜生于富含有机质之壤土；抗虫害能力很强，少有发生病虫害者；生长缓慢，但有较强的萌芽力，耐修剪，但不耐移植。

- **繁殖要点**

种子繁殖，层积处理后行春播，但发芽保持能力较差，亦可用扦插法繁殖。

三尖杉

- **拉丁学名**：*Cephalotaxus fortunei* Hook. f.
- **科属**

类 别	名 称	拉丁名
科	三尖杉科	Cephalotaxaceae
属	三尖杉属	*Cephalotaxus* Sieb. et Zucc. ex Endl.
种	三尖杉	*Cephalotaxus fortunei* Hook. f.

- **树木习性**

常绿乔木，株高可达 20 m，胸径可达 40 cm；树冠广卵形，树皮褐色或红褐色，裂成片状脱落，枝条较细长，稍下垂。

- **形态特征**

类别	形态	颜色	时期
叶	披针长条形,通常微弯,先端长尖,基部楔形或宽楔形	上面深绿色	常年
花	花单性异株,雄球花8～10个聚生成头状;雌球花有长梗,生于枝下部叶腋	雄花黄色,雌花红黄色	4月
种子	种子椭圆状卵形或近圆球形	假种皮熟时紫色或红紫色	8—10月

- **适用范围**

我国特有树种,产于浙江、安徽南部、福建、江西、湖南、湖北、河南南部、陕西南部、甘肃南部,四川、云南、贵州、广西及广东等地。

- **景观用途**

树姿挺拔雄伟,气宇轩昂,适于孤植于草坪中央作为观赏园景树。

- **环境要求**

适应性较强,喜光,较能耐阴,喜湿润的亚热带季风气候,适于在由砂页岩、玄武岩、板岩(变质岩)等碎屑岩发育的山地黄壤、黄棕壤土上生长。

- **繁殖要点**

多用无性繁殖,扦插、嫁接、组织培养,最简单易行的方法为扦插育苗。

中国红豆杉

(别名:紫杉)

- **拉丁学名**: *Taxus chinensis* (Pilger) Rehd.
- **科属**

类别	名称	拉丁名
科	红豆杉科	Taxaceae
属	红豆杉属	*Taxus* L.
种	红豆杉	*Taxus chinensis* (Pilger) Rehd.

- **树木习性**

常绿乔木，株高可达 30 m，胸径可达 60～100 cm，树皮灰褐色、暗红褐色或暗褐色，条片状开裂；大枝开展，一年生枝绿色或淡黄绿色，秋季变成绿黄色或淡红褐色，二、三年生枝黄褐色、淡红褐色或灰褐色。

- **形态特征**

类 别	形 态	颜 色	时 期
叶	叶较短，条形，排成两列，较紧密，微弯或较直，上部渐窄，先端微急尖，稀急尖或渐尖	上面深绿色，下面淡黄绿色	常年
花	雌雄异株，雌球花单生于叶腋，胚珠单生于花轴顶端，基部有圆盘状的假种皮	雄球花淡黄色	4—5 月
种子	种子卵圆形，生于杯状红色肉质的假种皮中，微扁或圆	假种皮红色	6—11 月

- **适用范围**

我国特有树种，产于甘肃南部、陕西南部、四川、云南东部及东南部，贵州西部及东西部、湖北西部、广西北部及安徽南部、湖南东南部。

- **景观用途**

红豆杉的红豆，宛如南国的相思豆，外红里艳，极为美观，可以寄托人们的相思，具有极高的观赏价值，可孤植于建筑北面草坪或甬道两旁，是秋季观枝、观果的园林树种。

- **环境要求**

全国各地均适于栽培种植，喜阴、耐旱、抗寒，要求土壤的 pH 值为 5.5～7，对土壤其他因素要求不高，抗病虫害能力较强。

- **繁殖要点**

目前常见的方法为种子繁殖、组织培养繁殖、人工扦插繁殖。

南方红豆杉

- **拉丁学名：***Taxus chinensis* (Pilger) Rehd. var. *mairei* Cheng et L. K. Fu

● 科属

类　别	名　称	拉丁名
科	红豆杉科	Taxaceae
属	红豆杉属	*Taxus* L.
种	南方红豆杉	*Taxus chinensis* (Pilger) Rehd. var. *mairei* Cheng et L. K. Fu

● 树木习性

常绿乔木,株高可达 20 m,胸径可达 60～100 cm,小枝互生。

● 形态特征

类　别	形　　态	颜　色	时　期
叶	叶较宽、较长,多呈镰刀状,上部常渐窄,下面中脉带上局部有成片或零星的角质乳头状突起点	上面深绿色,有光泽,下面淡黄绿色	常年
花	雌雄异株,雄花	雄花淡黄色,雌花黄绿色	3—6 月
种子	种子倒卵圆形或柱状长圆形、椭圆形,有钝纵脊,种脐椭圆形或近三角形	红色	9—11 月

● 适用范围

产于安徽大别山区、浙江、台湾、福建、江西、广东北部、广西北部、东北部、湖南、湖北、河南、陕西、甘肃、四川、贵州及云南东北部。

● 景观用途

枝叶浓郁,树形优美,种子成熟后果实满枝逗人喜爱,颇为美观,适合在庭园一角孤植点缀,亦可在建筑背阴面的门庭或路口对植,山坡、草坪边缘、池边、片林边缘丛植。宜在风景区做中、下层树种与各种针、阔叶树种配置,是观果的良好园林观赏树种。

● 环境要求

耐阴性强,喜阴湿冷凉的气候(一般年均气温 11.2℃,年降水 487.9 mm 左右),要求肥力较高,黄壤与黄棕壤的酸性或微酸性土壤最宜,较能耐水湿。

- **繁殖要点**

采用种子繁殖和扦插繁殖，以育苗移栽为主。

榧树

- **拉丁学名：***Torreya grandis* Fort. et Lindl.
- **科属**

类 别	名 称	拉丁名
科	红豆杉科	Taxaceae
属	榧树属	*Torreya* Arn.
种	榧树	*Torreya grandis* Fort. et Lindl.

- **树木习性**

常绿乔木，树皮灰黄色纵裂，大枝轮生，一年生小枝绿色，对生，次年变黄绿色。

- **形态特征**

类 别	形 态	颜 色	时 期
叶	条形，直而不弯，先端凸尖，中脉不明显，下面有两条黄白色气孔带	上面光绿色，下面淡绿色	常年
花	雄球花腋生，雌球花生于上年短枝顶部	白色	4—5 月
种子	种子长圆形至倒卵形	熟时假种皮淡紫褐色	次年 10 月

- **适用范围**

产于江苏南部、浙江、福建、安徽南部及湖南。

- **景观用途**

我国特有树种，树冠整齐，枝叶繁密，适合孤植、丛植、列植于建筑周围。大树宜孤植作庭荫树或与石榴、海棠等花灌木配置作背景树，色彩优美。抗烟害的能力较强，病虫害亦极少；能适应城市生态环境，街头绿地、工矿区都可以种植。

● **环境要求**

喜光，耐阴，喜温暖湿润气候，稍耐寒，对土壤要求不高，喜生于酸性而肥沃的砂壤土，抗性强，忌积水。

● **繁殖要点**

多用种子繁殖。种子休眠期长达一年之久，故采后应立即播种或以低温层积处理，当年可出苗；也可用嫁接、扦插及压条繁殖，嫁接用播种的实生苗作为砧木。

● **变种与品种**

香榧（*Torreya grandis* 'Merrillii'）：嫁接树可高达 20 m，叶深绿色，质较软。种子长圆状倒卵形，长 2.7～3.2 cm，产自浙江。

日本榧

● **拉丁学名**：*Torreya nucifera* (L.)Sleb. et Zucc.

● **科属**

类 别	名 称	拉丁名
科	红豆杉科	Taxaceae
属	榧树属	*Torreya* Arn.
种	日本榧	*Torreya nucifera* (L.)Sleb. et Zucc.

● **树木习性**

常绿乔木，树皮灰褐色至淡褐红色，幼树干皮光滑，老时裂成鳞片状脱落。一年生枝绿色，二年生枝条绿色至淡红色，三、四年生枝条红褐色至淡紫色，有光泽。

● **形态特征**

类 别	形 态	颜 色	时 期
叶	条形，先端有凸起的长尖头刺，上面拱圆，无明显中脉和纵槽	上面深绿色，有光泽，下面淡绿色	常年

（续表）

类　别	形　　态	颜　色	时　期
花	雌雄异株，雄球花 6～9 聚成头状，单生于叶腋，雌球花有长梗，生于小枝基部腋部	白色、淡绿色	4—5 月
种子	种子倒卵圆形或椭圆状倒卵形	熟时假种皮紫褐色	次年 10 月

- **适用范围**

原产于日本，我国青岛及长江流域各大城市有栽培。

- **景观用途**

树冠整齐，树姿雄伟，枝叶繁茂，抗烟害能力强，适宜孤植、片植和列植，为理想的城市园林绿化树种，更是长江以北地区不可多得的常绿观赏植物。

- **环境要求**

耐阴性强，抗病虫害，耐寒。

- **繁殖要点**

以播种繁殖为主，也可扦插繁殖。

第二节　落叶针叶树

金钱松

- **拉丁学名：***Pseudolarix amabilis* (Nelson) Rehd.
- **科属**

类　别	名　称	拉丁名
科	松科	Pinaceae
属	金钱松属	*Pseudolarix*
种	金钱松	*Pseudolarix amabilis* (Nelson) Rehd.

● **树木习性**

落叶大乔木，株高可达 40 m，胸径可达 1.5 m；树冠宽塔形，树干通直，树皮粗糙，深褐色，深裂成鳞状块片。枝分长枝与短枝两种类型，一年生长枝淡红褐色或淡红黄色，无毛，有光泽，二、三年生枝淡黄灰色或淡褐灰色，老枝及短枝灰色、暗灰色或淡褐灰色。

● **形态特征**

类 别	形 态	颜 色	时 期
叶	条形，柔软，镰状或直，上部稍宽，先端锐尖或尖，长枝之叶辐射伸展，短枝之叶簇状密生	绿色，秋后呈金黄色	—
花	雄球花圆柱状，下垂，雌球花直立，椭圆形，有短梗	雄球花黄色，雌球花紫红色	4 月
果实	球果卵圆形或倒卵圆形，有短梗，中部的种鳞卵状披针形，种子卵圆形，种翅三角状披针形	球果成熟前绿色或淡黄绿色，熟时暗红褐色，种子白色，种翅淡黄色或淡褐黄色	10 月

- **适用范围**

我国特有树种，本种产于江苏南部、安徽南部，分布于我国长江流域一带的山地，浙江西部、江西北部、福建北部、四川东部和湖南、湖北、青岛崂山等地都有种植。

- **景观用途**

树干通直，树姿优美，冠形、叶形优美多姿，秋叶金黄，十分壮观，是名贵的庭院观赏树种、江南地区园林观赏树种，现已作为造林绿化树种广为栽植，宜植于瀑口、池旁、溪畔或与其他树木混植成丛，别有情趣。

- **环境要求**

喜温暖湿润及多雨气候，畏涝忌旱，抗风、抗雪压，喜光喜肥，适宜肥沃深厚的酸性土壤。

- **繁殖要点**

播种繁殖为主，宜在林间播种育苗；利用10年生以下幼树枝条扦插，成活率可达70%。

- **备注**

金钱松与南洋杉、雪松、日本金松、巨杉合称为世界五大庭园树种。

池杉

- **拉丁学名：***Taxodium ascendens* Brongn.
- **科属**

类 别	名 称	拉丁名
科	杉科	Taxodiaceae
属	落羽杉属	*Taxodium*
种	池杉	*Taxodium ascendens* Brongn.

- **树木习性**

落叶乔木，在原产地株高可达25 m，树冠窄尖塔形，树干基部膨大，常有屈膝状呼吸根，在低湿地生长的“膝根”尤为显著，树皮褐色，纵裂，成长条片脱落；枝条向上伸展，当年生小枝绿色，细长，通常向下弯垂，二年生小枝呈褐红色。

- **形态特征**

类 别	形 态	颜 色	时 期
叶	钻形，微内曲，在枝上螺旋状伸展	绿色，秋后呈金黄色	—
花	雄球花排列成圆锥花序状；雌球花单生，多数聚生，多着生于新枝顶部	雄球花黄色，雌球花紫红色	3—4月
果实	球果圆球形或矩圆状球形，有短梗	球果熟时黄褐色，种子红褐色	10月

- **适用范围**

原产于美国东南部，南大西洋及墨西哥湾沿海地带，目前引种到杭州、武汉、庐山、广州等地，在低湿地生长良好。现许多城市尤其是长江南北水网地区将其作为重要造林和园林树种。

- **景观用途**

树形优美，枝叶秀丽，秋叶棕褐色，常与水杉、落羽杉配置，是观赏价值很高的园林树种，特别适合水边湿地成片栽植，可孤植或丛植，植于沿海、丘陵地区，也宜做庭院、宅旁、路边的防护林。

- **环境要求**

适于 pH 值 6～7 的河堤、路边、洼地、丘陵等地，喜深厚、疏松、湿润的酸性土壤，耐湿性强，抗风力强，但不耐盐碱。

- **繁殖要点**

播种繁殖为主，也可扦插育苗，宜用幼龄树的秋梢带踵扦插。

水杉

- **拉丁学名：***Metasequoia glyptostroboides* Hu et Cheng
- **科属**

类别	名称	拉丁名
科	杉科	Taxodiaceae
属	水杉属	*Metasequoia*
种	水杉	*Metasequoia glyptostroboides* Hu et Cheng

- **树木习性**

落叶乔木，株高达 35～41.5 m，胸径达 1.6～2.4 m，树皮灰褐色或深灰色，条片状开裂脱落，小枝对生或近对生，下垂。

- **形态特征**

类别	形态	颜色	时期
叶	侧生小枝排成羽状，长 4～15 cm，冬季凋落，交互对生，在侧生小枝上排成羽状二列，线形，柔软，几乎无柄	绿色	—
花	雌雄同株，雄球花单生叶腋或苞腋，卵圆形，交互对生排成总状或圆锥花序状，雌球花单生侧枝顶端	黄绿色	2—3 月
果实	球果下垂，近球形或长圆状球形，微具四棱，种子倒卵形，扁平，有窄翅	球果熟时深褐色	11 月

- **适用范围**

我国特产稀有树种，天然分布在湖北利川市、四川石柱县等地，现已引种到全国多个省份。

- **景观用途**

树干通直挺拔，高大秀颀，冠形整齐，树姿优美挺拔，叶色翠绿，入秋后叶色金黄，是著名的庭院观赏树。水杉可于公园、庭院、草坪、绿地中孤植、列植或群植，也可成片栽植营造风景林，并适配常绿地被植物，亦是工矿区绿化建设的优良树种，可吸收 SO_2。

- **环境要求**

阳性树种，喜温暖湿润，耐低温，适应性强，多生于山谷或山麓附近地势平缓、土层深厚、湿润或稍有积水的地方，在轻盐碱地可以生长，喜酸性山地黄壤、紫色土或冲击土(pH 值 4.5～5.5)，耐水湿。

- **繁殖要点**

播种、扦插繁殖。扦插繁殖时硬枝和嫩枝均可，春季扦插插穗用一年生苗的侧枝为宜，在树木发芽前进行扦插。嫩枝扦插在 6 月至 7 月进行。

银杏

- **拉丁学名：***Ginkgo biloba* L.
- **科属**

类　别	名　称	拉丁名
科	银杏科	Ginkgoaceae
属	银杏属	*Ginkgo*
种	银杏	*Ginkgo biloba* L.

- **树木习性**

落叶大乔木，高可达 40 m，胸径可达 4 m；幼树及壮年树冠圆锥形，老则广卵形，幼树树皮浅裂，大树树皮灰褐色，深纵裂、粗糙；枝近轮生，斜上伸展；一年生长枝淡褐黄色，二年生变为灰色，并有细纵裂纹；短枝密被叶痕，黑灰色，短枝上亦可长出长枝。

● 形态特征

类别	形态	颜色	时期
叶	扇形，有长柄，无毛，有多数叉状并列细脉，短枝上常呈波状缺刻，长枝上二裂，基部宽楔形	绿色，落叶前变为黄色	—
花	雌雄异株，单性，雄球花下垂，具短梗，雌球花具长梗	雄花黄绿色，雌花白色	3—4月
果实	种子具长梗，下垂，椭圆形、长倒卵形、卵圆形或近圆球形，外种皮肉质，外被白粉	外种皮熟时黄色或橙黄色	9—10月

- **适用范围**

我国特产树种。全国均有栽培，分布广泛，以江南一带居多。

- **景观用途**

叶形奇特古雅，可孤植、成片丛植或列植，是珍贵的园林观赏树种，冠大荫浓，树姿雄伟，新叶鲜绿，秋叶金黄，抗病虫害，被公认为无公害的树种，常与槭类、枫香、乌桕等色叶树种或松柏类树种混植于公园、园林、住宅小区、行道两旁。

- **环境要求**

喜光树种，耐旱、不耐积水。对气候适应性强，能耐－32.9℃的低温，喜深厚、肥沃湿润、排水性好的壤土，土壤 pH 值 4.5～8 均能生长，不耐盐碱，对气候、土壤要求不高。

- **繁殖要点**

播种、嫁接、扦插、分蘖繁殖，栽培区常用实生苗、移植苗或根蘖苗进行嫁接。

第六章

阔叶乔木类

第一节　常绿阔叶乔木

木莲

- 拉丁学名:*Manglietia fordiana* Oliv.
- 科属

类　别	名　称	拉丁名
科	木兰科	Magnoliaceae
属	木莲属	*Manglietia*
种	木莲	*Manglietia fordiana* Oliv.

- 树木习性

乔木,高可达 20 m,嫩枝及芽有红褐短毛,后脱落,皮孔及环状纹显著。

- **形态特征**

叶	叶厚革质，长椭圆状倒披针形，长 8～17 cm，宽 2.5～5.5 cm，先端短尖。尖头通常钝，基部楔形，稍下延。下面疏生红褐色短硬毛，侧脉 8～12 对。叶柄长 1～3 cm，托叶痕为叶柄长的 1/8～1/4
花	花梗长 6～18 mm，被红褐色短柔毛；花被片 9，外轮质较薄，凹弯，长圆状椭圆形，长 6～7 cm，宽 3～4 cm，内两轮较小，白色，肉质，倒卵形，长 5～6 cm；雄蕊长 1 cm，药隔伸出成短钝三角形，雌蕊群长约 1.5 cm，平滑，基部心皮长 5～6 mm，花期 5 月
果	聚合果红色，卵形；蓇葖露出面有粗点状凸起，先端具长约 1 mm 的短喙，果期 10 月

- **适用范围**

产于安徽南部、浙江、江西、福建、广东、广西、云南、贵州等地，海拔 1 200 m 左右的花岗岩、砂质岩山地丘陵。广西武鸣大明山海拔 800～1 500 m 处及云南金平海拔 2 000 m 处亦有生长。此树为亚热带常绿阔叶林的常见树种，南京地区有少量栽培，生长良好。

- **景观用途**

本种树冠浓密，四季常青，花果艳丽，为优美绿化树种。

- **环境要求**

喜温暖湿润气候及肥沃的酸性土壤，幼年耐阴，后喜光，在低海拔干热地上栽植生长不良。

- **繁殖要点**

用种子繁殖，一年生苗高 40～50 cm。

深山含笑

- **拉丁学名**：*Michelia maudiae* Dunn
- **科属**

类 别	名 称	拉丁名
科	木兰科	Magnoliaceae
属	含笑属	*Michelia*
种	深山含笑	*Michelia maudiae* Dunn

● 树木习性

常绿乔木,高达 20 m,各部均无毛;树皮薄,浅灰色或灰褐色,平滑不裂;芽、嫩枝、叶下面、苞片均被白粉。

● 形态特征

叶	叶互生,革质,长圆状椭圆形,很少卵状椭圆形,长 7～18 cm,宽 3.5～8.5 cm,上面深绿色,叶背淡绿色,先端骤狭短渐尖或短渐尖而尖头钝,基部楔形,阔楔形或近圆钝;侧脉每边 7～12 条,直或稍曲,至近叶缘开叉网结、网眼致密;叶柄长 1～3 cm,无托叶痕
花	花梗绿色具 3 环状苞片脱落痕,佛焰苞状苞片淡褐色,薄革质,长约 3 cm;花有芳香,花被片 9 片,纯白色,基部稍呈淡红色,外轮的倒卵形,长 5～7 cm,宽 3.5～4 cm,顶端具短急尖,基部具长约 1 cm 的爪,内两轮则渐狭小;近匙形,顶端尖;花期 2—3 月
果	聚合果长 7～15 cm,蓇葖长圆体形、倒卵圆形、卵圆形,顶端圆钝或具短突尖头。种子红色,斜卵圆形,长约 1 cm,宽约 5 mm,稍扁;果期 9—10 月

● 适用范围

产于浙江南部、福建、湖南、广东(北部、中部及南部沿海岛屿)、广西、贵州。

● 景观用途

叶鲜绿,花纯白艳丽,为庭园观赏树种和建筑周边绿化树种。本种木质好,适应性强,繁殖容易,病虫害少,也是一种速生常绿阔叶用材树种,可提取芳香油。

- **环境要求**

喜温暖、湿润环境，有一定耐寒能力；喜光，幼时较耐阴；自然更新能力强，生长快，适应性好；抗干热，对 SO_2 的抗性较强；喜土层深厚、疏松、肥沃而湿润的酸性砂质土，根系发达，萌芽力强。

- **繁殖要点**

繁殖可用播种法。种子可随采随播，也可用湿沙贮藏到早春 2 月下旬至 3 月上旬播种。

广玉兰

(别名：荷花玉兰)

- **拉丁学名：***Magnolia grandiflora* L.
- **科属**

类别	名称	拉丁名
科	木兰科	Magnoliaceae
属	木兰属	*Magnolia*
种	广玉兰	*Magnolia grandiflora* L.

- **树木习性**

常绿乔木，高可达 30 m；树冠卵状圆锥形，小枝及芽有锈褐色或灰色柔毛。

- **形态特征**

叶	叶长椭圆形，长 10～20 cm，厚革质，边缘微反卷，表面有光泽，背面有锈褐色或灰色柔毛(但实生之幼龄树叶背无毛)；叶柄上无托叶痕
花	花白色，杯形，径 20～25 cm，有芳香，花期 5—6 月
果	9—10 月果熟

● **适用范围**

原产于北美东南部;我国长江流域及其以南地区常有栽培。

● **景观用途**

叶厚而有光泽,花大而香,树姿雄伟壮丽,系珍贵树种;其聚合果成熟后,开裂露出美观的鲜红种子;最适宜单植在宽广开敞的草坪上或配置成观花的树丛。

● **环境要求**

喜光,幼树颇耐阴,喜温暖湿润气候,亦有一定的耐寒力,能经受短期的−19℃低温而叶部无显著损害,但在长期的−12℃左右低温下则叶易受冻害。喜肥沃、湿润而排水良好之酸性土壤。在干燥、石灰质、碱性土及排水不良之黏性土上生长不良。适应城市环境，根系深广，颇能抗风，抗烟尘及 SO_2，病虫害少。

- **繁殖要点**

可用播种、嫁接、扦插、压条等法繁殖。种子宜采后即行秋播，春播前须层积沙藏，发芽率可达 80%～90%。嫁接砧木一般用木兰，沪、杭一带近年用天目木兰（*M. amoena* Cheng）和凸头木兰（*M. cuspidate* Cheng）做砧木，成活率很高。春季进行切接，木兰根接亦可。广玉兰不耐移植，通常在 4 月下旬至 5 月，或于 9 月进行，应适当疏枝、摘叶，并做卷干措施。

- **备注**

不宜植于狭小的庭院内，否则不能充分发挥其观赏效果。此树种生长速度中等，幼年生长缓慢，10 年生后逐渐加速，每年可加高 0.5 m 以上。

- **变种与品种**

狭叶广玉兰（*Magnolia grandiflora* var. *lanceolata* Ait）叶较狭长，背面毛较少，耐寒性略强。

白兰

- **拉丁学名：*Mechelia alba* DC.**
- **科属**

类　别	名　称	拉丁名
科	木兰科	Magnoliaceae
属	含笑属	*Michelia*
种	白兰(花)	*Mechelia alba* DC.

- **树木习性**

乔木，高可达 17 m，胸径可达 40 cm，干皮灰色，不裂，新枝及芽有绢毛，一年生枝无毛。

- **形态特征**

叶	叶薄、革质，长椭圆形或椭圆状披针形，长 10～15 cm，两端渐尖，无毛或背脉有疏毛。叶柄上托叶痕几达叶柄中部
花	花白色，极具芳香，花瓣披针形，长 3～4 cm。花期 4 月下旬至 9 月，而以夏季最盛
果	通常不结实，在热带地区果成熟时形成疏生的穗状聚合果

- **适用范围**

我国福建、广东、广西、云南等省区多露地栽培，可成大树。长江流域及其以北地区多盆栽，温室越冬。

- **景观用途**

华南多作为庭荫树及行道树。

- **环境要求**

喜光，喜暖热多湿气候及肥沃且排水良好之砂壤土；不耐寒；根肉质，怕积水。

- **繁殖要点**

可用扦插、压条繁殖或以木兰为砧，用靠接法繁殖。

- **备注**

原产印尼爪哇，现广植于东南亚，本种为著名香花树种，可用于熏制茶叶或提取香精，花朵常作襟花佩戴。此树材质优良，也可供制家具等用。

八角

- **拉丁学名：*Illicium verum***
- **科属**

类别	名称	拉丁名
科	八角科	Illiciaceae
属	八角属	*Illicium*
种	八角	*Illicium verum*

- **树木习性**

常绿乔木，高达 10～15 m；树形整齐，树冠圆锥形，树皮灰色至红褐色。

- **形态特征**

叶	叶丛紧密，革质、互生，椭圆状倒卵形，长 5～15 cm，宽 1.5～4 cm，叶表面有光泽和透明油点，叶背疏生柔毛
花	花单生叶腋或近顶生，花梗长；花被片 7～12；粉红色至深红色；雄蕊 11～20，雌蕊 8～9，心皮离生，轮状排列
果	聚合果具 8 个蓇葖，红褐色；蓇葖先端钝或钝尖；种子褐色，有光泽。每年开花两次，第一次花期 3—5 月，果 9—10 月成熟，约占产量的 3/4；第二次花期 8—9 月，果第二年 3—4 月成熟

- **适用范围**

产于浙江、福建、湖南、贵州、云南、广东、广西等省区，主产广西西部和南部。

- **景观用途**

庭荫树、高篱。以截干法培育其为适合疏林的下木，铺之整形式以及自然式配植。

- **环境要求**

喜温暖，耐阴，要求静风湿润阴坡，土层深厚、排水良好、疏松的酸性砂质土壤。浅根性，5～6 年生即开花结果，树龄 20～80 年时为盛果期。

- **繁殖要点**

播种繁殖，一年生苗高约 0.4 m。

- **备注**

枝、叶均具香气，为经济树种。

红毒茴

- **拉丁学名：*Illicium lanceolatum***

● 科属

类别	名称	拉丁名
科	八角科	Illiciaceae
属	八角属	*Illicium*
种	红毒茴	*Illicium lanceolatum*

● 树木习性

常绿灌木或小乔木，高达 3～10 m，枝条纤细，树皮灰褐色，叶互生或稀疏地簇生，花被片肉质。

● 形态特征

叶	单叶互生或偶有聚生于节部，叶为倒披针形或披针形，长 6～15 cm，宽 2～4.5 cm，先端渐尖或尾尖，基部楔形
花	单生或 2～3 朵簇生叶腋，花被片 10～15 枚
果	果聚合蓇葖 10～13，顶端有长而弯的尖头

● 适用范围

分布于江苏南部、浙江、福建、江西、湖南、湖北等地，多生于阴湿的林中。

● 景观用途

树姿优美，花红色，可供观赏。

● 环境要求、繁殖要点

本种环境要求、繁殖要点同八角。

● 备注

种子有剧毒，误食能致命，切忌当作八角代用品。

香樟

● 拉丁学名：*Cinnamomum camphora*（L.）presl

● **科属**

类 别	名 称	拉丁名
科	樟科	Lauraceae
属	樟属	*Cinnamomum*
种	香樟	*Cinnamomum camphora* (L.) presl

● **树木习性**

常绿乔木，一般高 20～30 m，最高可达 50 m，胸径 4～5 m，树冠广卵形，树皮灰褐色，纵裂。

● **形态特征**

叶	叶互生，全缘，薄革质，卵状椭圆形，背面灰绿色，两面无毛，长 5～8 cm。离基三出脉，脉腋有腺体
花	圆锥花序腋生于新枝，花被淡绿色，6 裂，花期 5 月
果	核果球形，直径大约 6 mm，果托盘状，9—11 月成熟时紫黑色

● **适用范围**

大体以长江为北界，南至两广及西南地区，而以闽、台、浙、赣等东南沿海省份最多。在自然界多生于低山、丘陵及村庄附近。

● **景观价值**

本种树姿雄伟，冠大荫浓，是城市绿化的良好树种。

● **景观用途**

庭荫树、行道树、防护林、风景林、厂矿区绿化树木。配置于池畔水边、山坡、平地，可在草地中丛植、群植或作为背景树，孤植与空旷地让树冠发展更佳。

● **环境要求**

喜光，稍耐阴；喜暖热湿润气候，耐寒性不强，在－18℃低温时幼枝受冻害。喜深厚、肥沃而湿润之黏质土。在地下水位较高之潮湿地亦可生长，能耐短期水淹，不耐干旱瘠薄和盐碱土。主根发达，深根性，能抗风。萌芽力强，耐修剪。有一定的耐海潮风及煤烟能力，较能适应城市环境。

● **繁殖要点**

可用播种、软材扦插及分栽根蘖等法繁殖。大苗移植时要注意少伤根，带土球，并适当剪叶或疏枝。大树移栽更应重剪树冠，疏枝叶 1/2 左右，带大土球，且用草绳卷干保温，方可保证成活。移栽时间以芽刚开始萌发时为佳，栽植时不要过深。

● **备注**

枝叶茂密、冠大荫浓，树姿雄伟，系城市绿化的优良树种；生长速度中等偏慢，幼年时较快，中年后则转慢，10 年生高约 6 m，50 年生高约 15 m。寿命长达千年以上。

紫楠

● **拉丁学名**：*Phoebe sheareri*（Hemsl.）Gamble

● **科属**

类　别	名　称	拉丁名
科	樟科	Lauraceae
属	楠木属	*Phoebe*
种	紫楠	*Phoebe sheareri*（Hemsl.）Gamble

● **树木习性**

乔木，高可达 20 m，胸径可达 50 cm。树皮灰褐色，小枝密生锈色绒毛。

- **形态特征**

叶	叶倒卵状椭圆形，革质，长 8～22 cm，先端突短尖或突渐尖，基部楔形，背面网状脉隆起并密被锈色绒毛，叶柄长 1～2 cm
花	聚伞状圆锥花序腋生，花被片近等大，花期 5—6 月
果	10—11 月果熟，果梗略粗，果成熟时蓝黑色

- **适用范围**

我国长江流域及其以南地区广泛分布，一般生于海拔 1 000 m 以下的阴湿山谷和杂木林中。

- **景观价值**

树形端正美观，叶大荫浓。

- **景观用途**

庭荫树、风景林。可在草坪孤植、丛植，在大型建筑物前后配置，树形高大壮观。防风、防火的防护林。

- **环境要求**

耐阴，喜温暖湿润气候及深厚、肥沃、湿润的土壤，耐寒力较楠木强。

- **繁殖要点**

播种、扦插。

月桂

- **拉丁学名：*Laurus nobills* L.**
- **科属**

类 别	名 称	拉丁名
科	樟科	Lauraceae
属	月桂属	*Laurus*
种	月桂	*Laurus nobills* L.

● 树木习性

小乔木，高可达 12 m，小枝绿色，圆柱形，具纵向细条纹，叶互生。

● 形态特征

叶	叶长椭圆形至广披针形，革质，揉碎有醇香，上面暗绿色，下面稍淡，长 4～10 cm，宽 1.8～3.2 cm；先端渐尖，基部楔形，边缘波状；侧脉 10～12 对，网脉明显；叶柄长 0.7～1 cm，带紫色
花	花单性，雌雄异株，聚伞状花序簇生于叶腋，花期 3—5 月
果	果卵形，黑色或暗紫色，果期 9—10 月

● 适用范围

原产地中海一带，江苏、浙江、福建、四川、云南等省引种栽培。

● 景观用途

孤植、丛植于草坪，列植于路旁、墙边，对植于门旁。南京、上海一带常见以此树作为庭院绿化树种。

● 环境要求

喜光，稍耐阴，喜温暖湿润气候；酸性、中性、微碱性土均能适应；耐干旱，−8℃短期低温不受冻害。

● 繁殖要点

以扦插繁殖为主，成活率高，亦可播种。小苗移栽多留宿土，大苗需带土球，3 月中旬至 4 月上旬为宜。

- **备注**

树形整齐、枝叶茂密、四季常青，春天黄花缀满枝条间，是良好的庭园绿化树种。

枇杷

- **拉丁学名：***Eriobotrya japonica* (Thunb.) Lindl.
- **科属**

类　别	名　称	拉丁名
科	蔷薇科	Rosaceae
属	枇杷属	*Eriobotrya*
种	枇杷	*Eriobotrya japonica* (Thunb.) Lindl.

- **树木习性**

常绿小乔木，高可达 10 m，枝条密被锈色绒毛。

- **形态特征**

叶	叶粗大、革质，表面皱而有光泽，倒披针状椭圆形，长 12～30 cm；叶端尖，基部楔形，锯齿粗钝，侧脉 11～21 对，密被锈色绒毛
花	顶生圆锥花序密被锈色绒毛，花白色，具芳香，花期 10—12 月
果	果于第二年初夏成熟，黄色或橙黄色，直径 2～5 cm

• **适用范围**

原产我国，四川、湖北地区有野生；南方各地多作果树栽培，浙江塘栖、江苏洞庭及福建莆田都是枇杷的有名产地。

• **景观价值**

树形整齐美观，叶大荫浓，常绿而有光泽，冬天白花盛开，初夏黄果累累。

• **景观用途**

庭院内栽植。

• **环境要求**

喜光，稍耐阴，喜温暖气候及肥沃湿润而排水良好之土壤，不耐寒。

• **繁殖要点**

以播种、扦插为主，压条也可，优良品种多用嫁接繁殖。砧木用枇杷实生苗或石楠、榅桲苗。

• **备注**

栽植要选向阳避风处；生长缓慢，寿命较长，一年能发三次新梢。嫁接苗 4～5 年生开始结果，15 年左右进入盛果期，40 年后产量减少。

法国冬青

(别名：日本珊瑚树)

• **拉丁学名：** *Viburnum odoratissimum* Ker.-Gawl.

• **科属**

类 别	名 称	拉丁名
科	忍冬科	Caprifoliaceae
属	荚蒾属	*Viburnum*
种	法国冬青	*Viburnum odoratissimum* Ker.-Gawl.

• **树木习性**

常绿灌木或小乔木，高 2～10 m，全无毛，皮灰色，枝有小瘤状突起皮孔。

- **形态特征**

叶	叶革质有光泽，长椭圆形，长7～15 cm，顶端急尖至渐尖而钝头，全缘或边缘上部有波状钝齿
花	聚伞花序顶生，圆锥状，长5～10 cm，花冠辐射状，白色有芳香，5裂，花期5—6月
果	果期9—11月

- **适用范围**

产于浙江、台湾、江苏、安徽、江西、湖北等地。

- **景观价值**

树冠倒卵形，枝繁叶茂，青翠浓郁。

- **景观用途**

宜植为墙篱，规则式园林中常整修为绿墙、绿门、绿廊；自然式园林中多孤植、丛植或路口、出入口对植，用于隐蔽遮挡，效果相当显著。

- **环境要求**

喜温暖湿润气候，在湿润肥沃的中性土壤生长迅速而旺盛；喜光亦耐阴，根系发达，萌芽力强，耐修剪，对多种有毒气体抗性强，且有吸尘、防风、隔音等功能。

- **繁殖要点**

可用种子、分根、压条及扦插繁殖，以扦插为主。

- **用途**

可供细木工用材；嫩叶、枝可入药。

石楠

- **拉丁学名**：*Photinia serrulata* Lindl.
- **科属**

类别	名称	拉丁名
科	蔷薇科	Rosaceae
属	石楠属	*Photinia*
种	石楠	*Photinia serrulata* Lindl.

● **树木习性**

常绿小乔木，高 4～6 m，有时可达 12 m，枝褐灰色，无毛，冬芽卵形，鳞外褐色，无毛。

● **形态特征**

叶	叶革质有光泽，幼叶带红色，长椭圆形至倒卵状长椭圆形，长 8～20 cm，先端尖，基部圆形至广楔形，边缘有疏生具腺细尖锯齿
花	顶生复伞房花序，花白，直径 0.6～0.8 cm，花期 5 月
果	果 10 月成熟，球形，直径 0.5～0.6 cm

- **适用范围**

产自我国中部及南部，生于海拔 1 000～2 500 m 的杂树林中。

- **景观价值**

树冠圆形，枝叶浓密，早春嫩叶鲜红，秋冬又有红果，是美丽的观赏树种。

- **景观用途**

孤植、丛植、基础栽植，尤其适合配植于整形式园林。

- **环境要求**

喜光，稍耐阴，喜温暖，尚耐寒，能耐短期的－15℃的低温（在西安可露地越冬）；喜排水良好的肥沃土壤，也耐干旱瘠薄，能生长在石缝中，不耐水湿。

- **繁殖要点**

以播种为主，一般无须修剪，也不必特殊管理。

- **备注**

木材坚硬致密，可做器具柄、车轮等；种子可榨油供制油漆、肥皂等；叶和根供药用，有强壮、利尿、解热、镇痛之效。此外，石楠可作枇杷的砧木，用石楠嫁接的枇杷寿命长，耐瘠薄土壤，生长强壮。

- **附种**

椤木石楠（*Photinia davidsoniae* Rehd. et Wils.）：常绿乔木，高可达 15 m，有时具刺；幼枝疏被平伏柔毛，老时无毛；叶革质，长圆形或倒披针形，长 5～15 cm，先端急尖或渐尖，具短尖头，基部楔形，边缘稍反卷，具细腺齿，上面中脉被平伏柔毛，后脱落无毛，侧脉 10～12 对。叶柄长 0.8～1.5 cm，无毛。复伞房花序，总花梗及花梗被平伏柔毛；萼疏被柔毛；花瓣圆形，基部有极短爪，无毛；花柱 2，基部连合。果球形或卵形，直径 0.7～1 cm，黄红色，无毛；种子 2～4，卵形，长 4～5 mm，褐色。花期 5 月，果期 9—10 月。

分布于陕西秦岭、安徽、江苏、浙江、福建、江西、湖南、湖北，四川、云南、广西、广东，生于海拔 1 000 m 以下的平川、山麓、溪边或灌丛中。

喜光、喜温、耐旱，对土壤肥力要求不高，在酸性土、钙质土上均能生长，多栽培于庭园，供观赏，木材可做农具。

羊蹄甲

- **拉丁学名：*Bauhinia purpurea* L.**
- **科属**

类 别	名 称	拉丁名
科	苏木科	Caesalpiniaceae
属	羊蹄甲属	*Bauhinia*
种	羊蹄甲	*Bauhinia purpurea* L.

- **树木习性**

常绿小乔木，高可达 8 m，树皮灰色至褐色，近平滑。

- **形态特征**

叶	叶近心形，长 11～14 cm，先端分裂达叶长的 1/3～1/2，裂片先端圆或钝，基部心形或圆，基出脉 9～11 条，下面被柔毛，稀无毛；叶柄无毛
花	伞房花序分枝呈圆锥状，被绢毛；花大，萼筒被黄色绢毛，2 裂至基部，裂片反曲，一片先端微缺，一片具 3 齿；花瓣倒披针形，淡红色；发育雄蕊 3～4 对；子房具长柄，被绢毛；实生苗 2 年开花，花期 9—11 月
果	果长带状，长 13～24 cm，宽 2～3 cm；种子近圆形，扁平，直径 12～15 mm

● **适用范围**

产于云南西双版纳，广东广州、仁化和海南海口，广西桂林、福建、台湾等地亦有栽培。

● **景观用途**

羊蹄甲树冠开展，枝叶低垂，花大而美丽，在广州等南方城市可作为行道树和庭院树，北方可于温室栽培供观赏。

● **环境要求**

耐旱，速生。

● **繁殖要点**

扦插繁殖为主，嫁接亦可。

● **备注**

树皮、嫩叶、花和根可药用，叶可作饲料，树皮还可做染料，但羊蹄甲的根皮、果实、花皆有剧毒不可食用。

蚊母树

● **拉丁学名**：*Distylium racemosum*

- **科属**

类 别	名 称	拉丁名
科	金缕梅科	Hamamelidaceae
属	蚊母树属	*Distylium*
种	蚊母树	*Distylium racemosum*

- **树木习性**

常绿灌木或中乔木，嫩枝有鳞垢，老枝秃净，干后暗褐色。

- **形态特征**

叶	叶椭圆形或倒卵形，长 3～7 cm，先端钝或略尖，基部宽楔形，下面初被垢鳞，后脱落，全缘
花	总状花序长约 2 cm，无毛，苞片披针形；雌雄花同序，雌花位于花序顶端；雄蕊 5～6 个，花药红色，花期 4—5 月
果	果卵形，先端尖，被褐色星状绒毛，上半部两片裂开，每片 2 浅裂，种子有光泽，深褐色

- **适用范围**

产于台湾、浙江、福建、广东和海南岛。

- **景观价值**

枝叶密集、树形整齐、叶色浓绿、经冬不凋；春天开美丽的细小红花，是理想的城市和工厂区绿化观赏树种。

- **景观用途**

植于路旁、庭前大草坪、大树下,成丛成片栽植用作其他花木的背景或起分隔作用,修剪成球形对植门旁或作为基础种植,另可栽作绿篱、防护林带。

- **环境要求**

喜光,喜土层深厚、气候温暖及潮湿条件,对土壤要求不严;忌积水,抗烟尘,对 SO_2、Cl_2 等抗性亦较强,耐修剪。

- **繁殖要点**

播种、扦插均可。

杨梅

- **拉丁学名**:*Myric rubra* (Lour.) S. et Zucc.
- **科属**

类别	名称	拉丁名
科	杨梅科	Myricaceae
属	杨梅属	*Myrica*
种	杨梅	*Myric rubra* (Lour.) S. et Zucc.

- **树木习性**

常绿乔木,高可达 12 m,胸径可达 0.6 m,树冠整齐近球形,树皮黄灰或黑色,老时浅纵裂,幼枝与叶背有黄色小油腺点。

- **形态特征**

叶	叶倒披针形,长 4～12 cm,先端较钝,基部狭楔形,全缘或近端部有浅锯齿,叶柄长 0.5～1 cm
花	雌雄异株,雄花序紫红色,花期 3—4 月
果	核果球形,直径 1.5～2 cm,深红色、紫色或白色,果 6—7 月成熟

- **适用范围**

分布于长江流域以南各省区，以浙江省栽培最多。

- **景观价值**

枝叶茂密，树冠球形，初夏红果累累，为园林绿化优良树种。

- **景观用途**

孤植、丛植于草坪、庭院，列植于路边；密植方式可用来分隔空间或起遮蔽作用。

- **环境要求**

稍耐阴，不耐烈日照射；喜温暖湿润气候及酸性而排水良好之土壤，中性及微碱性土壤也可栽培；不耐寒；抗 SO_2、Cl_2 等有毒气体。

- **繁殖要点**

播种、压条、嫁接。移栽以 3 月中旬至 4 月上旬为宜，需带土球。

- **备注**

深根性。果实是著名水果，品种很多，口味酸甜适中，可生食或制干、酿酒，又可入药，有止渴、生津、助消化等功效；树皮含单宁 14%～18%；叶可提取芳香油。

苦槠

（别名：血槠）

- **拉丁学名：***Castanopsis sclerophylla* (Lindl.) Schott.

● **科属**

类 别	名 称	拉丁名
科	壳斗科	Fagaceae
属	锥属	*Castanopsis*
种	苦槠	*Castanopsis sclerophylla* (Lindl.) Schott.

● **树木习性**

乔木,高可达 15 m,树皮浅纵裂。壳斗球形或半球形,全包或包果大部分,常不规则破裂,小苞片鳞片三角形或瘤状突起,基部有时连成圆环;每壳斗有 1 果。

● **形态特征**

叶	叶厚革质,长椭圆形或卵状椭圆形,长 7～15 cm,基部宽楔形或近圆,有时略不对称,中部或上部有锐齿,下面淡银灰色
花	花期 4—5 月
果	果期 9—11 月,果近球形

● **适用范围**

产于长江中下游以南、五岭以北各地。

● **景观价值**

枝叶浓郁,树冠圆浑。

● **景观用途**

可作为风景林及沿海地区防风林树种,孤植、丛植于草坪或坡地。

● **环境要求**

喜光,幼年耐阴,在湿润肥沃地方及干旱瘠薄山坡、山脊均能生长。深根性,萌芽性强,防火性强。

● **繁殖要点**

播种繁殖。

● **用途**

果可制成豆腐,俗称“苦槠豆腐”。

石栎

(别名:椆木、柯)

- 拉丁学名:*Lithocarpus glaber* (Thunb.) Nakai
- 科属

类 别	名 称	拉丁名
科	壳斗科	Fagaceae
属	柯属	*Lithocarpus*
种	石栎	*Lithocarpus glaber* (Thunb.) Nakai

- 树木习性

乔木,高可达 15 m,树皮暗褐黑色,内皮红褐色,具脊棱,小枝密生绒毛。

- 形态特征

叶	叶长椭圆形、倒卵状椭圆形或倒卵形,长 6～14 cm,先端突尖,短尾状或长渐尖,基部渐狭尖至短尖,全缘或近顶部有浅齿,嫩叶叶柄、叶背被短绒毛,成长叶背面几无毛,有较厚的蜡鳞层,干后呈苍白色或灰白色
花	花序单生或多个排成圆锥状,常雌雄同序,雌花位于雄花之下。壳斗蝶状或碗状,小苞片三角形,细小,具小钻尖头,紧贴,有时略连成环状
果	果长椭圆形,顶端尖,被白粉

- 适用范围

产于长江以南各地。

- 景观价值

石栎树冠半球形,层次明显,叶密荫浓。

- 景观用途

理想的庭荫树,可在草坪中孤植或丛植作为背景树,亦可做上层常绿基调树种。

- **环境要求**

喜光，耐干旱瘠薄。

- **繁殖要点**

主要用播种繁殖。

- **用途**

种仁可食，也可制酱，做豆腐或酿酒，叶及壳斗可提取栲胶。

青冈栎

（别名：青栲、紫心木）

- **拉丁学名：***Cyclobalanopsis galuca* (Thunb.) Oerst.
- **科属**

类别	名称	拉丁名
科	壳斗科	Fagaceae
属	青冈属	*Cyclobalanopsis*
种	青冈栎	*Cyclobalanopsis galuca* (Thunb.) Oerst.

- **树木习性**

乔木，高可达 20 m，小枝无毛，壳斗碗形，包果 1/3～1/2，被薄毛；小苞片合生成 5～6 条同心环带。

- **形态特征**

叶	叶倒卵状椭圆形或长椭圆形，长 6～13 cm，先端渐尖或短尾状，基部圆形或宽楔形，中部以上具重锯齿，上面无毛，下面被平伏白色单毛，老时渐脱落，常有白色鳞秕
花	雄花序长 5～6 cm，花序轴被苍色绒毛
果	果序有果 2～3 个，果卵形或椭圆形，无毛，果期 10 月

- **适用范围**

分布很广，北至青海、陕西、甘肃、河南等地，东至江苏、福建、台湾，西至西藏，南至广东、广西、云南等地。

- **景观价值**

枝叶茂密,树姿优美。

- **景观用途**

宜丛植或群植,一般作为边界分隔和背景树,组成树丛或林片时,多作常绿基调树种配植。

- **环境要求**

幼树稍耐阴,大树喜光,深根性,对土壤要求不严,耐寒性强;喜生于温暖湿润而肥沃的石灰岩山地,萌芽性强;抗有毒气体,隔音、防火性能强。

- **繁殖要点**

播种繁殖。

- **用途**

种子可提淀粉和酿酒,壳斗含鞣质,可提取栲胶。

榕树

(别名:细叶榕)

- **拉丁学名:*Ficus microcarpa***
- **科属**

类 别	名 称	拉丁名
科	桑科	Moraceae
属	榕属	*Ficus*
种	榕树	*Ficus microcarpa*

- **树木习性**

常绿大乔木,高可达 25 m;树冠大,气根下垂。

- **形态特征**

叶	叶互生，革质，椭圆形、卵状椭圆形或倒卵形，长4～8 cm，先端钝尖，基部宽楔形或圆形，全缘；托叶披针形
花	花序托单生或成对腋生；雄花、雌花生于同一花序托内，花期5月
果	隐花果近球形，黄色或淡红色；瘦果卵形，果期7—9月

- **适用范围**

产于浙江南部、江西南部、福建沿海地区、台湾、广东、广西、贵州南部、云南东南部。

- **景观价值**

树冠庞大，枝叶茂密。

- **景观用途**

华南地区良好的行道树及庭荫树，也可盆栽作盆景。

- **环境要求**

喜温暖多雨气候及酸性土壤，生长快，寿命长。

- **繁殖要点**

播种或扦插法繁殖。

- **用途**

叶和气根入药，果可食。

橡皮树

(别名：印度榕)

- **拉丁学名：*Ficus elastica* Roxb. ex Hornem.**
- **科属**

类 别	名 称	拉丁名
科	桑科	Moraceae
属	榕属	*Ficus*
种	橡皮树	*Ficus elastica* Roxb. ex Hornem.

- **树木习性**

常绿乔木，高可达45 m；含乳汁，全体无毛。

- **形态特征**

叶	叶厚革质，有光泽，长椭圆形，长10～30 cm，全缘，中脉显著，羽状侧脉多而细，且并行直伸；托叶大，淡红色，包被幼芽
花	雄花、瘿花、雌花同生于榕果内壁；雄花具柄散生于内壁，瘿花花被片4，雌花无柄
果	瘦果卵圆形，具小瘤

- **适用范围**

原产印度、缅甸，我国华南地区有栽培。

- **景观用途**

本树种在华南地区可露地栽培，作为庭荫树效果颇佳，长江流域及北方各大城市多为盆栽观赏，温室越冬。

- **环境要求**

喜暖热多雨气候及酸性土壤，性畏寒。

- **繁殖要点**

扦插繁殖。

- **用途**

乳汁可制作硬性橡胶。

杜英

（别名：胆八树、山杜英）

- **拉丁学名：*Elaeocarpus decipiens* Hemsl.**
- **科属**

类别	名称	拉丁名
科	杜英科	Elaeocarpaceae
属	杜英属	*Elaeocarpus* L.
种	杜英	*Elaeocarpus decipiens* Hemsl.

● **树木习性**

常绿乔木，高可达 10～20 m，树冠卵球形，树皮深褐色，平滑，不裂，小枝红褐色。

● **形态特征**

叶	叶倒卵状椭圆形至倒卵状披针形，长 4～12 cm，先端钝尖，叶基部楔形，边缘浅钝齿，叶柄大多数长 0.5～1.2 cm
花	花瓣白色，撕裂达中部以下，花期 6—8 月
果	核果椭圆形，熟时暗紫色，果期 10—12 月

● **适用范围**

产于浙江、江西、福建、台湾、湖南、广东、广西及贵州南部，常与栲类、石栎类、木荷等混生。

● **景观价值**

枝叶繁茂、树冠圆整，霜后部分叶变成红色，红绿相间十分美丽。

● **景观用途**

丛植、片植于草坪、坡地、林缘、庭前、路口，也可栽作其他花木的背景树，列植成绿墙，或对植庭前、入口、曲径小路之侧，群植草坪边缘、落叶林缘。

● **环境要求**

稍耐阴，适生于酸性肥沃黄棕壤或红黄壤，根系发达；萌芽力强，耐修剪，对 SO_2 抗性强。

● **繁殖要点**

播种。

● **备注**

根皮可药用，树皮纤维可造纸，皮还可提取栲胶。

木荷

(别名:何树)

- 拉丁学名:*Schima superba* Gardn. et Champ.
- 科属

类 别	名 称	拉丁名
科	山茶科	Theaceae
属	木荷属	*Schima*
种	木荷	*Schima superba* Gardn. et Champ.

- 树木习性

乔木,高可达 20～25 m;树冠广卵形。

- 形态特征

叶	叶革质,卵状长椭圆形至矩圆形,长 6～15 cm,先端渐尖或短尖,基部楔形,锯齿钝,背面绿色无毛
花	花白色,有芳香,单生于枝顶叶腋或多朵排成总状花序,直径约 3 cm,花期 5 月
果	蒴果球形,直径 1.5～2 cm,果 9—11 月成熟

- 适用范围

分布于皖、浙、闽、赣、湘、粤、台、黔、川等省,多生于海拔 150～1 500 m 的山谷、林地;在自然界,常与马尾松、青冈栎、麻栎、苦槠、樟、油茶等混生。

- 景观用途

可植为庭荫树及营造防火林带。

- 环境要求

性喜光,深根性;喜暖热湿润气候,但也能耐短期的－10℃低温;年降水量要求 1 200～2 000 mm;对土壤要求不高,能耐干旱瘠薄土,但以深厚、肥沃的酸性土壤为最好。

- **繁殖要点**

通常用播种法繁殖，也可萌芽更新。

- **备注**

生长速度中等，1 年生实生苗高 40 cm 左右，30 年生树高约 16 m，胸径可达 25 cm；寿命长，可达 200 年以上。南方重要用材树种，木材坚韧致密，纹理均匀，不翘裂，易加工，最适于制造纺纱用之纱锭、纱管以及建筑、家具、胶合板、车船等。

白千层

- **拉丁学名**：*Melaleuca leucadendron* L.
- **科属**

类　别	名　称	拉丁名
科	桃金娘科	Myrtaceae
属	白千层属	*Melaleuca*
种	白千层	*Melaleuca leucadendron* L.

- **树木习性**

常绿乔木或灌木，树皮灰白色，厚而疏松，呈薄层状剥落。

- **形态特征**

叶	叶互生，狭长椭圆形或披针形，长 5～10 cm，具 1～7 条平行纵脉
花	花丝长而白色，多花密集于枝顶成穗状花序，形如试管刷，花期 1—2 月
果	蒴果，顶端 3～5 裂

- **适用范围**

原产于澳大利亚，我国闽、台、粤、桂等省区南部有栽培。

- **景观用途**

本种树皮白色，树形优美，华南城市常植此为行道树及庭园观赏树，又可选作造林及绿化树种。

- **环境要求**

喜光,喜暖热气候,很不耐寒;喜土层肥厚潮湿之地,也能生于较干燥的沙地;生长快。

- **繁殖要点**

播种繁殖。

- **备注**

叶可提取芳香油,供日用卫生品和香料用,医疗上用作兴奋剂、防腐剂和祛痰剂;木材结构细,纹理直,供家具等用。

冬青

- **拉丁学名:*Ilex purpurea* Hassk**
- **科属**

类 别	名 称	拉丁名
科	冬青科	Aquifoliaceae
属	冬青属	*Ilex*
种	冬青	*Ilex purpurea* Hassk

- **树木习性**

常绿乔木,高可达 13 m,枝叶密生,树形整齐,树皮青灰色,平滑。

- **形态特征**

叶	叶薄革质,长椭圆或披针形,长 5～11 cm,先端渐尖,基部楔形,边缘疏生浅齿,表面深绿有光泽,叶柄常淡紫红色,叶干后呈红褐色
花	雌雄异株,聚伞花序生于当年生嫩枝叶腋,花瓣紫红色,花期 4—6 月
果	果期 10—11 月,核果椭球形,熟时红色,长 8～12 mm

- **适用范围**

产于长江流域及以南各地区。

- **景观价值**

冬青枝叶繁茂，葱郁如盖，果熟时宛若丹珠，分外艳丽。

- **景观用途**

优良的观叶观果树种。孤植草坪、水边或丛植林缘均甚相宜；可用于厂矿绿化；也适宜在门庭、墙边、通道侧列植，或在山石、小丘之间点缀数株，更显其葱郁可观。

- **环境要求**

喜光，稍耐阴；喜温暖气候及肥沃之酸性土，耐潮湿、不耐寒；萌芽力强，耐修剪，生长较慢，对 SO_2 抗性强，并耐烟尘。

- **繁殖要点**

播种及扦插法。

- **备注**

叶、种子、根可入药，树皮可提制栲胶，木材可作细木工用材。

- **附种**

① 铁冬青（*Ilex rotunda* Thunb.）：与冬青相似，叶全缘，叶柄短。

② 毛梗铁冬青（*Ilex rotunda* var. *microcarpa* S. Y. Hu）：叶革质，旋状互生，椭圆形，暗绿色，花梗有毛。果圆，深红色。

③ 大叶冬青（*Ilex latifolia* Thunb.）：叶大，厚革质，边缘具疏锐齿。果圆而密

生，深红色。

④ 龟甲冬青(*Ilex crenata* var. *convexa*)：叶面凸起，多分枝，小枝有灰色细毛。花期 5—6 月，果 10 月成熟。

柑橘

- **拉丁学名：***Citrus reticulata* Blanco
- **科属**

类 别	名 称	拉丁名
科	芸香科	Rutaceae
属	柑橘属	*Citrus*
种	柑橘	*Citrus reticulata* Blanco

- **树木习性**

常绿小乔木或灌木，高约 3 m，小枝较细弱，无毛，通常有刺。

- **形态特征**

叶	叶长卵状披针形，长 4～8 cm，先端渐尖而钝，基部楔形，全缘或有细钝齿；叶柄近无翼叶
花	花黄白色，单生或簇生叶腋，春季开花
果	果扁球形，直径 5～7 cm，橙黄色或橙红色，果皮薄，易剥离，10—12 月果熟

- **适用范围**

我国长江以南各省区广泛栽培，江苏南部栽培生长良好。

- **景观价值**

柑橘四季常青，枝叶茂密，树姿优美，春天花开满树，秋冬结果累累，颜色鲜艳。

- **景观用途**

除专用于果园经营外，也宜于庭园、绿地及风景区栽植。

- **环境要求**

喜温暖湿润气候，耐寒性比柚、甜橙稍强。

- **繁殖要点**

常用嫁接法繁殖，播种也可。

- **备注**

我国著名果品之一，栽培历史久，品种颇多，大致可分柑和橘两大类。柑类：果较大，直径在 5 cm 以上，果皮较粗糙且稍厚，剥皮稍难；著名品种如蕉柑、温州蜜柑等。橘类：果较小，经常小于 5 cm，果皮较薄而平滑，极易剥皮；著名品种如红橘、南丰蜜橘等。

枸橼

（别名：香橼）

- **拉丁学名：*Citrus medica* L.**

● 科属

类　别	名　称	拉丁名
科	芸香科	Rutaceae
属	柑橘属	*Citrus*
种	枸橼	*Citrus medica* L.

● 树木习性

常绿小乔木或灌木，枝有短刺。

● 形态特征

叶	叶长椭圆形，长 8～15 cm，先端钝或短尖，缘有钝齿，油点特显，叶柄短，无翼叶，顶端也无关节
花	花单生或成总状花序；花白色，外面淡紫色
果	果实近球形，长 10～25 cm，顶端有 1 乳头状突起，柠檬黄色，果皮粗厚而芳香

● 适用范围

产于我国长江以南地区，南方露地栽培，华北地区常温室盆栽。

- **景观用途**

  观果。

- **环境要求**

  喜砂壤土，要求比较湿润的环境。

- **繁殖要点**

  扦插易活。

- **备注**

  果皮供药用，也可做其他柑橘类之砧木。

- **变种与品种**

佛手（*Citrus medica* var. *sarcodactylis* Swingle）：叶较小，端钝或微凹；果实各心皮分裂如拳或张开如指。通常用于栽培观赏，可嫁接或扦插繁殖。果皮和叶含芳香油；果及花朵均可供药用。

女贞

- **拉丁学名**：*Ligustrum lucidum* Ait.
- **科属**

类 别	名 称	拉丁名
科	木犀科	Oleaceae
属	女贞属	*Ligustrum*
种	女贞	*Ligustrum lucidum* Ait.

● 树木习性

常绿乔木，高可达 25 m，树皮灰褐色，枝开展，无毛，具皮孔。

● 形态特征

叶	叶革质，宽卵形至卵状披针形，长 6～12 cm，端尖，基部圆形或阔楔形，全缘，无毛
花	圆锥花序顶生，长 10～20 cm，花白色，几乎无柄，花裂片与花冠筒等长，花期 6—7 月
果	11—12 月果熟

● 适用范围

分布于秦岭、淮河流域以南，南至广东、广西，西至四川、云南、贵州，山西南部、河北南部、山东南部及甘肃南部都有栽培。

● 景观用途

多用作绿篱、行道树或栽于草坪边缘、建筑北面、角隅等处，在北京偶见于小气候良好的大楼前，终年常绿，绿化效果良好，是工厂区优良的抗污染绿化树种。

● 环境要求

喜光，稍耐阴；喜温暖湿润环境，不耐寒，适生于微酸性至微碱性湿润土壤，不耐干旱和瘠薄。生长较快，萌芽力强，耐修剪。抗 SO_2，在污染源 50 m 内有受害表现，但仍能生长，100 m 以外不受害；每千克干叶吸硫 3.8～7 g 而不受害。对 Cl_2 有一定抗性，在氯污染区每千克干叶可吸氯 6～10 g 而未出现受害症状。抗氟聚物，距氟污染区 100 m 以外能正常生长，叶的恢复能力强。能吸收铅蒸气，在水泥厂污染源 200～300 m 处测定，每平方米叶片能吸滞粉尘 6.3 g。

● 繁殖要点

多用播种繁殖。

第二节　落叶阔叶乔木

玉兰

(别名:白玉兰、望春花、木兰)

- 拉丁学名:*Magnolia denudata* Desr.
- 科属

类　别	名　称	拉丁名
科	木兰科	Magnoliaceae
属	木兰属	*Magnolia*
种	玉兰	*Magnolia denudata* Desr.

- 树木习性

落叶乔木,高 15～25 m,树冠卵形或近球形,幼枝及芽有毛。

- 形态特征

叶	叶倒卵状长椭圆形,长 10～15 cm,先端突尖而短钝,基部广楔形或近圆形,幼时背面有毛
花	花大,直径 12～15 cm,纯白色,有芳香;花萼花瓣相似,花被片 9;2—3 月,花先叶开放,花期 8～10 天
果	果 8—9 月成熟

- **适用范围**

原产我国中部山野中，现为国内外庭园常见栽培树种。

- **景观价值**

花大，洁白而芳香，我国著名的早春花木。开花时无叶，有“木花树”之称。

- **景观用途**

适宜列植堂前、点缀中庭，搭配海棠、迎春、牡丹、桂花；配置于纪念性建筑前，象征品格高尚；丛植于草坪、针叶树丛前，形成春光明媚的春景。

- **环境要求**

喜光，稍耐阴，颇耐寒，北京地区于背风向阳处可露地越冬；喜肥沃、湿润而排水良好之土壤，pH 值 5～8 的土壤均能生长。肉质根，怕积水。

- **繁殖要点**

播种、扦插、压条、嫁接。

- **备注**

生长较慢，北京地区每年生长不过 30 cm。

二乔玉兰

- **拉丁学名：***Magnolia soulangeana* Soul.-Bod.

● 科属

类 别	名 称	拉丁名
科	木兰科	Magnoliaceae
属	木兰属	*Magnolia*
种	二乔玉兰	*Magnolia soulangeana* Soul. -Bod.

● 树木习性

落叶小乔木或灌木，高 7～9 m。

● 形态特征

叶	叶倒卵形至卵状长椭圆形
花	花大，钟状，内白色，外面淡紫色，有芳香；花萼似花瓣，但长仅为其一半，也有小形而绿色的，花期 2—3 月
果	聚合果长约 8 cm，蓇葖卵圆形或倒卵圆形，熟时黑色，果期 9—10 月

- **适用范围、景观用途、繁殖要点**

同玉兰。

- **环境要求**

比玉兰、木兰更耐寒、耐旱,移植难。

- **变种与品种**

① 大花二乔玉兰(*Magnolia soulangeana* 'Lennei'):灌木,高 2.5 m,花外侧紫色或鲜红,内侧淡红色,比原种开花早。

② 美丽二乔玉兰('Speciosa'):花瓣外面白色,有紫色条纹,花形较小。

③ 塔形二乔玉兰(var. *niemetzii*):树冠柱状。

厚朴

- **拉丁学名:***Magnolia officinalis* Rehd. et Wils.
- **科属**

类　别	名　称	拉丁名
科	木兰科	Magnoliaceae
属	木兰属	*Magnolia*
种	厚朴	*Magnolia officinalis* Rehd. et Wils.

- **树木习性**

落叶乔木,高 15～20 m,树皮紫褐色,新枝有绢状毛,次年脱落变光滑呈黄灰色。冬芽大,长 4～5 cm,有黄褐色绒毛。

- **形态特征**

叶	叶大,常集生枝端,倒卵状椭圆形,长 30～45 cm,宽 9～20 cm,网状脉密生毛,侧脉 20～30 对。叶柄较粗,托叶痕达叶柄中部以上
花	花顶生,白色,有芳香,直径 14～20 cm,萼片花瓣 9～12 枚或更多,花期 5 月,先叶后花
果	聚合蓇葖果,圆柱形,8—10 月果熟

- **适用范围**

产于长江流域,陕西、甘肃南部。

- **景观用途**

叶大浓绿,可作庭荫树。

- **环境要求**

喜光,能耐侧方荫庇,喜温凉湿润气候及肥沃、排水良好之酸性土壤。不耐严寒和酷暑,多雨及干旱处也不适宜栽种。

- **繁殖要点**

主要用播种法繁殖。压条、扦插、分蘖法亦可。

星花木兰

(别名:日本毛木兰)

- **拉丁学名:** *Magnolia stellata* Maxim
- **科属**

类 别	名 称	拉丁名
科	木兰科	Magnoliaceae
属	木兰属	*Magnolia*
种	星花木兰	*Magnolia stellata* Maxim

- **树木习性**

落叶灌木或小乔木,幼枝、芽密被柔毛。

- **形态特征**

叶	叶倒卵形、窄椭圆形或长圆状倒卵形,长 4~10 cm,先端钝尖或钝,基部渐窄,上面深绿色,无毛,下面淡绿色,网脉明显,无毛或沿叶脉被平伏柔毛;叶柄长 3~10 mm
花	花具短梗,盛开时直径约 8 cm,白色至紫红色,有芳香;花被片 12~18,外轮萼状花被片披针形,内数轮瓣状花被片 12~45,狭长圆状倒卵形,花期 3—4 月
果	聚合果长约 5 cm,仅部分心皮发育而扭转

- **适用范围**

原产于日本，我国青岛市、南京市亦有栽培。

- **景观价值**

星花木兰树姿优美，小枝曲折，先花后叶，花朵粉色又带芳香，为早春少见的观赏花木。

- **景观用途**

宜在窗前、假山石旁、池畔湖边栽植；可加工成盆景观赏，盆栽时特别适宜点缀古典式庭院。

- **环境要求**

喜阳光充足环境，耐寒性较强，不耐干旱，略耐阴，在深厚肥沃和排水良好的土壤中生长较好。

宝华玉兰

- **拉丁学名：***Magnolia zenii* Cheng
- **科属**

类　别	名　称	拉丁名
科	木兰科	Magnoliaceae
属	木兰属	*Magnolia*
种	宝华玉兰	*Magnolia zenii* Cheng

- **树木习性**

落叶小乔木，高可达 7 m，树皮灰白色，平滑，小枝绿色、无毛；老枝紫褐色，疏生皮孔。芽窄卵形，密被长绢毛。

- **形态特征**

叶	叶上面绿色，无毛，下面淡绿色，倒卵状长圆形或长圆形，长 7～16 cm，宽 3～7 cm，先端宽圆，具突尖的小尖头，基部略窄成宽楔形或圆钝，中脉及侧脉有弯曲长毛；侧脉 8～10 对；叶柄长 6～15 mm，初被长柔毛；托叶痕长为叶柄的 1/5～1/2
花	花先叶开放，直径约 10～12 cm；花梗长 2～3 mm，密被长毛；花被片 9，近匙形，长 7～8 cm，宽 3～4 cm。初开时紫红色，盛开时上部白色，中部以下淡紫红色，内轮较窄；雄蕊长约 1.5～1.7 cm，药隔伸出成短尖头；雌蕊群圆柱形，长约 2 cm，心皮长约 4 mm。花期 4—5 月
果	聚合果圆柱形，长 5～7 cm；蓇葖近圆形，有疣点状凸起，先端钝圆；果期 8—9 月

- **备注**

国家一级保护植物。南京、杭州、上海等地有引种。

鹅掌楸

(别名：马褂木)

- **拉丁学名：*Liriodendron chinense* (Hemsl.) Sargent.**
- **科属**

类 别	名 称	拉丁名
科	木兰科	Magnoliaceae
属	鹅掌楸属	*Liriodendron*
种	鹅掌楸	*Liriodendron chinense* (Hemsl.) Sargent.

- **树木习性**

乔木，高 40 m，胸径 1 m 以上，树冠圆锥状，枝灰色或灰褐色。

- **形态特征**

叶	叶马褂形，长 12～15 cm，各边 1 裂向中腰部缩入，老叶背面有白色乳状突点
花	花黄绿色，外面绿色比较多，内侧黄色比较多；花瓣长 3～4 cm，花丝约 0.5 cm；花期 5—6 月
果	果 10 月成熟。聚合果长 7～9 cm，具翅的小坚果，先端钝或钝尖

- **适用范围**

长江以南，浙、皖、赣、湘、鄂、川、黔、桂、滇等省区。

- **景观价值**

树形端正，叶形奇特、优美。花淡黄绿色，美而不艳。秋叶黄色，很美丽。

- **景观用途**

庭荫树、行道树，最适宜植于园林中安静休息区的草坪上。可孤植、群植，江南自然风景区中也与木荷、山核桃、板栗混交种植。

- **环境要求**

喜光，喜温和湿润气候及深厚、肥沃、排水良好之砂质土壤，有一定的耐寒性，能耐－15℃的低温，在北京地区小气候良好的条件下可露地越冬，在干旱及低温地区生长不良。

- **繁殖要点**

以播种繁殖为主。于 10 月采收种子，春季进行条播，发芽率一般较低，后期生长速度会加快。此外还可用压条及软材扦插法繁殖。本种不耐移植，大苗移植以芽刚萌动时为宜，并需带土团，植后加强护理。一般不行修剪，如有必要应在夏末进行，暖地可在初冬进行。

- **备注**

生长速度较快，当年生苗高约 30 cm，3 年生高约 1.5 m；在长江流域适宜处 20 年生树高可达 20 m，胸径约 30 cm。

北美鹅掌楸

- **拉丁学名**：*Liriodendron tulipifera*
- **科属**

类别	名称	拉丁名
科	木兰科	Magnoliaceae
属	鹅掌楸属	*Liriodendron*
种	北美鹅掌楸	*Liriodendron tulipifera*

- **树木习性**

大乔木，原产地高达 50～60 m，胸径可达 3 m，树冠广圆锥形，树皮光滑，小枝褐色或紫褐色。

- **形态特征**

叶	叶鹅掌形，长 7～12 cm，两侧各有 1～2(4)浅裂；先端浅凹或近截形，不向中腰部缩入；老叶背面无毛也无白粉
花	花瓣长 4～5 cm，浅黄绿色，花瓣内侧近基部带橙黄色；花丝长 1～1.2 cm；花期 5—6 月
果	果 10 月成熟。聚合果长 6～8 cm，具翅小坚果之先端尖或突尖

- **适用范围**

原产美国东南部，世界各国多植为庭园树。我国青岛、南京、上海、杭州、庐山、昆明等地有栽培，生长良好。

- **景观用途**

本种花朵较鹅掌楸的美丽，树形亦更高大雄伟，秋叶色黄而美丽，为世界著名的庭园观赏树之一，多栽为庭荫树及行道树，亦为著名的林荫道树种。

- **环境要求**

喜温暖湿润气候及肥沃、深厚、湿润而排水良好之土壤；在干旱及过湿处生长不良；病虫害少。

- **繁殖要点**

播种繁殖，种子熟后宜采下即播。

- **备注**

实生苗生长约12年可开花，生长速度较鹅掌楸为快；寿命长达500年左右。

连香树

（别名：五君树、华榛、紫荆叶木）

- **拉丁学名：** *Cercidiphyllum japonicum* Sieb. et Zucc.
- **科属**

类　别	名　称	拉丁名
科	连香树科	Cercidiphyllaceae
属	连香树属	*Cercidiphyllum*
种	连香树	*Cercidiphyllum japonicum* Sieb. et Zucc.

- **树木习性**

大乔木，高可达25 m，胸径0.75 m～1 m，老树树皮灰褐色，小枝褐色；芽卵圆形暗紫色，先端尖。

- **形态特征**

叶	叶圆形或卵圆形，长3～7.5 cm，下面灰绿色带粉霜，先端圆或钝尖，基部心形，边缘具圆钝锯齿；掌状脉5～7条；叶柄长1～3 cm
花	在庐山花期4月中旬至5月上旬
果	蓇葖果荚果状，稍弯曲，熟时暗紫褐色，微被白粉，长8～18 mm，花柱残存；种子一端有翅，连翅长5～6 mm；果8月成熟

- **适用范围**

分布于浙江、安徽、江西、湖北西部海拔 200～1 500 m 山地；陕西、甘肃、四川等地可达海拔 1 500～2 600 m。

- **景观用途**

著名的古生树种，可作庭园观赏用，树干高耸，新叶紫色，秋叶黄色或红色，是优良的观叶树种。

- **环境要求**

稍耐阴，喜湿，多生山谷、沟旁、低湿地或山坡杂木林中；酸性、中性土壤都能生长。

- **繁殖要点**

用播种育苗或压条繁殖，扦插亦能生根。

檫木

- **拉丁学名：***Sassafras tzumu* Hemsl.
- **科属**

类 别	名 称	拉丁名
科	樟科	Lauraceae
属	檫木属	*Sassafras*
种	檫木	*Sassafras tzumu* Hemsl.

- **树木习性**

乔木，高可达 35 m，胸径可达 2.5 m，幼时绿色不裂，老则深灰色，不规则纵裂，小枝绿色，无毛。

- **形态特征**

叶	叶多集生枝顶，卵形，长 8～20 cm，全缘或常 2～3 浅裂，背面有白粉
花	花两性或杂性，黄色，有香气，花期 3 月，先叶开放
果	7—8 月果熟，核果近球形，熟时蓝黑色，外被白粉，果柄红色

● **适用范围**

我国长江流域、华南及西南地区有分布，垂直分布在华东地区海拔 700 m 左右及华南地区海拔 1 000～1 600 m 处，多见于山谷、山脚及缓坡红壤或黄壤上。

● **景观价值**

本种树干通直，叶片宽大，每当深秋叶变红黄色，春天黄色小花开于叶前。

● **景观用途**

良好的城乡绿化树种，也是我国南方红壤及黄壤山区主要速生造林用材树种。

● **环境要求**

喜光，幼苗稍耐阴，喜温暖湿润气候及深厚而排水良好之酸性土壤，怕积水。

● **繁殖要点**

可用播种、分枝法繁殖，亦可萌芽更新。城市绿化用苗高 3 m 以上，移栽带土球，栽后草绳卷干。

● **备注**

深根性，萌芽力强，生长快，5 年生高 7～8 m，20 年生可达 20 m，胸径可达 30 cm；30 年生以后速度渐慢。

木瓜

● **拉丁学名**：*Chaenomeles sinensis* (Thouin) Koehne

● **科属**

类 别	名 称	拉丁名
科	蔷薇科	Rosaceae
属	木瓜属	*Chaenomeles*
种	木瓜	*Chaenomeles sinensis* (Thouin) Koehne

● **树木习性**

落叶小乔木，高达 5～10 m，干皮薄片状剥离，枝无刺，但短小枝常成棘状；小枝幼时有毛。

● 形态特征

叶	叶卵状椭圆形，革质，长 5～8 cm，先端急尖，边缘具刺芒状锐尖，幼时背面有毛，后脱落，叶柄有腺齿
花	10 年左右才能开花，花单生叶腋，粉红色，直径 2.5～3 cm；花期 4—5 月，叶后开放
果	果椭球形，长 10～15 cm，暗黄色，木质，有香气；果熟期 8—10 月

(图片来源：南京林学院树木标本室)

● 适用范围

产于我国鲁、陕、皖、浙、赣、鄂、粤、桂等省区。

● 景观用途

花美果香，常植于庭园观赏用；果有色有香，也常供室内陈列观赏。

● 环境要求

喜光，喜温暖，且有一定的耐寒性，北京地区在良好小气候条件下可露地越冬；要求土壤排水良好，不耐低湿和盐碱。

● 繁殖要点

可用播种及嫁接法繁殖，砧木一般用海棠果[*Malus prunifolia* (Wild.) Borkh.]。

● 备注

生长较慢，一般不作修剪，只除去病枝和枯枝即可。果实味酸，水煮或糖渍后可食用；入药有解酒、祛痰、顺气、止咳之效；又因木材坚硬，可作床柱等用。

山楂

- **拉丁学名：*Crataegus pinnatifida***
- **科属**

类　别	名　称	拉丁名
科	蔷薇科	Rosaceae
属	山楂属	*Crataegus*
种	山楂	*Crataegus pinnatifida*

- **树木习性**

落叶小乔木，高可达 6 m。

- **形态特征**

叶	叶三角状卵形至菱状卵形，长 5～12 cm，羽状 5～9 裂，裂缘有不规则尖锐锯齿，上面暗绿色有光泽，下面沿脉疏生短柔毛，叶柄细，长 2～6 cm；托叶大而有齿
花	伞房花序有长柔毛，花白色，直径约 1.8 cm，雄蕊 20，短于花瓣
果	果近球形或梨形，直径约 1.5 cm，红色，有白色皮孔

- **适用范围**

产东北、华北、江苏，生于海拔 100～1 500 m 的山坡林边或灌丛中。

- **景观价值**

树冠整齐、花繁叶茂、果实鲜红可爱。

- **景观用途**

庭荫树、园路树、绿篱。

- **环境要求**

性喜光，稍耐阴，耐寒，耐干旱、贫瘠土壤，但以在湿润而排水良好之砂质土壤生长最好。

- **繁殖要点**

繁殖可用播种和分株法，种子播前必需沙藏层积处理；根系发达，萌蘖性强。

- **变种与品种**

山里红（*Crataegus pinnatifida* var. *major* N. E. Brown）：又名大山楂，树形较原种大而健壮；叶较大而厚，羽状 3～5 浅裂；果较大，直径约 2.5 cm，深红色。在东北南部、华北，南至江苏一带普遍将此树作为果树栽培。树性强健，结果多，产量稳定，山区、平地均可栽培。繁殖以嫁接为主，砧木用普通的山楂。

- **备注**

果实酸甜，除生食外，可制糖葫芦、山楂酱、山楂糕等食品；干制后入药，有健胃、消积化滞、舒气散瘀之效。

苹果

- **拉丁学名：***Malus pumila* Mill.
- **科属**

类　别	名　称	拉丁名
科	蔷薇科	Rosaceae
属	苹果属	*Malus*
种	苹果	*Malus pumila* Mill.

- **树木习性**

乔木，高可达 15 m，小枝幼时密生绒毛，后变光滑，老枝紫褐色。

- **形态特征**

叶	叶椭圆形至卵形，长 4.5～10 cm，先端尖，边缘有圆钝锯齿，幼时两面有毛，后上表面光滑，暗绿色
花	花白色带红晕，直径 3～4 cm，花梗与萼均具灰白绒毛；萼片长尖，宿存，雄蕊 20，花柱 5，花期 4—5 月
果	7—11 月果熟。果为略扁之球形，直径 5 cm 以上，两端均凹陷，端部常有棱脊

- **适用范围**

在东北南部及华北、西北各省广泛栽培，以辽、鲁、冀栽培最多，江、浙、鄂、川、黔、滇也有栽培。

- **景观价值**

开花时节颇为可观；果熟季节，累累果实，色彩鲜艳。

- **景观用途**

孤植、丛植于草坪、庭院、花坛内，可当绿篱、基础种植树种。

- **环境要求**

要求比较冷凉和干燥的气候，喜阳光充足，以肥沃深厚而排水良好的土壤为最好，不耐瘠薄，一般定植 3～5 年后开始结果，树龄可达百余年。

- **繁殖要点**

嫁接繁殖，砧木用山荆子或海棠果。

海棠

- **拉丁学名：*Malus spectabilis*（Ait.）Borkh.**
- **科属**

类 别	名 称	拉丁名
科	蔷薇科	Rosaceae
属	苹果属	*Malus*
种	海棠	*Malus spectabilis*（Ait.）Borkh.

- **树木习性**

小乔木，树态峭立，高可达 8 m，小枝粗壮，圆柱形，幼时疏生柔毛；老时红褐色或紫褐色，无毛。

- **形态特征**

叶	叶椭圆形至长椭圆形，长 5～8 cm，先端短锐尖，基部广楔形至圆形，边缘具紧贴细锯齿，上下两面幼时有柔毛
花	花在蕾时甚为红艳，开放后呈淡粉红色，直径 4～5 cm，单瓣或重瓣；萼片较萼筒短或等长，三角状卵形，宿存；花梗长 2～3 cm；花期 4—5 月
果	果熟期 9 月，果近球形，黄色，直径约 2 cm，基部不凹陷，果味苦

- **适用范围**

原产我国，是久经栽培的著名观赏树种，华北、华东地区尤为常见。

- **景观用途**

春天开花，美丽可爱，为我国著名观赏花木，植于门旁、庭院、亭廊、草地、林缘都很合适；也可作盆栽及切花材料。

- **环境要求**

喜光，耐寒、耐干旱，忌水湿，在北方干燥地带生长良好。

- **繁殖要点**

可压条、分株、嫁接、播种繁殖。实生苗 7～8 年生才能开花，且多不能保持原来特性，故一般用营养繁殖法；嫁接以山荆子或海棠果为砧木；芽接或枝接均可；压条、分株多于春季进行，定植后每年秋季可在根际培一些泥或肥土。春季进行一次修剪，将枯弱枝条剪去，春旱时进行 1～2 次灌水；对病虫害要注意及时防治，在早春喷石硫合剂可防治腐烂病等。海棠花于桧柏较多之处，易发生赤星病，宜在出叶后喷几次波尔多液进行预防。

- **变种与品种**

重瓣粉海棠（*Malus spectabilis* var. *riversii*）：叶较宽而大；花重瓣，较大，粉红色，为北京庭院常见之观赏佳品，称“西府海棠”。

重瓣白海棠（var. *albi-plena*）：花白色，重瓣。

- **备注**

近年国内部分地区陆续引进北美海棠，品种较多，园林观赏价值突出。

湖北海棠

（别名：野海棠、茶海棠）

- **拉丁学名：***Malus hupehensis*（Pamp.）Rehd.
- **科属**

类 别	名 称	拉丁名
科	蔷薇科	Rosaceae
属	苹果属	*Malus*
种	湖北海棠	*Malus hupehensis*（Pamp.）Rehd.

- **树木习性**

小乔木，高可达 8 m，枝斜出，硬直，紫褐色，幼时具柔毛，后脱落。

● 形态特征

叶	叶卵形至卵状椭圆形，长 5～10 cm，边缘有细尖锯齿，先端尖，基部圆形或广楔形，嫩时具稀疏短柔毛，不久脱光
花	3～7 朵聚成伞房花序，花白色或粉红色，有芳香，直径 3.5～4 cm；花梗细，长 3～6 cm；萼片较萼筒短或等长，紫红色，外侧光滑；雄蕊 20，花柱 3，罕 4；花期 4—5 月
果	果熟期 8—9 月，果近球形，直径约 1 cm，黄绿色，染红晕

● 适用范围

主产我国长江流域，生于海拔 50～2 900 m 的山坡丛林中。

● 景观用途

庭园观赏树。花繁美而香，秋季结果累累，甚为美丽。

● 环境要求

喜光，喜温暖湿润气候，较耐湿，耐寒，能耐 −21℃低温，并有一定抗盐能力。耐旱，适于土层深厚、肥沃、pH 值 5.5～7 微酸性至中性壤土中生长，萌蘖性强。

● 繁殖要点

分根萌蘖，也可嫁接，以苹果作砧木，容易繁殖，嫁接成活率高。

● 备注

嫩叶可代茶；果能消积食、酿酒。

垂丝海棠

● 拉丁学名：*Malus halliana* koehne

● 科属

类 别	名 称	拉丁名
科	蔷薇科	Rosaceae
属	苹果属	*Malus*
种	垂丝海棠	*Malus halliana* koehne

● 树木习性

小乔木，高可达 5 m，树冠疏散，枝条开展，幼时紫色。

● 形态特征

叶	叶卵形至长卵形，表面有光泽，长 3.5～8 cm，基部楔形，边缘有细钝锯齿或近全缘，质较厚实；叶柄及中肋常常带紫红色
花	花 4～7 朵簇生小枝端，鲜玫瑰红色，直径 3～3.5 cm，花萼紫色，花梗紫色，下垂
果	果熟期 9—10 月，果倒卵形，直径 0.6～0.8 cm，淡紫色

- **适用范围**

产于我国江、浙、皖、陕、川、滇等省，各地广泛栽培，在江南庭园中尤为常见。

- **景观价值**

花繁色艳，朵朵下垂。

- **景观用途**

是著名的庭园观赏花木，在江南庭园中常见；在北方常作为盆栽观赏。

- **环境要求**

喜温暖湿润气候，耐寒性不强，在北京良好的小气候条件下勉强能露地栽植。

- **繁殖要点**

繁殖多用湖北海棠为砧木，进行嫁接。

- **变种与品种**

重瓣垂丝海棠（*Malus halliana* var. *parkmanii* Rehd.）和白花垂丝海棠（var. *spontanea* Rehd.）。

白梨

- **拉丁学名：*Pyrus bretschneideri* Rehd.**
- **科属**

类　别	名　称	拉丁名
科	蔷薇科	Rosaceae
属	梨属	*Pyrus*
种	白梨	*Pyrus bretschneideri* Rehd.

- **树木习性**

落叶乔木，高 5～8 m，小枝粗壮，幼时有柔毛。

● 形态特征

叶	叶卵形或卵状椭圆形,长 5~11 cm,基部广楔形或近圆形,边缘有刺芒状尖锯齿,齿端微向内曲,幼时两面有绒毛,后变光滑;叶柄长 2.5~7 cm
花	花白色,直径 2~3.5 cm,花柱 5 或 4,无毛;花梗长 1.5~7 cm;花期 4 月
果	果熟期 8—9 月;果卵形或近球形,黄色或黄白色,有细密斑点,果肉软

● 适用范围

原产我国北部,冀、豫、鲁、晋、陕、甘、青等省均有分布,栽培遍及华北、东北南部、苏北、四川及西北。

● 景观价值

春天开花,满树雪白,树姿优美。

- **景观用途**

观赏结合生产的好树种。

- **环境要求**

性喜干燥冷凉，抗寒力较强，但次于秋子梨；喜光，对土壤要求不高，以深厚、疏松、地下水位较低的肥沃砂质土壤为最好；开花期忌寒冷和阴雨。

- **繁殖要点**

繁殖多用杜梨为砧木进行嫁接，栽培管理与苹果相似，但较为容易。

- **备注**

优良品种很多，形成北方梨（或白梨）系统。果除鲜食外，还可制梨酒、梨干、梨膏、罐头等。

豆梨

- **拉丁学名**：*Pyrus calleryana*
- **科属**

类　别	名　称	拉丁名
科	蔷薇科	Rosaceae
属	梨属	*Pyrus*
种	豆梨	*Pyrus calleryana*

- **树木习性**

落叶乔木，高 5～8 m，小枝褐色，幼时有绒毛，后变光滑。

- **形态特征**

叶	叶广卵形至椭圆形，长 4～8 cm，边缘具细钝锯齿，通常两面无毛
花	花白色，直径 2～2.5 cm；花柱 2，罕为 3；雄蕊 20；花梗长 1.5～3 cm，无毛；花期 4 月
果	果熟期 8—9 月。果近球形，黑褐色，有斑点，直径 1～2 cm，萼片脱落

● **适用范围**

主产长江流域，鲁、豫、江、浙、赣、皖、湘、鄂、闽、粤、桂地区均有分布，多生于海拔 80～1 800 m 的山坡、平原或山谷杂木林中。

● **环境要求**

喜温暖潮湿气候，不耐寒，抗病力强，常作南方栽培梨之砧木。

李

● **拉丁学名**：*Prunus salicina* Lindl.

● **科属**

类 别	名 称	拉丁名
科	蔷薇科	Rosaceae
属	李属	*Prunus*
种	李	*Prunus salicina* Lindl.

● **树木习性**

乔木，高可达 12 m，小枝无毛，黄红色，有光泽；老枝紫褐色或无褐色。

● 形态特征

叶	叶多倒卵状椭圆形,长6～10 cm,先端突渐尖,基部楔形,边缘有圆钝重锯齿,有时下表面沿主脉有稀疏柔毛或脉腋有髯毛;叶柄长1～1.5 cm,近端处有2个腺体
花	花常3朵簇生,白色,直径1.5～2 cm;花梗长1～1.5 cm,无毛;萼筒钟状,内面基部被疏柔毛,裂片有细齿;花期3—4月
果	果熟期7月。果卵球形,直径4～7 cm,黄绿色至紫色,无毛

● 适用范围

我国东北、华北、华中均有分布。

● 景观价值

花色白而丰盛繁茂,观赏效果极好。

● 景观用途

李树花白而早开,为我国南北方久经栽培之果树,也是观赏树,在庭院、宅旁、村旁或风景区栽植都很合适。

● 环境要求

喜光,也能耐半阴;耐寒,喜肥沃湿润之黏质土壤,在酸性土、钙质土中均能生长,不耐干旱和瘠薄,也不宜在长期积水处栽种。

● 繁殖要点

可用嫁接、分株、播种等法;嫁接可用桃、梅、山桃、杏及李之实生苗作为砧木。一般可将李树整为自然开心形,因其萌芽力很强,对一年生枝条可适当短剪,李树主要由花束状枝结果,修剪时要注意保留。

● 备注

浅根性,但根系水平发展较广。幼龄期生长迅速,一般三四年即可进入结果期;寿命可达40年左右。除鲜果供食用外,核仁可榨油、药用,根、叶、花、树胶也可药用。

紫叶李

● 拉丁学名:*Prunus cerasifera* Ehrhar f. *atropurpurea* (Jacq.) Rehd.

● 科属

类　别	名　称	拉丁名
科	蔷薇科	Rosaceae
属	李属	*Prunus*
种	紫叶李	*Prunus cerasifera* Ehrhar f. *atropurpurea* (Jacq.) Rehd.

● 树木习性

落叶小乔木,高可达 8 m,小枝光滑。

● 形态特征

叶	叶卵形至倒卵形,长 3~4.5 cm,端尖,基部楔形或近圆形,边缘锯齿细钝,紫红色,背面中脉基部有柔毛
花	花常单生,淡粉红色,直径约 2.5 cm,花梗长 1.5~2 cm;花期 4—5 月
果	果球形,暗酒红色,果期 8 月

● 适用范围

我国东北、华北、华中均有分布,北京在背风向阳之小气候良好处可露地越冬。

- **景观价值**

整个生长季叶都为紫红色，宜于建筑物前大门及园路旁或草坪角隅处栽植。唯须慎选背景之色泽，方可充分衬托出它的色彩美。

- **景观用途**

建筑物前、园路旁、草坪角隅栽种点缀。

- **环境要求**

性喜温暖湿润气候。

- **繁殖要点**

以桃、李、梅或山桃为砧木进行嫁接。

- **备注**

红叶李是樱桃李(*Prunus cerasifera*)的观赏变型。

梅

- **拉丁学名**：*Prunus mume*
- **科属**

类　别	名　称	拉丁名
科	蔷薇科	Rosaceae
属	李属	*Prunus*
种	梅	*Prunus mume*

- **树木习性**

落叶乔木，高 4～10 m，干褐色，有纵斑驳纹，小枝细，无毛，多为绿色。

- **形态特征**

叶	叶广卵形至卵形，长 4～10 cm，先端尾尖，基部宽楔形至圆形
花	花 1～2 朵，具短梗，淡粉色或白色，有芳香，于冬季或早春叶前开放
果	果 5—6 月成熟，黄绿色，直径 2～3 cm

- **适用范围**

野生于我国西南山区，曾在四川汶川海拔 1 300～2 500 m，丹巴海拔 1 900～2 000 m，会理海拔 1 900 m，湖北宜昌海拔 300～1 000 m，广西兴安县以及西藏波密海拔 2 100 m 等地区沟谷发现野梅，现栽培于全国各地，但仅在黄河以南可以露地安全越冬。近年通过引种和驯化工作，已将江南的梅花北移至北京露地栽培，获得成功。

- **景观价值**

树姿古朴，早春开花，花色素雅、清香恬淡，果实丰盛，为我国传统名花之一。

- **景观用途**

最适宜植于庭院、草坪、低山丘陵，可孤植、丛植、群植。传统以松、竹、梅配植，以梅为前景、松为背景、竹为客景，可收相得益彰之效。

- **环境要求**

喜阳光，喜温暖气候，要求排水良好，最怕积水，有一定的耐寒能力，在阳光充足，通风良好处更宜生长，在北京需种植在背风向阳的小气候良好处，忌在风口种植。适做桩景，是盆栽、瓶插和催花等的良好材料。对土壤要求不高，能在较瘠薄土壤、轻盐碱土壤中正常生长，在山地或冲积平原或微碱性土壤中均可正常生长。在砾质黏壤土及砾质土壤等下层土质紧密的土壤上枝条充实，在轻松的砂壤土或砂质土壤枝条不够充实，如种于土质过于黏重而排水不良的低地，最易烂根致死。

- **繁殖要点**

实生苗 3～4 年生即可开花，嫁接苗培养得法一两年也可开花；花在冬季或早春叶前开放,7～8 年后花果逐渐茂盛。桃及山桃做砧木的嫁接苗寿命短,容易有病虫害。杏、山杏、梅实生苗做砧木更好些。

杏

- **拉丁学名:** *Prunus armeniaca* Lam.
- **科属**

类　别	名　称	拉丁名
科	蔷薇科	Rosaceae
属	李属	*Prunus*
种	杏	*Prunus armeniaca* Lam.

- **树木习性**

落叶乔木,高可达 10 m,树冠圆整,小枝红褐色或褐色。

- **形态特征**

叶	叶广卵形或圆卵形,长 5～10 cm,先端短锐尖,基部圆形或近心形,锯齿圆钝;叶柄多带红色,长 2～3 cm
花	花单生,先叶开放,白色至淡粉红色,直径 2～3 cm;花萼紫绿色,萼筒圆筒形,基部外面被短柔毛;雄蕊约 20～45,稍短于花瓣,花期 3—4 月
果	果熟期 6 月,果实球形,直径约 2.5 cm 以上,白色、黄色至黄红色,常具红晕,微被短柔毛

- **适用范围**

东北、华北、西北、西南及长江中下游各省区均可生长。

- **景观价值**

早春开花，繁茂美观。

- **景观用途**

庭院少量种植，亦可群植、林植于山坡、水边。

- **环境要求**

喜光；能耐－40℃低温，也能耐高温；耐旱，极不耐涝；最适宜在土层深厚、排水良好的砂壤土中生长，可在轻盐碱地栽种，对土壤要求不高。

- **繁殖要点**

播种、嫁接，嫁接一般用山杏作砧木。

- **备注**

适宜条件下可活二三百年以上；实生苗三四年即开花结果。

桃

- **拉丁学名：*Prunus persica* L.**
- **科属**

类别	名称	拉丁名
科	蔷薇科	Rosaceae
属	李属	*Prunus*
种	桃	*Prunus persica* L.

- **树木习性**

落叶小乔木，高 3～8 m，小枝红褐色或褐绿色，无毛；芽密被灰绒毛。

● 形态特征

叶	叶椭圆状披针形，长 7～15 cm，叶柄长 1～1.5 cm，有腺体
花	花单生，直径 5～7 cm，粉红色近无柄，花期 3—4 月，先叶开放
果	果 6—9 月成熟

- **适用范围**

原产我国，华北、华中、西南等地区现仍有野生桃树，目前桃树在国内外普遍有栽培。

- **景观价值**

桃花烂漫芳菲，妩媚可爱，不论食用种、观赏种，盛开时节皆"桃之夭夭，灼灼其华"。该树品种繁多，着花繁密，栽培简易。

- **景观用途**

南北园林皆多应用，食用桃可在风景区大片栽种或在园林中游人少到处辟专园种植；观赏种则山坡、水畔、石旁、墙际、庭院、草坪边俱宜栽种。唯须注意选阳光充足处，且注意与背景之间的色彩衬托关系。

- **环境要求**

喜光；耐旱，不耐水湿，根系较浅，水泡3～5日易落叶甚至死亡；喜肥沃而排水良好的土壤，碱性土及黏重土均不适宜。喜夏季高温，有一定的耐寒力，除酷寒地区外均可栽培，在北京可露地越冬，但仍以背风向阳之处为宜。开花时节怕晚霜，忌大风。

- **繁殖要点**

以嫁接为主，各地多用切接或盾状芽接，还可用播种、压条法繁殖，扦插一般不用。砧木北方多用山桃，南方多用毛桃，如用杏砧，寿命长而病虫少，唯起初生长略慢。

桃树进入花果期的树龄很早，一般定植后1～3年就开始开花结果，4～8年达花果盛期。桃的生长势与发枝力皆较梅强，但不持久，约自15～20龄起即逐渐衰老，寿命一般只有30～50年。

- **备注**

食用桃为著名果品，鲜食味美多汁，亦可加工成罐头、桃脯、桃酱、桃干等食用。桃仁为镇咳祛痰药，花能利尿泻下，枝、叶、根亦可药用。木材坚实致密，可作工艺用材。此外，碧桃尚宜盆栽、切花或作桩景等用。我国园林中习惯以桃、柳间植水滨，以形成“桃红柳绿”之景色，但要注意避免柳树遮了桃树的阳光，同时也要将桃植于较高燥处，方能生长良好，故以适当加大株距或将桃向外移种为妥。

- **变种、变型和品种**

桃树栽培历史悠久，品种多达3 000种以上。我国桃的品种约近1 000个，根据果实品质及花、叶观赏价值而分为食用桃（“大桃”）与观赏桃（“碧桃”）两大类。兹将我国桃树主要栽培变种、变型与代表性品种简介于下。

食用桃，常见有以下4种变种与变型。

① 油桃（*Prunus persica* var. *nectarina* Maxim）：果实成熟时光滑无毛，形较小；叶片锯齿较尖锐，如新疆的黄李光桃、甘肃的紫胭桃等。

② 蟠桃（var. *compressa* Bean）：果实扁平，两端均凹入，核小而不规则，品种以江、浙一带为多，华北略有栽培。

③ 黏核桃（f. *scleropersica* Voss）：果肉黏核，品种甚多，如北方的肥城佛桃，南方的上海水蜜桃等。

④ 离核桃（f. *aganopersica* Voss）：果肉与核分离，如北方的青州蜜桃，南方的红心离核桃等。

其他还有黄肉桃、冬桃等。

观赏桃，常见有以下12种变型。

① 单瓣白桃（f. *alba* Schneid.）：花白色，单瓣。

② 千瓣白桃（f. *albo-plena* Schneid.）：花白色，复瓣或重瓣。

③ 碧桃（f. *duplex* Rehd.）：花淡红，重瓣。

④ 绛桃（f. *camelliaeflora* Dipp.）：花深红色，复瓣。

⑤ 红花碧桃（f. *rubroplena* Schneid.）：花红色，复瓣，萼片常为10。

⑥ 复瓣碧桃(f. *dianthiflora* Dipp.):花淡红色,复瓣。

⑦ 绯桃(f. *magnifica* Schneid.):花鲜红色,重瓣。

⑧ 洒金碧桃(f. *versicolor* Voss.):花复瓣或近重瓣,白色或粉白色,同一株上花有红、白二色,或同朵花上有二色,乃至同一花瓣有粉、白二色。

⑨ 紫叶桃(f. *atropurpurea* Schneid.):叶为紫红色;花为单瓣或重瓣,淡红色。

⑩ 垂枝碧桃(f. *pendula* Dipp.):枝下垂。

⑪ 寿星桃(var. *densa* Makino):树形矮小紧密,节间短;花多重瓣,有红花寿星桃、白花寿星桃等品种。

⑫ 塔型碧桃(f. *pyramidalis* Dipp.):树形呈窄塔状,较为罕见。

樱花

- **拉丁学名:*Prunus serrulata* (Lindl.) G. Don ex London**
- **科属**

类　别	名　称	拉丁名
科	蔷薇科	Rosaceae
属	李属	*Prunus*
种	樱花	*Prunus serrulata* (Lindl.) G. Don ex London

- **树木习性**

落叶乔木,高 3~8 m,直径可达 1 m,树皮暗栗褐色,光滑,小枝无毛或有短柔毛,赤褐色;芽鳞黑褐色有光泽。

- **形态特征**

叶	叶卵形至卵状椭圆形,长 6~12 cm,叶端尾状,叶缘有尖锐重或单锯齿,齿尖有小腺体,叶表浓绿色有光泽,叶背面稍淡;幼叶淡绿褐色,叶两面无毛;叶柄长 1.5~3 cm,无毛或有软毛
花	花常 3~5 朵排成短总状花序,白色或淡粉红色,直径 2.5~4 cm,无香味;花期 4 月,与叶同放
果	7 月果熟。核果球形,直径 6~8 mm,先红后变紫褐色

- **适用范围**

主产我国长江流域，但东北、华北均有分布。

- **景观特点**

春天开花时满树灿烂，甚为美观，但花期很短，仅能保持一周左右即很快谢尽。

- **景观用途**

宜于山坡、庭院、建筑物前及园路旁栽植。

- **环境要求**

樱花喜光，喜深厚肥沃而排水良好的土壤；对烟尘、有害气体及海潮风抵抗力均较弱，有一定耐寒能力，但栽培品种在北京仍需选小气候良好处种植；栽培简易，繁殖、应用均与东京樱花相似。

- **变种、变型**

① 山樱花(*Prunus serrulata* var. *spontanea* Wils.)：花单瓣，较小，直径约 2 cm，白色或粉色；花梗及萼无毛；2～3 朵成总状花序；野生于长江流域山区及日本、朝鲜。

② 毛叶山樱花(var. *pubescens* Wils.)：与山樱花相似，但叶两面、叶柄、花梗及萼均多少有毛；我国长江流域、黄河下游及日本、朝鲜均有分布。

③ 重瓣白樱花(f. *albo-plena* Schneid)：花白色，重瓣，是久经栽培的品种。

④ 重瓣红樱花(f. *rosea* Wils.):花粉红色,重瓣。

⑤ 红白樱花(f. *albo-rosea* Wils.):花重瓣,花蕾淡红色,开后变白色,有 2 叶状心皮。

⑥ 瑰丽樱花(f. *superba* Wils.):花甚大,淡红色,重瓣,有长梗。

⑦ 垂枝樱花(f. *pendula* Bean):枝开展而下垂,花粉红色,瓣多至 50 以上,花萼有时为 10 片。

樱桃

- **拉丁学名:***Prunus pseudocerasus* (Lindl.) G. Don
- **科属**

类　别	名　称	拉丁名
科	蔷薇科	Rosaceae
属	李属	*Prunus*
种	樱桃	*Prunus pseudocerasus* (Lindl.) G. Don

- **树木习性**

落叶小乔木,高可达 8 m,树皮红褐色,小枝灰褐色,被短柔毛或疏柔毛。

- **形态特征**

叶	叶卵形或卵状椭圆形,长 7～12 cm,先端锐尖,基部圆形,边有大小不等重锯齿,齿端有小腺体
花	总状花序 3～6 朵簇生,花白,直径 1～1.5 cm,花期 4 月,先叶开放
果	果 5—6 月成熟,直径 1～1.5 cm,红色

- **适用范围**

我国冀、陕、甘、鲁、晋、江、赣、黔、桂等省区均有分布,华北栽培较普遍,是园林观赏及果实兼用树种。

- **景观用途**

观赏结合生产的好树种。

- **环境要求**

喜日照充足、温暖而略湿润之气候及肥沃而排水良好之砂壤土，有一定的耐寒与耐旱力。

- **繁殖要点**

萌蘖力强，生长迅速；繁殖可用分株、扦插及压条等法；栽培管理简单。

- **备注**

果实味甜，可生食或制罐头。

东京樱花

- **拉丁学名**：*Prunus yedoensis* (Matsum.) Yu et Li
- **科属**

类别	名称	拉丁名
科	蔷薇科	Rosaceae
属	李属	*Prunus*
种	东京樱花	*Prunus yedoensis* (Matsum.) Yu et Li

- **树木习性**

落叶乔木，高可达 16 m，皮暗褐色，平滑。

- **形态特征**

叶	叶卵状椭圆形或倒卵形，长 5～12 cm，背面脉上及叶柄有柔毛
花	3～6 朵成短总状花序，花白色或淡粉红色，直径 2～3 cm，常为单瓣，微香；花期 4 月，叶前或与叶同放
果	核果近球形，直径约 1 cm，黑色

- **适用范围**

原产日本，我国广为栽培，尤以华北及长江流域各城市为多。

- **景观用途**

宜于山坡、庭院、建筑物前及园路旁栽植。

- **环境要求**

喜光，耐寒，在北京能露地越冬。

- **繁殖要点**

繁殖多用嫁接法，砧木可用樱桃、山樱花（*Prunus serrulata* var. *spontanea* Wils.），尾叶樱桃[*Prunus dielsiana*（Schneid.）Yu et Li]及桃、杏等实生苗；栽培管理比较简单。

日本晚樱

- **拉丁学名：***Prunus lannesiana*
- **科属**

类　别	名　称	拉丁名
科	蔷薇科	Rosaceae
属	李属	*Prunus*
种	日本晚樱	*Prunus lannesiana*

- **树木习性**

落叶乔木，高可达 10 m，皮淡灰色，粗糙；小枝粗壮开展，无毛。

- **形态特征**

叶	叶倒卵形，长 5～15 cm，宽 3～8 cm，先端渐尖，长尾状，边有渐尖单锯齿及重锯齿；叶柄长 1～2.5 cm，上部有一对腺体；新叶略带红褐色
花	伞房花序 1～5 朵，花期在 4 月下旬
果	果成熟时紫黑色

● **适用范围**

原产日本，久经栽培，品种甚多，我国北部及长江流域各地常见栽植于园林作观赏用。

● **景观用途、环境要求、繁殖要点**

与樱花相似。

凤凰木

（别名：火树、凤凰花、红花楹）

● **拉丁学名：*Delonix regia*（Boj.）Raf.**

● **科属**

类　别	名　称	拉丁名
科	苏木科	Caesalpiniaceae
属	凤凰木属	*Delonix*
种	凤凰木	*Delonix regia*（Boj.）Raf.

● **树木习性**

乔木，高可达 20 m，胸径可达 1 m，树皮灰褐色，粗糙。

● 形态特征

叶	羽状复叶,10～23 对,小叶 20～40 对;小叶长圆形,长 3～8 mm,先端钝圆,基部略偏斜,两面被柔毛,上面中脉凹下;托叶羽状分裂
花	花序伞房状,花鲜红色,直径 7～10 cm;萼筒短,裂片窄长圆形,外面绿色,内为深红色;雄蕊红色,花丝基部被毛,花期 6—7 月
果	长 25～60 cm,成熟时黑褐色;果期 8—10 月

● 适用范围

广布于热带地区,我国台湾、海南、福建、广东、广西、贵州、云南等地有栽培。

● 景观用途

凤凰木树冠宽阔,叶绿荫浓,花大而艳丽,可作行道树、庭院风景树。

● 环境要求

喜光,不耐寒,生长迅速,抗性差。

● 繁殖要点

播种繁殖。

● 备注

供家具、火柴棒、造纸原料用。

皂荚

- **拉丁学名：*Gleditsia sinensis* Lam.**
- **科属**

类　别	名　称	拉丁名
科	苏木科	Caesalpiniaceae
属	皂荚属	*Gleditsia*
种	皂荚	*Gleditsia sinensis* Lam.

- **树木习性**

落叶乔木，高 15～30 m，树干灰黑色，浅纵裂，干及枝条常具刺，刺圆锥状多分枝，粗而硬直，小枝灰绿色，皮孔显著，冬芽常叠生。

- **形态特征**

叶	一回偶数羽状复叶，有互生小叶 3～7 对，小叶长卵形，先端钝圆，基部圆形，有时稍偏斜，薄革质，边缘有细齿，背面中脉两侧及叶柄被白色短柔毛
花	杂性花，黄白色，腋生，总状花序；花梗密被绒毛；花萼三角状披针形，两面被绒毛；萼、瓣均 4 数，花期 5—6 月
果	一般 8～15 年开始结果，荚果平直肥厚，长达 10～20 cm，不扭曲，熟时黑色，被粉霜；果期 9—10 月

- **适用范围**

产于黄河流域以南，多栽培于低山、丘陵、平原地区。

- **景观用途**

皂荚树枝叶浓密，可作庭荫树及宅旁绿化树种。

- **环境要求**

喜光，不耐阴，喜深厚、湿润、肥沃土壤，在石灰石山地、石灰质土、微酸性土及轻盐土上都能长成大树，在干燥瘠薄地方生长不良。

- **繁殖要点**

以播种育苗繁殖。

- **备注**

果富含皂素，可代肥皂；种子油为高级工业用油；种仁可食；皂荚刺、果荚、种子皆可入药。

美国肥皂荚

- **拉丁学名：*Gymnocladus dioicus* K. Koch**
- **科属**

类别	名称	拉丁名
科	苏木科	Caesalpiniaceae
属	肥皂荚属	*Gymnocladus*
种	美国肥皂荚	*Gymnocladus dioicus* K. Koch

- **树木习性**

乔木，高可达 30 m，胸径可达 1.2 m；树皮厚，粗糙，灰色，老树小薄片开裂；小枝红褐色，疏生皮孔；髓心大，海绵色，芽小，灰绿色。

- **形态特征**

叶	小叶 6～14 片，卵形或长圆形，长 5～8 cm，先端尖，具尖头，基部圆形或宽楔形，偏斜；上面无毛，下面无毛或中脉被柔毛，小叶两极短，无小托叶
花	花单性异株，雌圆锥花序顶生，长 25～30 cm；雄花序簇生状，长 7.5～10 cm，花绿白色，萼筒柱形，有 10 肋，萼 4～5 齿裂，被毛。花瓣长圆形，两面被柔毛；花期 6 月
果	果长圆状镰形，长 10～25 cm，宽 3.5～5 cm，厚 1～2 cm，暗褐或红褐色，无毛，厚革质，果期 10 月

- **适用范围**

原产加拿大东南部及美国东北部至中部，我国南京、杭州等地有栽培，南京有 50 年生大树。

- **景观用途**

平直枝疏，树冠广展，荫浓，是优良的庭荫树，孤植、列植、群植皆宜，可用于广场草坪、行道两侧、进出口及建筑物周围。

- **环境要求**

喜生于肥沃湿润地方，常与其他阔叶树混生，长势旺盛，无病虫危害。

- **繁殖要点**

播种繁殖，亦可根插。

- **备注**

果肉富含皂角素，可供药用；种子炒食可代咖啡；木材坚硬，耐久。

洋紫荆

- **拉丁学名**：*Bauhinia variegata* L.
- **科属**

类别	名称	拉丁名
科	苏木科	Caesalpiniaceae
属	羊蹄甲属	*Bauhinia*
种	洋紫荆	*Bauhinia variegata* L.

- **树木习性**

落叶乔木，树皮暗褐色，近平滑，幼嫩部分常被灰色短柔毛，枝广展，无毛。

- **形态特征**

叶	广卵形至近圆形，长 5～9 cm，宽 7～11 cm，先端 2 裂达叶长的 1/4～1/3，钝头或圆，基部浅至深心形，有时近截形，基出脉 9～13，下面被柔毛；叶柄被毛
花	短总状花序，花少而大；萼佛焰苞状，全缘，被柔毛及黄色腺体；花瓣倒卵状长圆形，淡红或淡蓝带红色或暗紫色，杂以红色或黄色斑点，花期 3—4 月
果	果条形，长 15～30 cm，宽 1.5～2 cm，果期 6 月

- **适用范围**

产于云南、广西、广东、福建、海南岛。

- **景观价值**

洋紫荆生长迅速，花期长，花大而芳香。

- **景观用途**

在华南地区多作为行道树及庭园风景树，北方多以温室盆栽供观赏。

- **环境要求**

性喜温暖、湿润、阳光充足，土壤要求微酸性。

- **繁殖要点**

扦插繁殖为主，亦可嫁接繁殖。

- **备注**

根皮可入药，花、嫩叶、花芽及幼果可食。

合欢

- **拉丁学名：*Albizia julibrissin* Durazz.**
- **科属**

类　别	名　称	拉丁名
科	含羞草科	Mimosaceae
属	合欢属	*Albizia*
种	合欢	*Albizia julibrissin* Durazz.

- **树木习性**

乔木，高可达 16 m，树冠扁圆形，常呈伞状，皮褐灰色，主枝比较低。

- **形态特征**

叶	二回偶数羽状复叶，羽片 4～12 对，各有镰刀状长圆形小叶 10～30 对(长 6～12 mm，宽 1～4 mm)，中脉偏一边，叶背中脉有毛
花	头状花序于枝顶排成圆锥花序，腋生或顶生，花萼/花瓣黄绿色；雄蕊长 2.5～4 cm，绒缨状；花丝细长，粉红色
果	荚果扁条形，长 9～17 cm

- **适用范围**

产于我国黄河流域以南，多生于低山丘陵及平原。

- **景观用途**

合欢绿荫如伞，红花成簇，秀丽别致，宜作庭荫树、行道树，配置于溪边、池畔最为相宜。

- **环境要求**

喜光，速生，较耐寒及干旱瘠薄，小叶夜间闭合，对 HCl、NO_2 抗性强。

- **繁殖要点**

用播种繁殖，10 月采种，拌风化石灰干藏。

- **备注**

树皮、花可药用，树皮纤维可做人造棉原料。

国槐

（别名：豆槐、槐花木）

- **拉丁学名：*Sophora japonica* L.**

● 科属

类 别	名 称	拉丁名
科	含羞草科	Mimosaceae
属	槐属	*Sophora*
种	国槐	*Sophora japonica* L.

● 树木习性

落叶乔木，高可达 30 m；树皮灰黑色，粗糙纵裂，1～2 年生枝绿色，皮孔明显，淡黄色；侧芽为叶柄下芽，青紫色，被毛。

● 形态特征

叶	小叶 9～15 枚，长 2.5～5 cm，具短柄，卵形、长圆形或披针状卵形，先端尖，基部圆或宽楔形，下面苍白色，被平伏毛；托叶钻形，早落
花	圆锥花序顶生，花冠黄白色
果	果念珠状，长 2.5～8 cm，肉质不裂，经冬不落

● 适用范围

北至东北南部，西北至陕西、甘肃南部，西南至四川、云南，南至两广等地，栽培广泛。

- **景观用途**

树冠圆整,姿态优美,绿荫如盖,历来作为庭荫树和行道树栽植。

- **环境要求**

喜光,喜深厚、湿润肥沃、排水良好的砂壤土,在酸性、中性、碱性土壤上均能正常生长,不耐积水;对大气污染及烟尘等抗性较强。

- **繁殖要点**

播种为主,可秋播亦可层积处理至翌年春播种,生长较快,萌芽性强。

- **备注**

槐树全株可入药,种子可榨油,又可酿酒及做饲料。

- **附种**

① 龙爪槐(别名:倒栽槐、盘槐,*Sophora japonica* f. *pendula*):枝屈曲下垂,用嫁接繁殖,常对植门前、庭前两旁或孤植于亭台山石一隅,姿态古雅。

② 紫花槐(*Sophora japonica* L. var. *violacea* Carr.):小叶上多少被柔毛,翼瓣和龙骨瓣紫色。

刺槐

- **拉丁学名:** *Robinia pseudoacacia* L.
- **科属**

类别	名称	拉丁名
科	豆科	Leguminosae
属	刺槐属	*Robinia*
种	刺槐	*Robinia pseudoacacia* L.

- **树木习性**

乔木,高 10～25 m,树冠椭圆状倒卵形;树皮灰褐色,纵裂,枝条有托叶刺。

● **形态特征**

叶	奇数羽状复叶；小叶 7～19，卵状长圆形或椭圆形，长 2～5 cm，先端钝，微凹，有小尖头
花	花为白色，有香味，穗状花序；花期 5 月
果	荚果扁平，长 4～10 cm；种子黑色肾形

● **适用范围**

原产北美，在我国现广布于辽宁铁岭以南。

● **景观用途**

刺槐树冠开展，枝繁叶茂，花满枝垂挂，可作庭荫树、行道树，亦是荒山造林的先锋树种，宜用于营造防风林、固沙林及海岸护堤林。

● **环境要求**

喜光，不耐阴，耐干旱瘠薄，在石灰性土壤生长较好；浅根性，怕积水；萌芽性强，抗烟尘能力强。

● **繁殖要点**

播种、分蘖扦插。

● **附种**

红花刺槐(*Robinia decaisneana* L.)：花冠蝶形，紫红色。

● **备注**

刺槐鲜花是高级蜜源，又可浸提芳香油，树皮、种子均可做工业原料。

四照花

- **拉丁学名:** *Dendrobenthamia japonica* (DC.) Fang var. *chinensis* (Osborn.) Fang
- **科属**

类 别	名 称	拉丁名
科	山茱萸科	Cornaceae
属	四照花属	*Dendrobenthamia*
种	四照花	*Dendrobenthamia japonica* (DC.) Fang var. *chinensis* (Osborn.) Fang

- **树木习性**

落叶灌木或小乔木,高可达 9 m,小枝绿色、细,后变褐色,光滑。

- **形态特征**

叶	叶对生,卵状椭圆形或卵形,长 6～12 cm,叶端渐尖,叶基圆形或广楔形,侧脉 3～4(5)对,弧形弯曲;叶表疏生白柔毛,叶背粉绿色,有白毛或脉腋簇生黄色(白色)毛
花	头状花序近球形,有 4 枚白色花瓣状总苞片,椭圆状卵形,长 5～6 cm;花期 5—6 月
果	果 9—10 月成熟

- **适用范围**

山西、河南、甘肃、江苏、浙江、福建、台湾、安徽、江西、湖南、湖北、四川、贵州、云南等省区有引种栽培。

- **景观价值**

四照花树形圆整,呈伞形,叶光亮,入秋变红,花序苞片大而洁白,果子红艳可爱。

- **景观用途**

庭园树,可孤植于堂前,也可在山坡、亭台旁种植。

- **环境要求**

耐寒,喜阴湿,好生于肥沃而排水良好的土壤。

- **繁殖要点**

播种繁殖,春播或秋播均可。

- **备注**

果味甜可食,还可酿酒。

- **附种**

东瀛四照花(*Dendrobenthamia japonica*):不同于四照花,叶薄纸质,叶下面淡绿色,脉腋具白色或淡黄色绢毛,萼裂片内面微被白色短毛;江苏、浙江有栽培。

山茱萸

- **拉丁学名**:*Macrocarpium officinale* Nakai
- **科属**

类 别	名 称	拉丁名
科	山茱萸科	Cornaceae
属	山茱萸属	*Cornus*
种	山茱萸	*Macrocarpium officinale* Nakai

- **树木习性**

落叶乔木,高达 10 m,树皮灰褐色,片状剥落。

- **形态特征**

叶	叶卵状椭圆形,稀卵状披针形,长 5～12 cm,先端渐尖,基部宽楔形或稍圆;上面疏被平伏毛,下面被白色平伏毛,脉腋被淡褐色簇生毛;侧脉 6～8 对
花	伞形花序具花 15～35,总苞苞片黄绿色,椭圆形,花瓣舌状披针形;花期 3—4 月
果	核果椭圆形,长 1.2～1.7 cm,红色至紫红色;果期 8—12 月

- **适用范围**

主产浙江、安徽、陕西、甘肃南部、山西、河南、山东、江西、湖南、湖北、四川等地。

- **景观价值**

秋冬之际,簇果如珠,绯红欲滴。

- **景观用途**

山茱萸以观果为主,宜配植林缘或丛植于山岩坡地,在山石旁点缀一二亦很美观，果枝瓶插经久不落。

- **环境要求**

性喜光又好凉爽，常生于肥沃、湿润的砂质壤土，在干燥瘠薄地方生长不良，耐寒，萌蘖力强。

- **繁殖要点**

播种繁殖，种皮坚硬不易透水，一般要进行低温湿砂层积处理。

喜树

- **拉丁学名：***Camptotheca acuminata* Decne.
- **科属**

类别	名称	拉丁名
科	蓝果树科	Nyssaceae
属	喜树属	*Camptotheca*
种	喜树	*Camptotheca acuminata* Decne.

- **树木习性**

落叶，高 25～30 m，小枝圆柱形，平展，当年生枝紫绿色，有灰色柔毛；多年生枝淡褐色，无毛，有皮孔。

- **形态特征**

叶	单叶互生，椭圆形或长卵形，全缘成波状；羽状脉弧形，在表面下凹，脉上有短柔毛，叶柄长 1.5～3 cm，常带红色
花	花期 7 月
果	翅果矩圆，有窄翅，长 2～2.5 cm，集生成球形

- **适用范围**

长江以南地区。

- **景观价值**

主干通直，树冠宽展，生长迅速。

● **景观用途**

优良的庭荫树和行道树,可作为绿化城市和庭园的优良树种。

● **环境要求**

喜光,不耐严寒干燥;需土层深厚、湿润而肥沃的土壤,在干旱瘠薄地生长不良,深根性,萌芽率强,较耐水湿,在酸性、中性、微碱性土壤均能生长,在石灰岩风化土壤及冲积土壤中生长良好。

● **繁殖要点**

播种繁殖,早春条播。

重阳木

● **拉丁学名**:*Bischofia polycarpa* (Levl.) Airy Shaw

● **科属**

类别	名称	拉丁名
科	大戟科	Euphorbiaceae
属	重阳木属	*Bischofia*
种	重阳木	*Bischofia polycarpa* (Levl.) Airy Shaw

● **树木习性**

落叶乔木,高可达 15 m,树皮褐色。

● **形态特征**

叶	小叶卵形至长椭圆形,长 7～15 cm,先端尖,基部广楔形至近圆形,边缘锯齿细钝,叶柄端无腺体
花	雌雄异株,总状花序,雌雄花序较长,5～13 cm,花期 4—5 月
果	浆果球形,直径 1 cm 左右,9—11 月果熟

● **适用范围**

我国长江流域及其以南地区均有分布。

● **景观价值**

枝叶茂密,树形优美,早春嫩叶鲜亮,入秋则变为红色,颇为美观。

- **景观用途**

宜作庭荫树及行道树,也可作堤岸造林树种。

- **环境要求**

性喜光,也略耐阴;喜温暖,耐寒力差;对土壤要求不高,能耐水湿;根系发达,抗风力强;生长较快。

- **繁殖要点**

多用播种法。

- **备注**

木材红褐色,坚硬、耐水湿,可供建筑、桥梁、造船、枕木、器具等用;种子可榨油,工业用。

珙桐

- **拉丁学名:** *Davidia involucrata* Baill.
- **科属**

类 别	名 称	拉丁名
科	珙桐科	Davidiaceae
属	珙桐属	*Davidia*
种	珙桐	*Davidia involucrata* Baill.

- **树木习性**

落叶乔木,高可达 20 m,树皮深灰或灰褐色,不规则薄片剥落。

- **形态特征**

叶	叶宽卵形或近心形,长 9~15 cm,先端突尖或渐尖,基部心形,边缘粗锯齿具毛刺状尖头,下面密被黄色或淡白色粗丝状粗毛
花	花序球形,苞片纸质,椭圆状卵形,长 8~15 cm,中部以下有锯齿,羽状网脉明显,基部心形,初为淡黄色,后呈乳白色,下垂;花期 4 月
果	果长卵形或椭圆形,密被锈色皮孔;果期 10 月

- **适用范围**

产自湖北西部、四川中部及南部、贵州东部、云南北部，南京、杭州等地有栽培。

- **景观价值**

珙桐树形端整，呈圆锥形，花序奇特美丽，似白鸽振翅，为著名观赏树种。

- **景观用途**

深谷或林间植之。

- **环境要求**

喜凉爽湿润气候及肥厚土壤，土质宜中性或微酸性；日光直射、干燥多风对其不相宜。

- **繁殖要点**

播种繁殖。

刺楸

- **拉丁学名：*Kalopanax pictus*（Thunb.）Nakai**
- **科属**

类　别	名　称	拉丁名
科	五加科	Araliaceae
属	刺楸属	*Kalopanax*
种	刺楸	*Kalopanax pictus*（Thunb.）Nakai

- **树木习性**

乔木，高可达 30 m，树皮灰褐色，纵裂，小枝粗，淡黄棕或紫褐色，具刺，幼枝有时被白粉。

- **形态特征**

叶	叶在长枝上互生，短枝上簇生，近圆形，直径 9～25 cm；5～7 掌状分裂，裂片宽三角状卵形或长圆状卵形，先端渐尖，基部心形或圆，边缘具细齿，无毛，5～7 条掌状脉；叶柄较细
花	伞形花序直径约 1.5 cm，花白色或淡黄绿色；花期 7—8 月
果	果蓝黑色，果期 9—10 月

- **适用范围**

产于辽宁东部及南部、河北、山东、长江流域各地，西南至四川、云南西北部、贵州，南至广东、广西北部。

- **景观价值**

树冠伞形，干形通直，叶大枝疏，是花叶俱佳的观赏树种。

- **景观用途**

适于作荫庇树，宜植于庭隅、路角、谷口，或在林间空地、草坪孤植二三株，亦很相宜；因其枝叶不易引火，可作防火林。

- **环境要求**

喜湿润肥沃、酸性或中性土壤，喜光，速生，忌积水，耐寒、耐火烧。

- **繁殖要点**

以播种为主，亦可分根繁殖。

- **备注**

优良珍贵木材，种子可榨油供工业用；树皮、根皮及枝可药用；树皮及叶可提取栲胶；嫩叶可食。

枫香

- **拉丁学名：***Liquidambar formosana*
- **科属**

类　别	名　称	拉丁名
科	金缕梅科	Hamamelidaceae
属	枫香树属	*Liquidambar*
种	枫香	*Liquidambar formosana*

- **树木习性**

落叶乔木，高可达 40 m，胸径可达 1.5 m；树冠广卵形或略扁平，树干挺直，树皮幼时光滑、灰色，老时变为黑褐色，不规则纵裂。

● 形态特征

叶	单叶互生，掌状 3 裂，基部心形或截形，叶缘有锯齿，入秋变红色，叶片有橄榄气味
花	花单性同株，花期 3—4 月
果	蒴果集合成球形果序，具宿存花柱及刺状萼片；果熟期 10—11 月

● 适用范围

秦岭及淮河以南。

● 景观价值

树干高直、树冠宽阔，气势雄伟；深秋时节，叶色红艳美丽壮观，为南方著名秋色叶树种。

● 景观用途

风景林、庭荫树、工厂区绿化树。可草地孤植、丛植，或于山坡、湖畔与其他树木混植，与常绿树丛配合显得格外美丽。

● 环境要求

喜光,抗风,稍耐旱、耐火烧,适应性强,多生于酸性土、中性土上;深根性,速生,萌芽性强,对 SO_2、Cl_2 抗性强。

● 繁殖要点

播种繁殖。

● 附种

北美枫香(*Liquidambar styraciflua*):叶 5～7 裂,南京等地有栽培。

梣叶槭

(别名:糖槭)

● 拉丁学名:*Acer saccharum* Marsh.

● 科属

类 别	名 称	拉丁名
科	槭树科	Aceraceae
属	槭树属	*Acer*
种	梣叶槭	*Acer saccharum* Marsh.

● 树木习性

落叶乔木,株高 12～24 m,冠幅可达 9～15 m,树冠卵圆形,幼树树皮光滑,棕灰色,长大后变得粗糙。

● 形态特征

叶	单叶对生,长可达 10 cm,叶子绿色,秋季会变为黄色、金黄色以至橘红色
花	花期 4 月,小花黄绿色
果	翅果 10 月成熟,初绿色,成熟时变成褐色

● 景观价值

树势高大、典雅,秋季叶片色彩艳丽,树冠浓密。

- **景观用途**

适合在面积较大的庭园或开阔地域内做观赏树种。

- **环境要求**

喜光，耐半阴，喜凉爽、湿润环境及肥沃、排水良好的微酸性土壤；不耐空气污染、持续高热、干旱和盐碱，在压实的土壤中发育不好。

- **繁殖要点**

播种繁殖，要经常通过覆盖措施使根系保持凉爽和湿润。

- **备注**

不能在土壤板结或生长空间小的地域种植。

金缕梅

- **拉丁学名：***Hamamelis mollis* Oliver.
- **科属**

类别	名称	拉丁名
科	金缕梅科	Hamamelidaceae
属	金缕梅属	*Hamamelis*
种	金缕梅	*Hamamelis mollis* Oliver.

- **树木习性**

小乔木，高可达 10 m 或呈灌木状，嫩枝及顶芽被灰黄色星状绒毛。

- **形态特征**

叶	叶宽倒卵形，长 8～15 cm，先端骤短尖，基部心形，不对称，被毛；边缘具波状钝齿；叶柄被绒毛
花	头状或短穗状花序腋生，无花梗；萼齿宿存，被星状绒毛；花瓣黄白色；长约 1.5 cm，花期 4—5 月
果	果卵圆形，被褐色毛；果期 10 月

- **适用范围**

产于江苏、安徽、浙江、江西、湖南、湖北、四川、广西等地。

- **景观价值**

金缕梅春天先叶开花，金瓣如缕，明艳可爱，望之如蜡梅，为著名观赏树种。

- **景观用途**

宜植于庭内、草地一角、水滨、池畔、亭台水榭旁，无不协调，若与紫荆配植，颇具特色。也是切花、制作盆景的好材料。

- **环境要求**

喜光，但能在半阴下生长；好温暖、湿润气候，对土壤要求不高。

- **繁殖要点**

以种子繁殖为主，也用扦插及压条繁殖。

- **备注**

根药用，树皮可制绳，茎叶可提制栲胶，种子可榨油。

法国梧桐

（别名：三球悬铃木）

- **拉丁学名：*Platanus orientalis* L.**
- **科属**

类　别	名　称	拉丁名
科	悬铃木科	Platanaceae
属	悬铃木属	*Platanus*
种	法国梧桐	*Platanus orientalis* L.

- **树木习性**

大乔木，高可达 35 m，树皮薄片状剥落，内皮淡褐色。

• 形态特征

叶	叶密被淡褐黄色星状绒毛,叶长 10～24 cm,宽 12～25 cm,基部平截或微心形,3～5 裂,全缘或疏生粗锯齿
花	花柱刺状,先端微曲,花期 4—5 月
果	圆球形头状果序 1～3 个,果序直径约 2.5 cm,果期 9—10 月

• 适用范围

广植于世界各地。

• 景观价值

世界著名的优良庭荫树、行道树,树冠广展,叶大荫浓,树皮斑驳,适应性强,又耐修剪整形。

• 景观用途

行道树种,亦适于园中作庭荫树和园景树。

• 环境要求

喜温暖、湿润气候,喜光,生长迅速,喜微酸性或中性、深厚、肥沃、湿润、排水良好的土壤,对多种有害气体抗性强。

• 繁殖要点

通常用插条繁殖,也可用种子繁殖。

• 附种

① 北美悬铃木(别名:一球悬铃木、美国梧桐,*Platanus occidentalis* L.):叶裂

片为宽三角形，缺刻浅，叶身宽较长为大，聚合果单生，偶2个。

② 英国梧桐（又称：二球悬铃木，*Platanus*×*acerifolia*）：是一种欧洲人培育成的杂交种落叶乔木，是由原产于欧亚大陆的法国梧桐和原产于北美洲的美国梧桐杂交培育而成。

响叶杨

（别名：山白杨、风响树）

- **拉丁学名：***Populus adenopoda* Maxim.
- **科属**

类 别	名 称	拉丁名
科	杨柳科	Salicaceae
属	杨属	*Populus*
种	响叶杨	*Populus adenopoda* Maxim.

- **树木习性**

乔木，高可达30 m，幼树树皮灰白色，不裂；大树树皮深灰色，纵裂；小枝被柔毛，芽无毛，圆锥形，具胶质。

- **形态特征**

叶	叶卵圆形或卵形，长5～15 cm，先端长渐尖，基部心形，稀近圆形，下面幼时密被柔毛，具钝锯齿；叶柄扁，顶端具2腺体
花	花期3—4月
果	果卵状长椭圆形，二裂；果期4—5月

- **适用范围**

产于陕西秦岭、汉水、淮河流域以南地区。

- **景观价值**

响叶杨树冠卵形，微风吹拂，叶片随之作响，故有其名。

- **景观用途**

很适合作行道树、庭荫树，孤植、丛植于旷地、草坪颇有气势，若植于丛林为上层骨干树种，亦很相宜。

- **环境要求**

喜温暖、湿润气候，不耐严寒，喜光，天然更新良好，根际萌蘖性强，速生。

- **繁殖要点**

用种子或分蘖繁殖，扦插不易成活。

- **备注**

树皮、叶、根供药用，叶还可作饲料，材质轻软，为优良细工用料。

毛白杨

- **拉丁学名**：*Populus tomentosa*
- **科属**

类　别	名　称	拉丁名
科	杨柳科	Salicaceae
属	杨属	*Populus*
种	毛白杨	*Populus tomentosa*

- **树木习性**

落叶乔木，高达 30～40 m，胸径 1.5～2 m，树冠卵圆形或卵形，树干通直；树皮幼时青白色，皮孔菱形，老时暗灰色，纵裂；嫩枝灰绿，密被灰白色绒毛，雌株大枝较为平展，花芽小而稀疏，雄枝多斜生，花芽大而密集。

- **形态特征**

叶	长枝之叶三角状卵形，先端渐尖，基部心形或截形，边缘有锯齿或缺刻，上表面光滑稍有毛，背面密被白绒毛，后渐脱落。叶柄先端常有腺体，扁平。短枝之叶三角状卵圆形，边缘有波状缺刻，叶柄先端常无腺体，幼时有毛，后全脱落
花	花期 3—4 月，叶前开放
果	蒴果小，圆锥形或长卵形，4 月下旬成熟

- **适用范围**

主要分布于黄河流域，北至辽宁南部，南至江苏、浙江，西至甘肃东部，西南至云南。

- **景观价值**

毛白杨树干灰白、端直，树形高大广阔，颇具雄伟气概，大形深绿色叶片在微风吹拂时能发出欢快的响声，给人以豪爽之感。

- **景观用途**

行道树、庭荫树，孤植于旷地及草坪之上更能显出其特有风姿；在广场、干道两侧规则式列植，气势严整壮观；也用于工厂绿化、四旁绿化，栽为防护林、用材林。

- **环境要求**

喜光，要求凉爽较湿润气候（年平均气温 11～15.5℃，年降水量 500～800 mm）；在深厚、肥沃、湿润的土壤生长最好，在酸性至碱性土上均能生长，但特别干燥或低洼积水处生长不良；抗烟尘和抗污染能力强。

- **繁殖要点**

萌芽性强，容易抽生夏梢和秋梢，寿命 200 年以上，为杨属中最长，但营养繁殖者常 40 年生左右即开始衰老；主要采用埋条、扦插、嫁接、留根、分蘖等方法繁殖，很少采用播种。

- **备注**

20 年树龄之前生长旺盛，此后减弱，但加粗生长变快；15 年生树高可达 18 m，胸径约 22 cm。

银白杨

- **拉丁学名：*Populus alba***
- **科属**

类 别	名 称	拉丁名
科	杨柳科	Salicaceae
属	杨属	*Populus*
种	银白杨	*Populus alba*

- **树木习性**

乔木，高可达 35 m，胸径可达 2 m，树冠广卵形或圆球形；树皮灰白色，平滑，老树树皮深纵裂，幼枝、芽密被白色绒毛。

- **形态特征**

叶	长枝之叶广卵形或三角状卵形，常掌状 3～5 浅裂，裂片先端钝尖，边缘有粗齿或缺刻，叶基截形或近心形；短枝之叶较小，卵形或椭圆状卵形，边缘有不规则波状钝齿；叶柄微扁，无腺体。老叶背面及叶柄密被白色绒毛
花	花期 3—4 月
果	果熟期 4 月（华北）—5 月（新疆）

- **适用范围**

西北、华北、辽宁南部及西藏等地有栽培。

- **景观价值**

与众不同的银白色叶片和灰白色的树干，叶子在微风中飘动有特别的闪烁效果，树形高大，树冠卵圆形亦颇美观。

- **景观用途**

庭荫树、行道树，可于草坪孤植、丛植，有固沙、保土、护岸固堤、荒沙造林的作用。

- **环境要求**

喜光不耐阴，抗寒性强，耐干旱不耐湿热，适合大陆性气候，能在比较贫瘠的沙荒地及轻盐碱地生长，在湿润肥沃或土壤地下水较浅的沙地生长尤佳，在黏重和过于瘠薄的土壤生长不良。

- **繁殖要点**

可用播种、分蘖、扦插等法繁殖，还可插干造林。

- **备注**

深根性，根系发达，萌蘖力强，寿命 90 年以上。

加杨

- **拉丁学名：***Populus* × *canadensis* Moench
- **科属**

类别	名称	拉丁名
科	杨柳科	Salicaceae
属	杨属	*Populus*
种	加杨	*Populus*×*canadensis* Moench

- **树木习性**

乔木，高可达 30 m，胸径可达 1 m，树冠卵圆形，开展，树皮灰褐色，粗糙纵裂，小枝在叶柄下有 3 条棱脊，冬芽先端不紧贴枝条。

- **形态特征**

叶	三角状卵形或三角形，长 7～10 cm，先端渐尖，基部截形，边缘半透明，有钝齿，两面无毛，叶柄扁
花	花期 4 月
果	果熟期 5 月

- **适用范围**

各地普遍栽培，以华北、东北、长江流域最多。

- **景观价值**

树体高大，树冠宽阔，叶片大而有光泽，夏季绿荫浓密。

- **景观用途**

行道树、庭荫树、防护林，是工矿区绿化、四旁绿化的好树种。

- **环境要求**

生长势和适应性较强，喜光，耐寒，喜湿润排水良好的冲积土，对水涝、盐碱、瘠薄土地均有一定耐性，能适应暖热气候，抗 SO_2。

- **繁殖要点**

扦插极易成活，萌芽力、萌蘖力强。

- **备注**

生长快，水肥条件好的地方 12 年生树高可达 20 m 以上，胸径可达 34 cm，为华北及江淮平原最常见的绿化树种之一。

意大利 214 杨

- **拉丁学名**：*Populus* × *canadensis* Moench cv. I－214
- **科属**

类别	名称	拉丁名
科	杨柳科	Salicaceae
属	杨属	*Populus*
种	意大利 214 杨	*Populus*×*canadensis* Moench cv. I－214

- **树木习性**

大乔木，树冠长卵形，树干略有弯曲，树皮灰褐色，浅裂。

● 形态特征

叶	叶三角形，基部心形，有2～4个腺点，长略大于宽；叶柄扁平；叶质较厚，深绿色
花	雄花序长7～15 cm，花序轴光滑；苞片淡绿褐色，不整齐；雌花序有花45～50朵，柱头4裂
果	果序长达27 cm，蒴果卵圆形，长约8 mm，先端渐尖，2～3瓣裂，果期5—6月

● 适用范围

黄河下游、长江中下游。

● 景观用途

意杨树干耸立，枝条开展，叶大荫浓，宜作防风林、绿荫树和行道树，也可在植物配置时与慢长树混栽，能很快地形成绿化景观，待慢长树长大后再逐步砍伐。

● 环境要求

阳性树种，喜温暖环境和湿润、肥沃、深厚的砂质土，对杨树褐斑病和硫化物具有很强的抗性，耐寒性较弱。

● 备注

速生，树干挺直，原产地九年生植株胸径可达1 m。

垂柳

● 拉丁学名：*Salix babylonica*

● 科属

类　别	名　称	拉丁名
科	杨柳科	Salicaceae
属	柳属	*Salix*
种	垂柳	*Salix babylonica*

● 树木习性

乔木，高达18 m，树冠倒广卵形，树皮灰黑色，不规则开裂，小枝细长下垂。

- **形态特征**

叶	叶狭披针形至线状披针形，长 8～16 cm，先端渐长尖，边缘细锯齿，表面绿色，背面淡绿色；叶柄长约 1 cm
花	花期 3—4 月
果	果熟期 4—5 月

- **适用范围**

产于长江流域及其以南各省平原地区，华北、东北也有栽培。

- **景观价值**

垂柳姿态婆娑，清丽潇洒。

- **景观用途**

适合植于池边湖畔，若同植桃花，则绿丝婀娜、红枝招展，为我国江南园林中的春景特色。

- **环境要求**

喜光，喜温暖湿润气候及潮湿深厚的酸性及中性土壤，比较耐寒，特耐水湿，也能生长在土层深厚的高燥地区。

- **繁殖要点**

扦插繁殖为主，也可播种育苗；萌芽力强，根系发达。

● 备注

垂柳为平原、水边常见树种，生长迅速，15 年生高可达 13 m，胸径可达 24 cm，但寿命比较短，树龄 30 年后逐渐衰老。

旱柳

● 拉丁学名：*Salix matsudana*

● 科属

类 别	名 称	拉丁名
科	杨柳科	Salicaceae
属	柳属	*Salix*
种	旱柳	*Salix matsudana*

● 树木习性

乔木，高可达 18 m，胸径可达 0.8 m，树冠卵形或倒卵形，树皮灰黑色，纵裂，树干挺直，枝条直伸或斜展。

● 形态特征

叶	叶披针形至狭披针形，长 5～10 cm，先端长渐尖，基部楔形，边缘有细锯齿，背面微被白粉，叶柄短，长 5～8 mm
花	花期 3—4 月
果	果熟期 4—5 月

- **适用范围**

耐寒力强，多见于南京以北。

- **景观价值**

枝叶嫩绿，树冠丰满。

- **景观用途**

最适宜河湖岸边、草地栽植，作为行道树、防护林，用于荒沙造林。

- **环境要求**

喜光不耐阴，抗寒性强，耐干旱，喜水湿；以肥沃、疏松、潮湿土壤最适宜，在干瘠沙地、低湿河滩和弱碱土壤均可生长，在固结、黏重、重盐碱土壤生长不良。

- **繁殖要点**

以扦插繁殖为主，也可播种育苗。

- **备注**

生长快，八年生树高可达 13 m，胸径可达 25 cm；萌芽力强，根系发达。柳絮过多，飘扬时间长，在精密仪器厂、幼儿园、街道附近以栽雄株为好。

- **变种与品种**

① 馒头柳(*Salix matsudana* 'Umbraculifera')：分枝密，半圆形树冠；北京常见栽培。

② 绦柳('Pendula')：小枝黄色，枝条细长下垂；叶无毛，叶柄长 5～8 mm；雌花具 2 腺体；华北园林常见栽培。

③ 龙爪柳('Tortuosa')：枝条扭曲向上，生长势较弱，树体小，寿命短，容易衰老。

栗

(别名：栗子、毛板栗)

- **拉丁学名**：*Castanea mollissima* Bl.

- **科属**

类别	名称	拉丁名
科	壳斗科	Fagaceae
属	栗属	*Castanea*
种	(板)栗	*Castanea mollissima* Bl.

- **树木习性**

乔木,高可达 15 m,树皮深灰色,不规则深纵裂,幼枝被灰褐色绒毛。

- **形态特征**

叶	叶长椭圆形或长椭圆状披针形,长 9~18 cm,先端渐尖或短尖,基部圆或宽楔形,有锯齿,齿端具芒状尖头,下面被灰白色短柔毛
花	雄花序被绒毛,雌花常生于雄花序下部,花期 4—6 月
果	总苞球形,外具长针刺;果暗黑色,顶端被绒毛,果期 9—10 月

- **适用范围**

我国辽宁以南各地,除新疆、青海、宁夏、海南等地区以外,均有栽培。

- **景观价值**

板栗树冠圆润,枝叶稠密,是园林结合生产的优良树种。

- **景观用途**

宜庭院或草坪种植。

- **环境要求**

喜光,适应性强,对土壤要求不高,耐旱,以肥沃湿润、排水良好、富含有机质的土壤生长良好,耐修剪,萌芽性较强。

- **繁殖要点**

主要用播种、嫁接法繁殖,分蘖亦可。

- **备注**

栗果为著名干果,树皮、壳斗、嫩枝均含鞣质,可提制栲胶,树皮可入药。

- **附种**

① 茅栗(*Castanea seguinii* Dode):小乔木,常呈灌木状,叶长椭圆形或倒卵状

长椭圆形，叶背有鳞片状黄褐色腺点，总苞较小，长江以南各省山野习见，果亦可食。

② 锥栗[别名：珍珠栗，*Castanea henryi* (Skan) Rehd. et Wils.]：乔木，小枝无毛，常紫褐色，叶披针形或卵状椭圆形，长 8～16 cm，先端长渐尖，基部圆形或广楔形，边缘具裂齿，背面有星状毛或无毛。雌花序生于小枝上部，总苞内仅 1 坚果，卵形，先端尖。花期 5 月，10 月果熟。产于长江流域各省，南至两广北部。

栓皮栎

- **拉丁学名：*Quercus variabilis* Bl.**
- **科属**

类　别	名　称	拉丁名
科	壳斗科	Fagaceae
属	栎属	*Quercus*
种	栓皮栎	*Quercus variabilis* Bl.

- **树木习性**

落叶乔木，高可达 30 m，树皮木栓层发达，小枝灰棕色，无毛。

- **形态特征**

叶	叶卵状披针形或长椭圆状披针形，长 8～15 cm，先端渐尖，基部圆或宽楔形，叶缘具刺芒状锯齿，老叶下面密被白色星状绒毛，侧脉直达齿端
花	雄花序轴被绒毛，雄蕊 10 枚或更多；雌花序生于新枝叶腋；花期 3—4 月
果	壳斗杯状，包着坚果约 2/3，小苞片钻形，反曲，有短毛；果近球形或宽卵形，顶端平圆；果期翌年 9—10 月

- **适用范围**

产区北自辽宁、河北、山西、陕西及甘肃；南至广东、广西、云南；东自台湾、福建；西至四川西部等地。

- **景观价值**

栓皮栎树干通直，冠广展，分枝点高，叶入秋转橙褐色，季相变化明显。

- **景观用途**

孤植、群植或与他树混交，均甚适宜，也是营造防风林、水源涵养林和防火林的优良树种。

- **环境要求**

喜光，幼苗耐阴，主根发达，萌芽性强，抗旱、抗火、抗风，适应性广，对土壤要求不高，可萌芽更新。

- **繁殖要点**

用播种繁殖。

- **备注**

栓皮栎不导电、不透气、不易与化学药品起作用，质轻软、有弹性，隔热隔音，用作航海用的救生衣具、浮标，冷藏库等所需的软木板，广播室、电影院的隔音板与软木砖，马达机器的防震垫板，电气绝缘场与药品瓶塞等原料。

- **附种**

① 麻栎（*Quercus acutissima* Carruth.）：似栓皮栎，但更娇长，树皮不具木栓层，叶背无毛，先端渐尖，适应性强，生长快。

② 小叶栎（*Quercus chenii* Nakai）：叶似麻栎，小而狭长；上部苞片线形，直伸或反曲，中部以下苞片三角形，紧贴壳斗壁，被细柔毛。

胡桃

- **拉丁学名：*Juglans regia***
- **科属**

类　别	名　称	拉丁名
科	胡桃科	Juglandaceae
属	核桃属	*Juglans*
种	胡桃	*Juglans regia*

- **树木习性**

落叶乔木，高可达20～25 m，胸径可达1 m，冠广卵形或扁球形，树皮灰白色，老时深纵裂，枝具片状髓，一年生枝条绿色，近无毛。

- **形态特征**

叶	叶上表面光滑，背面脉腋有簇毛，幼叶背面有油腺点；小叶5～9枚，椭圆至卵状椭圆形，长6～14 cm，基部钝圆或偏斜，全缘；幼树或萌芽枝条上的叶有锯齿，侧脉15对以下
花	花期4—5月
果	果9—11月成熟

- **适用范围**

东北南部、华北、西北、华中及西南、华南均有栽培，但以北方较多。

- **景观价值**

树冠庞大雄伟，枝叶茂密，干皮呈灰白色，亦颇美观。

- **景观用途**

良好的庭荫树，其花、果及叶之挥发气味有杀菌、杀虫的保健功效，尤宜配植于风景疗养区。

- **环境要求**

喜温凉气候，不耐湿热，喜光，深根性，根际萌芽力强。

- **繁殖要点**

可用播种及嫁接法繁殖，砧木在北方可用核桃，南方可用枫杨或化香实生苗。

- **附种**

野核桃（别名：野胡桃，*Juglans cathayensis*）：与核桃的主要区别在小枝、叶柄、果实均密被腺毛，小枝数量多（15～19根），无柄，叶背有腺毛，果核具6～8钝纵脊，可作南方地区嫁接核桃之砧木。

枫杨

（别名：枫柳、元宝树）

- **拉丁学名：*Pterocarya stenoptera***

● 科属

类　别	名　称	拉丁名
科	胡桃科	Juglandaceae
属	枫杨属	*Pterocarya*
种	枫杨	*Pterocarya stenoptera*

● 树木习性

落叶乔木，小枝髓心片状分隔；枝上有鳞芽或裸芽。

● 形态特征

叶	叶多为偶数或稀奇数羽状复叶，叶缘有锯齿
花	柔荑花序下垂；雄花序单生叶腋，雄花无柄，雄蕊 6～18 枚，基部具 1 枚苞片及 2 小苞片；雌花序单生新枝上部，雌花无柄，贴生于苞腋，具 2 小苞片，花被 4 裂
果	果序下垂，坚果具翅

- **适用范围**

广布于东北南部、华北、华中、华南和西南各省。

- **景观价值**

枫杨树冠广展，枝叶茂密，绿荫深浓。

- **景观用途**

可作为行道树，也是固岸护岸的优良树种，在低洼地、溪畔可孤植于草坪和坡地。

- **环境要求**

深根性，主根明显，侧根发达；喜光，不耐阴，喜温暖湿润气候，耐水湿，要求中性及酸性砂壤土，萌芽力强；耐烟尘，对 SO_2 等有毒气体有一定抗性。

- **繁殖要点**

播种繁殖。

- **备注**

树皮、叶、根药用；树皮纤维可制绳索；种子榨油，供食品、工业用。

薄壳山核桃

（别名：美国山核桃）

- **拉丁学名：***Carya illinoensis*
- **科属**

类　别	名　称	拉丁名
科	胡桃科	Juglandaceae
属	山核桃属	*Carya*
种	薄壳山核桃	*Carya illinoensis*

- **树木习性**

乔木，树皮灰色，深纵裂，幼枝被淡灰色簇毛，芽卵形，被黄褐色柔毛。

- **形态特征**

叶	小叶 11～17 枚，长圆状披针形，近镰形，先端渐长尖，基部不对称，边缘具锯齿，初被腺体及柔毛，后来毛脱落而常在脉上有疏毛；叶柄短，被毛，叶轴被簇毛
花	雄蕊 3～5，苞片、小苞片及花药疏被毛；花期 5 月
果	果 3～10 集生，长圆形，长 4.4～5.7 cm，具 4(6)纵脊，黄绿色，被腺鳞，外果皮 4(6)瓣裂；果核长卵形或长圆形，平滑，淡褐色，具斑点；果期 10 月

- **适用范围**

北自北京，南至海南均有栽培。

- **景观价值**

树体高大，树姿优美。

- **景观用途**

行道树、庭荫树及大片造林用树。

- **环境要求**

喜温暖湿润气候，耐水湿、耐轻度盐碱，不耐干旱瘠薄，喜光，深根性。

- **繁殖要点**

主要用种子繁殖，也可用扦插、分根及嫁接繁殖。

- **备注**

材质优良，种仁可食，是重要干果，亦是油料树种。

榆树

（别名：白榆）

- **拉丁学名**：*Ulmus pumila* L.
- **科属**

类 别	名 称	拉丁名
科	榆科	Ulmaceae
属	榆属	*Ulmus*
种	榆树	*Ulmus pumila* L.

● **树木习性**

落叶乔木，高可达 25 m，胸径可达 1 m，树冠圆球形；树皮暗灰色，粗糙纵裂，小枝灰色细长，排成两列状。

● **形态特征**

叶	叶卵状长椭圆形，长 2～6 cm，先端尖，基部稍歪，边缘有不规则单锯齿
花	早春叶前开花，花簇生于去年生枝上，花期 3—4 月
果	翅果近圆形，果 4—6 月成熟

● **适用范围**

主产我国东北、华北、西北，南至长江流域。

● **景观价值**

榆树姿态高大，树形通直，绿荫较浓。

● **景观用途**

宜作为庭荫树、行道树、防护林等，在干瘠严寒之地常呈灌木状，可修剪作绿篱，又因其老茎萌芽力强，可制作盆景。

- **环境要求**

喜光，耐寒，能适应寒冷气候；喜排水良好土壤，不耐水湿，耐干旱瘠薄和轻盐碱；萌芽力强，耐修剪，主根深，侧根发达，抗风、保土力强。

- **繁殖要点**

以播种繁殖为主，分蘖亦可，最好随采随播，发芽率高。

- **备注**

幼叶、嫩叶可作饲料，树皮磨粉可救荒，又为重要蜜源树种，且果、树皮及叶均可入药。

榔榆

（别名：小叶榆、脱皮榆）

- **拉丁学名：*Ulmus parvifolia* Jacq.**
- **科属**

类　别	名　称	拉丁名
科	榆科	Ulmaceae
属	榆属	*Ulmus*
种	榔榆	*Ulmus parvifolia* Jacq.

- **树木习性**

落叶（半常绿）乔木，高可达 25 m，胸径可达 1 m，树冠扁球形或卵圆形，树皮灰褐色，不规则片状剥离。

- **形态特征**

叶	叶小质厚，长椭圆形或卵状椭圆形，叶长 2～5 cm，先端尖，基部歪斜，边缘单锯齿
花	花期 8—9 月
果	翅果长椭圆形或卵形，长 0.8～1 cm，果 10—11 月成熟

- **适用范围**

产于长江流域，东至台湾，南到广东皆有分布。

- **景观用途**

榔榆树冠卵圆形，树皮斑驳，适合于池畔、溪边、亭榭犄角嵌植或配植山石之间，另可制作桩景。

- **环境要求**

喜光，稍耐阴，喜温暖湿润气候；中性至微酸性土壤及石灰岩山地皆可生长，以南方生长较好；深根性，萌芽力强，耐烟尘，抗逆性强。

- **繁殖要点**

播种繁殖。

- **备注**

根、皮及叶可入药，树皮纤维可代麻用，并供制绳、麻袋或人造棉。

榉树

(别名：大叶榉)

- **拉丁学名：***Zelkova schneideriana* Hand. -Mazz.

● 科属

类　别	名　称	拉丁名
科	榆科	Ulmaceae
属	榉属	*Zelkova*
种	榉树	*Zelkova schneideriana* Hand. -Mazz.

● 树木习性

落叶乔木，高可达 25 m，冠倒卵状伞形，树皮深灰色，呈不规则鳞片状剥落，小枝细，有毛，后渐脱落。

● 形态特征

叶	叶卵状长椭圆形，长 2～8 cm，先端尖，基部有的稍偏斜，圆形或浅心形，稀宽楔形，边缘锯齿整齐，侧脉 10～14 对，表面粗糙，背面密生淡灰色柔毛
花	花期 3—4 月
果	坚果小，直径 2.5～4 mm，果 10—11 月成熟

- **适用范围**

产自黄河流域，华中、华南及西南各省区分布普遍。

- **景观价值**

榉树树干端直，冠似华盖，绿荫浓密，叶入秋转红褐色。

- **景观用途**

孤植、列植、群植均宜，是优美的庭荫树和行道树，也宜选作厂矿区绿化树种，又是营造防风林的理想树种。

- **环境要求**

喜光及温暖湿润条件，尤喜石灰性土壤，忌积水地，也不耐干瘠；耐烟尘，抗有毒气体并能净化空气，抗风力亦很强。

- **繁殖要点**

播种繁殖。

- **备注**

木材坚韧，纹理美丽，适于上等家具、器具、建筑及造船等用材；茎皮富含纤维，可供制绳及做人造棉的原料。

朴树

- **拉丁学名**：*Celtis tetrandra* Roxb.

• **科属**

类　别	名　称	拉丁名
科	榆科	Ulmaceae
属	朴属	*Celtis*
种	朴树	*Celtis tetrandra* Roxb.

• **树木习性**

落叶乔木，高可达 20 m，树皮褐色，平滑，当年生枝灰褐色。

• **形态特征**

叶	叶宽卵形或椭圆状卵形，长 2.5～10 cm，基部多偏斜，叶缘的上半部有浅锯齿，上面无毛，下面沿脉疏生短柔毛
花	花 1～3 朵生于当年生枝叶腋
果	果直径 4～5 mm，9—10 月成熟时为橙红色，核表面有凹点及棱脊

• **适用范围**

自黄河流域，经长江流域中下游至华南都有分布。

• **景观价值**

朴树树冠呈扇形，绿荫浓郁。

• **景观用途**

城市公园主要的庭荫树，孤植或丛植于草坪、池边、坡地无不相宜，亦可作为防风、护堤树种。

• **环境要求**

较喜光，寿命长，对土壤要求不高，喜肥沃湿润而深厚的中性黏质土壤，亦耐轻盐碱土；抗风力强，耐烟尘，对有毒气体有一定抗性。

• **繁殖要点**

播种繁殖。

• **备注**

树皮和叶可药用；果核可榨油，供制肥皂与润滑油；树皮纤维可制绳索，亦是造纸及人造棉原料。

杜仲

(别名:胶木、丝绵树)

- **拉丁学名:*Eucommia ulmoides* Oliver**
- **科属**

类 别	名 称	拉丁名
科	杜仲科	Eucommiaceae
属	杜仲属	*Eucommia*
种	杜仲	*Eucommia ulmoides* Oliver

- **树木习性**

落叶乔木,高可达 20 m,胸径可达 0.5 m,树冠圆球形,小枝光滑,具片状髓,无顶芽。

- **形态特征**

叶	老叶表面网脉下陷,皱纹状
花	花期 3—4 月
果	翅果狭长椭圆形,熟时棕褐色或黄褐色,扁平,长约 3.5 cm,顶端 2 裂;果期 10 月

- **适用范围**

主要分布在长江流域以南各省区,以湖北西部、四川北部、陕西南部、湖南西部、云南东北部及贵州为主要产区。

- **景观价值**

树干端直、枝叶茂密、树形整齐优美。

- **景观用途**

庭荫树、行道树,可丛植坡地、池边或与常绿树混交成林。

- **环境要求**

喜光、喜温暖和湿润气候，酸性、中性、钙质或轻盐土均能生长，以深厚疏松、肥沃湿润、排水良好、pH 值 5～7.5 的土壤最为适宜。

- **繁殖要点**

种子繁殖。

- **备注**

树皮内含橡胶，断裂后有白色弹性丝相连。树皮入药，为名贵药材；叶亦可入药。杜仲胶有高度绝缘性，并能耐酸、碱、油及化学试剂的腐蚀。

桑树

(别名：家桑)

- **拉丁学名：*Morus alba* L.**
- **科属**

类　别	名　称	拉丁名
科	桑科	Moraceae
属	桑属	*Morus*
种	桑(树)	*Morus alba* L.

- **树木习性**

乔木，高 3～7 m，树皮灰褐色，呈不规则浅纵裂，枝条浅纵裂。

- **形态特征**

叶	叶卵形，长 5～15 cm，宽 4～12 cm，先端急尖或钝尖，基部近心形或圆形，叶缘有粗锯齿，不裂或不规则分裂，上面无毛，下面有毛，3 出脉
花	长江流域花期 4 月
果	长江流域果 5—8 月成熟，聚花果称“桑椹”，卵圆形或圆柱形，熟时暗紫色、近黑色

- **适用范围**

原产我国中部地区，现各地广泛栽培。

- **景观价值**

枝叶开展，果色深，是绿化的好材料。

- **景观用途**

一般用于观果点缀，也适用栽作喜阴花木的上层树，若混植于林间，引诱食果鸟类，更添林园野趣。

- **环境要求**

为深根性树种，根系发达，适应性强，耐干旱瘠薄，耐寒，耐轻度盐碱，不耐涝；生长迅速，萌芽性强，耐修剪，对有毒气体抗性强。

- **繁殖要点**

以播种和嫁接繁殖为主，压条、扦插、分株亦可。

- **备注**

叶饲蚕，可入药，根、果也供药用；果又可生食和酿酒；木材供雕刻；茎皮供制蜡纸、皮纸和人造棉。

构树

（别名：楮树、谷浆树）

- **拉丁学名**：*Broussonetia papyrifera* (L.) L'Hér. ex Vent
- **科属**

类别	名称	拉丁名
科	桑科	Moraceae
属	构属	*Broussonetia*
种	构树	*Broussonetia papyrifera* (L.) L'Hér. ex Vent

- **树木习性**

落叶乔木，高可达 16 m，树皮暗灰色，平滑，枝皮韧皮纤维发达；一年生枝密被灰色柔毛。

● 形态特征

叶	叶互生，宽卵形至矩圆状卵形，长 7～20 cm，先端渐尖或短尖，基部心形或圆形，边缘具粗锯齿，不裂或不规则 3～5 裂，上面密被短硬毛，粗糙，下面密被长柔毛
花	花期 4—5 月
果	果球形，橘红色

● 适用范围

产自河北、山西、陕西、甘肃，南达广东、广西，东至台湾，西南至四川、贵州及云南，为各地低山地区常见树种。

● 景观用途

构树是工矿区及荒山坡地绿化树种，亦可作为庭荫树及防护林用。

- **环境要求**

喜光，适应性强，能耐干冷和湿热气候，常生于溪谷旁，但也耐干旱瘠薄土壤，适石灰岩山地；萌芽性强，抗烟性较强，对 SO_2 等有毒气体有一定抗性。

- **繁殖要点**

播种、分根、扦插及压条均可。

- **备注**

乳汁、根皮、树皮，叶及果（楮实子）均可入药；韧皮纤维为优良造纸原料。

柘树

（别名：棉拓、黄桑）

- **拉丁学名：***Cudrania tricuspidata* (Carr.) Bur. ex Lavallee
- **科属**

类 别	名 称	拉丁名
科	桑科	Moraceae
属	柘树属	*Cudrania*
种	柘树	*Cudrania tricuspidata* (Carr.) Bur. ex Lavallee

- **树木习性**

落叶灌木和小乔木，树皮灰褐色，薄片状剥落，小枝无毛，略具棱，有棘刺，刺长 0.5～2 cm。

- **形态特征**

叶	叶卵形或倒卵形，长 3～11 cm，先端钝尖，基部圆形或楔形，全缘或 2～3 裂
花	头状花序成对或单生叶腋；花期 5 月
果	聚花果，橘红色或橙黄色；果期 6—7 月

- **适用范围**

产自山东、河南、陕西及长江以南各省区。

- **景观用途**

柘树可作刺篱、绿篱,用于荒山绿化和水土保持。

- **环境要求**

适应性强,耐干旱瘠薄,适生于钙质土,生长慢。

- **繁殖要点**

直播或插条繁殖。

- **备注**

嫩叶可饲蚕,果可食,根皮入药,茎皮纤维可造纸、纺织及制绳索。

无花果

- **拉丁学名:*Ficus carica* L.**
- **科属**

类 别	名 称	拉丁名
科	桑科	Moraceae
属	榕属	*Ficus*
种	无花果	*Ficus carica* L.

- **树木习性**

落叶小乔木,或呈灌木状,小枝粗壮。

- **形态特征**

叶	叶互生,厚纸质,阔卵形或近圆形,长 11~24 cm,先端钝,基部心形,边缘具粗锯齿,掌状 3~5 裂,上面有短硬毛,粗糙,下面有绒毛
花	花序托生叶腋
果	隐花果倒卵形或倒圆锥形,绿黄色至黑紫色,长 5~8 cm

- **适用范围**

原产地中海沿岸，栽培历史悠久，我国各地有栽培。

- **景观用途**

无花果常与庭院花木配植，是绿化结合生产的理想树种，于公园旷地、林缘或院前宅后点缀数丛，夏秋紫果累累，惹人喜爱，也是城市公园、居住区绿地的下木，又是工厂绿化的主要材料。

- **环境要求**

喜光，喜温暖湿润气候，不耐寒，对土壤要求不高；根系发达，能耐旱；对多种有毒气体抗性强，又耐烟尘。

- **繁殖要点**

用扦插、压条、播种等方法繁殖，以扦插为主。

- **备注**

果可鲜食或糖渍；果、根、叶均可入药。

柽柳

（别名：三春柳、红荆条、西河柳）

- **拉丁学名：***Tamarix chinensis* Lour.

- **科属**

类 别	名 称	拉丁名
科	柽柳科	Tamaricaceae
属	柽柳属	*Tamarix*
种	柽柳	*Tamarix chinensis* Lour.

- **树木习性**

灌木或小乔木，高 5～7 m，皮红褐色，幼枝细长下垂，带紫色；老枝直立，暗褐红色。

- **形态特征**

叶	叶卵状披针形，长 1～3 mm，先端尖，叶背有隆起的脊
花	夏秋开花
果	果 10 月成熟

- **适用范围**

产自辽宁南部、华北至长江流域中下游各省，广东、广西及云南等省区有栽培。

- **景观用途**

柽柳为黄河流域及淮河流域优良的防风固沙和改良盐碱地的造林树种，园林中可栽作绿篱或林带下木，也可栽于水边或草坪用于观赏，另外可作盆景。

- **环境要求**

喜光，对大气干旱及高、低温均有一定适应性；既耐土壤干旱又耐水湿、耐盐碱，深根性，生长快，萌蘖力强，不怕风吹、沙埋。

- **繁殖要点**

种子或扦插繁殖。

- **备注**

柽柳细枝条可编制筐篮、农具；树皮可提制栲胶；嫩枝叶可供药用。

梧桐

(别名:青桐)

- 拉丁学名:*Firmiana simplex* (L.) W. F. Wight
- 科属

类　别	名　称	拉丁名
科	梧桐科	Sterculiaceae
属	梧桐属	*Firmiana*
种	梧桐	*Firmiana simplex* (L.) W. F. Wight

- 树木习性

落叶乔木,高 15～20 m,树冠卵圆形,干直,树皮青绿色,不裂,小枝粗壮,翠绿色。

- 形态特征

叶	叶 3～5 掌状裂,裂片全缘,长 15～20 cm,两面均无毛或略被短柔毛,叶柄与叶片等长
花	花单性同株;花萼 5 深裂,无花瓣;花期 6—7 月
果	蓇葖果,果期 9—10 月

● **适用范围**

原产我国，华北、华南、西南地区广为栽培。

● **景观价值**

树干端直，树皮光滑绿色，叶大而美、绿荫浓密，十分可爱。

● **景观用途**

庭院观赏树，孤植、丛植于草坪、坡地、湖畔。

● **环境要求**

喜光，喜温暖气候，耐寒性不强；喜肥沃、湿润而深厚土壤，但不宜在积水洼地或碱地栽种；深根性，直根粗壮；萌芽力弱，萌芽期较晚，而落叶较早。

● **繁殖要点**

通常用播种法繁殖，扦插、分根也可。

● **备注**

叶、花、根及种子等均可入药，种子可炒食及榨油。

木棉

（别名：红棉、英雄树、攀枝花）

● **拉丁学名**：*Bombax malabaricum* DC.

● **科属**

类　别	名　称	拉丁名
科	木棉科	Bombacaceae
属	木棉属	*Bombax*
种	木棉	*Bombax malabaricum* DC.

● **树木习性**

落叶大乔木，幼龄树皮有短而粗的圆锥状的刺，老时仅树干基部具短刺或无刺，幼龄枝有短而粗的圆锥状的刺，枝轮生，平展。

- **形态特征**

叶	掌状复叶，互生；小叶5～7片，椭圆形，长10～20 cm，全缘
花	花大，红色；花萼5裂；花瓣5，厚肉质；外轮雄蕊多数，基部连合成数束，内轮部分花丝上部分2叉，中间10枚雄蕊较短，不分叉；花期2—4月
果	蒴果木质，长椭圆形，长10～15 cm，果瓣内有绵毛；果期6—7月

- **适用范围**

产自广东中南部，台湾、福建、江西、四川、贵州、云南、广西等地区，为热带雨林的代表种之一。

- **景观价值**

树形高大雄伟，春天先叶开花，红艳美丽。

- **景观用途**

在华南各城市常植为行道树及庭园观赏树；北方可盆栽，温室越冬。

- **环境要求**

性喜光，耐旱，喜暖热气候，不耐寒，深根性，萌芽性强，生长迅速，树皮很厚，耐火烧。

- **繁殖要点**

可播种、分蘖、扦插繁殖，果成熟后种子易飞散，要在果实开裂前采收。

- **备注**

花、根、皮可入药，种子可榨油，果内绵毛耐水力强，浮力大，可制救生用具及垫衬、枕头的填充物。

瓜栗

(别称:发财树)

- **拉丁学名:** *Pachira macrocarpa* (Cham. et Schlecht.) Walp.

- **科属**

类 别	名 称	拉丁名
科	木棉科	Bombacaceae
属	瓜栗属	*Pachira*
种	瓜栗	*Pachira macrocarpa* (Cham. et Schlecht.) Walp.

- **树木习性**

在我国南方为常绿乔木，树高 4～5 m，树冠较松散，幼枝栗褐色，无毛。掌状复叶，小叶 5～7 枚，具短柄或近无柄，长圆形至倒卵状长圆形。

- **形态特征**

花	花大，长达 22.5 cm，花瓣条裂，花色有红、白或淡黄色，色泽艳丽，4—5 月开花
果	9—10 月果熟

- **适用范围**

华南地区可露地越冬，华南以北地区冬季须移入温室内防寒。

- **景观用途**

耐阴性强，种植在室内等光线较差的环境下亦能生长。

- **环境要求**

喜高温高湿气候，耐寒力差，幼苗忌霜冻，成年树可耐轻霜及长期 5～6℃低温；喜肥沃疏松、透气保水的砂壤土，喜酸性土壤，忌碱性或黏重土壤，较耐水湿，也稍耐旱。

- **繁殖要点**

以种子繁殖为主，种子在秋季成熟，宜随采随播。室内观赏多作桩景式盆栽，为加速成长可先地栽，后上盆。

木槿

- **拉丁学名**：*Hibiscus syriacus* L.

● 科属

类别	名称	拉丁名
科	锦葵科	Malvaceae
属	木槿属	*Hibiscus*
种	木槿	*Hibiscus syriacus* L.

● 树木习性

落叶灌木或小乔木,高 2~6 m,小枝幼时密被绒毛,后脱落。

● 形态特征

叶	叶菱状卵形,长 3~6 cm,基部楔形,端部常 3 裂或不裂,裂缝缺刻状,仅背面脉上稍有毛
花	花单生叶腋,直径 5~8 cm;花期在夏秋
果	蒴果卵圆形,直径 1.5 cm,密生星状绒毛;果期 9—11 月

● 适用范围

原产自我国中部,现东北南部至华南均有栽培,尤以长江流域为多。

● 景观价值

夏秋开花,花期长、花朵大,是优良的观花灌木。

● 景观用途

围篱、基础种植;丛植于草坪、路边、林缘;用于工厂绿化。

- **环境要求**

性喜光，也耐半阴，喜温暖湿润气候，耐干旱及贫瘠土壤，耐寒性不强；萌蘖性强，耐修剪；对 SO_2、Cl_2 等抗性较强，并耐烟尘。

- **繁殖要点**

可用播种、扦插、压条等法繁殖，以扦插繁殖为主。

- **备注**

全株入药，白色花可选作蔬菜用；茎供编织，茎皮纤维可做造纸原料。

文冠果

- **拉丁学名：*Xanthoceras sorbifolium* Bunge**
- **科属**

类 别	名 称	拉丁名
科	无患子科	Sapindaceae
属	文冠果属	*Xanthoceras*
种	文冠果	*Xanthoceras sorbifolium* Bunge

- **树木习性**

落叶灌木或小乔木，高可达 5 m；小枝粗壮，褐红色，无毛，顶芽和侧芽有覆瓦状排列的芽鳞。

- **形态特征**

叶	叶连柄长 15～30 cm；小叶 4～8 对，膜质或纸质，披针形或近卵形，两侧稍不对称，长 2.5～6 cm，宽 1.2～2 cm
花	花序先叶抽出或与叶同时抽出，两性花的花序顶生，雄花序腋生，长 12～20 cm，直立；花瓣白色，基部紫红色或黄色，花期 4—5 月
果	蒴果长达 6 cm；种子长达 1.8 cm，黑色而有光泽，果期秋初

- **适用范围**

生长在草沙地、撂荒地、多石的山区、黄土丘陵和沟壑等处，甚至在崖畔上都能正常生长发育。中国北方许多地区如内蒙古、山西、陕西、河北等曾大面积栽培。

- **景观用途**

树姿秀丽，花序大，花朵稠密，花期长，可于公园、庭园、绿地孤植或群植。

- **环境要求**

喜阳，耐半阴，对土壤适应性很强，耐瘠薄、耐盐碱，抗寒能力强，−41.4 ℃亦能安全越冬；抗旱能力极强，在年降水量仅 150 mm 的地区也能存活(多为散生)；不耐涝、怕风，在排水不好的低洼地区、重盐碱地和未固定沙地不宜栽植。

- **繁殖要点**

主要用播种法繁殖，分株、压条和根插也可。

乌桕

- **拉丁学名**：*Sapium sebiferum* (L.) Roxb.
- **科属**

类别	名称	拉丁名
科	大戟科	Euphorbiaceae
属	乌桕属	*Sapium*
种	乌桕	*Sapium sebiferum* (L.) Roxb.

- **树木习性**

落叶乔木，树冠圆球形，高可达 15 m，树皮暗灰色，浅纵裂，小枝纤细。

- **形态特征**

叶	叶纸质，菱状广卵形，长 5～9 cm，先端尾状，基部广楔形，全缘，两面均无毛；叶柄细长，顶端有 2 腺体
花	花序穗状顶生，长 6～12 cm，花黄绿色，花期 5—7 月
果	蒴果三棱状球形，直径约 1.5 cm，熟时黑色，3 裂，果皮脱落，种子黑色，外被白色蜡质假种皮，固着于中轴上经冬不落，10—11 月果熟

- **适用范围**

主产于长江流域及珠江流域，浙、鄂、川等省栽培尤多，能在江南山区当风处栽种。

- **景观价值**

春秋季树冠红艳可爱。

- **景观用途**

结合生产的优良园林绿化树种，植于水边、湖畔、山坡、草坪都很合适，也可栽作庭荫树及行道树。

- **环境要求**

喜光，常生于温暖气候及深厚肥沃而湿润的土壤；较油桐稍耐寒，并有一定的耐干旱及抗风能力；抗火烧且耐水湿，多生于田边、溪畔，并能耐间歇性水淹。乌桕对土壤的适应范围较广，在砂壤、黏壤、砾质土壤中均可生长，对酸性土壤、钙质土壤及含盐量0.25%以下的盐碱地均能适应，干燥、瘠薄处不宜栽种。

- **繁殖要点**

一般用播种法，优良品种用嫁接法。乌桕宜在萌芽前春暖时移植，如果苗木较大，则须带泥垛移植，养护管理比较简单。

- **备注**

乌桕是我国南方重要工业油料树种，种子外被蜡质称“桕蜡”，可提制“皮油”，供制高级香皂、蜡纸、蜡烛等；种仁榨取的油称“桕油”或“青油”，供油漆、油墨等用。木材坚韧致密、不翘不裂，可作车辆、家具和雕刻等用材。其根、皮及叶可入药；花期长，是蜜源植物。

石榴

- **拉丁学名**：*Punica granatum* L.
- **科属**

类别	名称	拉丁名
科	石榴科	Punicaceae
属	石榴属	*Punica*
种	石榴	*Punica granatum* L.

- **树木习性**

落叶灌木或小乔木，高5～7 m；树冠常不整齐，小枝有角棱，顶端刺状，无毛。

- **形态特征**

叶	叶长枝对生，短枝簇生，倒卵状长椭圆形，长2～8 cm，上表面光泽，背面中脉凸起
花	花萼钟形，橘红色，质厚，花期5—7月
果	果期9—10月

黄河流域及以南地区均有栽培。

- **适用范围**

黄河流域及以南地区均有栽培。

- **景观价值**

花果俱美的著名园林绿化树种，树姿优美，叶碧绿有光泽，花艳丽如火，花期极长，在正值花少的夏季，更加引人注目。

- **景观用途**

最适合植于茶室、露天舞池、剧场、游廊、民族建筑庭院中，可大量配植于自然风景区，适于配置阶前、墙隅、门旁、窗前、亭台之侧、山坡水际；孤植、丛植均可。

- **环境要求**

喜光，喜温暖气候，有一定耐寒能力；喜肥沃湿润而排水良好之石灰质土壤，有一定的耐干旱瘠薄能力；对有毒气体抗性强。

- **繁殖要点**

萌蘖力强，易分株，常行播种、扦插、分蘖繁殖，亦可压条和嫁接。

- **变种与品种**

① 白石榴（*Punica granatum* var. *ablescens* DC.）：花白色，单瓣。

② 黄石榴（var. *flavescens* Sweet）：花黄色。

③ 玛瑙石榴（var. *legrellei* van Houtte）：花重瓣红色，有黄白色条纹。

④ 重瓣白石榴（var. *multiplex* Sweet）：花白色，重瓣。

⑤ 月季石榴（var. *nana* Sweet）：植株矮小，枝条细密而向上，叶、花皆小，花重瓣或单瓣，花期长，故又称“四季石榴”。

⑥ 墨石榴（var. *nigra* Hort.）：枝细柔，叶狭小；花也小，多单瓣；果熟时呈紫黑色，果皮薄；外种皮味酸不堪食。

⑦ 重瓣红石榴（var. *pleniflora* Hayne）：花红色，重瓣。果可鲜食或加工；树皮可提制栲胶和黑色染料。根皮、果皮、叶、花均可入药。

丝绵木

（别名：白杜）

- **拉丁学名：***Euonymus bungeanus* Maxim.

● **科属**

类别	名称	拉丁名
科	卫矛科	Celastraceae
属	卫矛属	*Euonymus*
种	丝绵木	*Euonymus bungeanus* Maxim.

● **树木习性**

落叶小乔木，高达 6～8 m；树冠圆形或卵圆形，小枝细长，绿色，无毛。

● **形态特征**

叶	叶对生，卵形至卵状椭圆形，长 5～10 cm，先端渐尖，基部近圆形，边缘有细锯齿；叶柄细长，2～3.5 cm
花	花 4 数，淡绿色，直径约 7 mm，3～7 朵成聚伞花序；花期 5 月
果	蒴果粉红色，直径约 1 cm，4 浅裂；种子具橘红色假种皮；10 月果熟

● **适用范围**

产自我国北部、中部及东部，辽、冀、豫、鲁、晋、甘、皖、江、浙、闽、赣、鄂、川均有分布。

● **景观用途**

本种枝叶秀丽，花果密集，且果在枝上悬挂甚久，是良好的庭园种植材料，宜植于林缘、路旁、湖岸、溪边，也可作城市及工厂防护林用。

- **环境要求**

性喜光,也稍耐阴,耐寒;对土壤要求不高,耐干旱,也耐湿,而以肥沃湿润之土壤最好;根系深而发达,能抗风。

- **繁殖要点**

繁殖可用播种、分株及硬枝扦插等法。

- **备注**

根蘖萌发力强,生长较缓慢。树皮及根皮均含硬橡胶;种子含油40%以上,木材白色、细致,供雕刻等细木工用。

拐枣

(别名:北枳椇)

- **拉丁学名:*Hovenia dulcis* Thunb.**
- **科属**

类 别	名 称	拉丁名
科	鼠李科	Rhamnaceae
属	枳椇属	*Hovenia*
种	拐枣	*Hovenia dulcis* Thunb.

- **树木习性**

落叶乔木,高可达10 m以上,树皮灰黑色,深纵裂,幼枝红褐色。

- **形态特征**

叶	叶广卵形至卵状椭圆形,长8~16 cm,先端渐尖,基部截形或心形,边缘有锯齿,基部三出脉,上表面无毛,背面沿脉和脉腋有柔毛;叶柄红褐色
花	聚伞花序腋生或顶生,花淡黄绿色,花期6月
果	果梗肉质,弯曲,有甜味,果熟期8—10月

- **适用范围**

我国华北南部、华东、中南、西北、西南各省均有分布,多生于阳光充足的沟边、路旁及山谷中。

- **景观用途**

树形美丽，叶大荫浓，是良好的庭荫树和行道树。

- **环境要求**

喜光，耐寒，对土壤要求不严，在土壤深厚湿润处生长快，能成大材。

- **繁殖要点**

用种子繁殖。

- **备注**

木材硬度适中，纹理美，可作建筑、家具及工艺用材。肥大果梗富含糖分，可生食和酿酒；果实为清凉利尿药；树皮、果梗及叶可供药用。

枣树

- **拉丁学名：***Ziziphus jujuba* M.
- **科属**

类　别	名　称	拉丁名
科	鼠李科	Rhamnaceae
属	枣属	*Ziziphus*
种	枣(树)	*Ziziphus jujuba* M.

- **树木习性**

落叶乔木，高可达 10 m，枝光滑；托叶刺一长一短，长者直伸，短者向下钩曲；当年生小枝单生或簇生。

- **形态特征**

叶	叶卵形至卵状披针形，长 3～7 cm，边缘有细锯齿，基生 3 出脉，两面无毛
花	花小，黄绿色，花期 5—6 月
果	核果大，卵形至矩形，长 2～5 cm，熟后暗红色；核坚硬，两端尖，果熟期 8—9 月

- **适用范围**

自东北南部至华南均有栽培，主产冀、豫、鲁、晋、陕、甘及内蒙古。

- **景观用途**

庭荫树、园景树。

- **环境要求**

强阳性树，喜干旱气候及中性或微碱性的砂壤土，耐干旱及寒冷，能抗风沙，黄河流域的冲积平原是枣树的适生地区；在南方湿热气候下虽能生长，但品质较差；对酸性土、盐碱土及低湿地都有一定的忍耐性；根系发达，深且广，根萌蘖力强。

- **繁殖要点**

主要用分蘖或根插法繁殖；嫁接也可，砧木可用酸枣；栽培管理粗放。

- **备注**

枣树是我国栽培历史最久的果树，已有3000余年的栽培历史，结果早，寿命长，可达200～300年，产量稳定，号称“铁杆庄稼”；是园林结合生产的良好树种；花期长，还是优良的蜜源树种。果实富含维生素C和各种糖，可生食和干制加工成多种食品，还可入药。木材坚重，纹理细致，耐磨，为雕刻、家具及细木工良材。

柿

- **拉丁学名：*Diospyros kaki* Thunb.**
- **科属**

类 别	名 称	拉丁名
科	柿树科	Ebenaceae
属	柿属	*Diospyros*
种	柿(树)	*Diospyros kaki* Thunb.

- **树木习性**

落叶乔木，高可达15 m，冠半圆形，树皮暗灰色，呈长方形小块状裂纹；小枝密生褐色或棕色柔毛，后逐渐脱落；冬芽先端钝。

● 形态特征

叶	叶椭圆形或倒卵形，长 6～18 cm，纸质，先端渐尖，基阔楔形或近圆形，叶表深绿有光泽，叶背淡绿色
花	花四基数，花冠钟状，黄白色，4 裂，有毛；雄花 3 朵聚生成小聚伞花序；雌花单生叶腋；花萼 4 深裂，花后增大，花萼卵圆形，先端钝圆，宿存；花期 5—6 月
果	浆果卵圆形或扁球形，直径 3～8 cm，橙黄色或鲜黄色；果期 9—10 月

● 适用范围

原产自我国，分布很广，北自辽宁西部、长城一线，西北至陕西、甘肃南部，东南至江、浙、闽、赣、两广、台湾，西南的云、贵、川等地亦有栽培。

● 景观价值

柿树枝繁叶大，广展如伞，秋时果叶皆红，丹实似火，是观叶、观果的佳品，亦是园林结合生产的重要树种。

● 景观用途

园林中可孤植、群植于草坪周围、湖边、池畔、园路两旁及建筑物附近；门庭两侧、公园入口配植数株，亦很适宜；孤植于庭前、宅旁，既可荫庇，又可观赏；成片植于山边坡地或公园一隅，配以常绿灌木，秋风初起则丹翠交映，自有佳趣。

● 环境要求

阳性树，喜温暖亦耐寒，耐干旱；对土壤要求不高，但不喜砂质土壤；根系发达，萌芽力强，寿命较长。

● 繁殖要点

常用嫁接繁殖。南方用野柿、油柿或老鸦柿作砧木；北方用君迁子作砧木。

- **备注**

果实营养价值较高，供鲜食及加工；未熟果实可提制柿漆；果蒂、根、叶、果均可入药；木材不翘不裂，供制木梭、农具及雕刻等用。

臭椿

- **拉丁学名**：*Ailanthus altissima* (Mill.) Swingle
- **科属**

类 别	名 称	拉丁名
科	苦木科	Simaroubaceae
属	臭椿属	*Ailanthus*
种	臭椿	*Ailanthus altissima* (Mill.) Swingle

- **树木习性**

落叶乔木，高可达 20 m，皮光滑；小枝粗壮，缺顶芽。

- **形态特征**

叶	奇数羽状复叶，小叶 13～25 片，卵状披针形，长 4～15 cm，先端长渐尖，基部偏斜，两侧各具 1 或 2 个粗锯齿，齿背有腺体 1 个，中上部全缘
花	花杂性异株，成顶生圆锥花序；花期 4—5 月
果	翅果长 3～5 cm，熟时淡褐色或淡红褐色；果期 9—10 月

- **适用范围**

东北南部、华北、西北至长江流域各地均有分布。

- **景观价值**

臭椿树干通直高大，树冠开阔，叶大荫浓，秋季红果满枝。

- **景观用途**

很好的庭荫树及行道树，植于庭园建筑四周及工矿区都很合适，孤植、列植、群植都相宜。

- **环境要求**

喜光，适应性强，很耐干旱、瘠薄，但不耐水湿，长期积水会烂根致死；能耐中度盐碱土壤，对微酸性、中性和石灰质土壤都能适应，喜排水良好的砂壤土；有一定的耐寒能力；对烟尘和 SO_2 抗性较强；根系发达，萌蘖力强，生长快，少病虫害。

- **繁殖要点**

一般用播种繁殖。

- **备注**

树皮、根皮、枝、果实均可药用；另树皮可提制栲胶；叶供饲椿蚕；种子可榨油；木纤维为造纸原料。

楝

- **拉丁学名**：*Melia azedarach* L.
- **科属**

类 别	名 称	拉丁名
科	楝科	Meliaceae
属	楝属	*Melia*
种	楝	*Melia azedarach* L.

- **树木习性**

落叶乔木，高 15～20 m；枝条广展，树皮暗褐色，浅纵裂，嫩枝有星状细毛，小枝粗壮，皮孔多而明显。

● **形态特征**

叶	2～3 回羽状复叶，小叶卵形至卵状长椭圆形，边缘有钝尖锯齿，长 3～8 cm，有香味，嫩叶背面有星状细毛，后脱去
花	花淡紫色，长约 1 cm，有香味；圆锥状聚伞花序，长 25～30 cm；花期 4—5 月
果	核果近球形，熟时黄色，经冬不落；果期 10—11 月

● **适用范围**

我国华北南部至华南，西至甘、川、滇等地区，均有分布。

● **景观价值**

楝树形优美，羽叶舒展，夏日开紫色花且有淡香。

● **景观用途**

宜作庭荫树和行道树，孤植、丛植均宜；园中可种在池边、坡地、游步道两侧以及草坪边缘。楝可用于工矿区绿化，海涂绿化造林。

● **环境要求**

性喜光，不耐阴；喜温暖湿润气候，耐寒力不强；对土壤要求不高，稍耐干旱瘠薄，也能生于水边，但以在深厚、肥沃、湿润处生长最好；对 SO_2 抗性较强。

● **繁殖要点**

多用播种法，分蘖也可。

● **备注**

木材易加工；树皮、叶、果均可入药；种子可制油漆、润滑油。

香椿

- **拉丁学名**：*Toona sinensis* (A. Juss.) Roem.
- **科属**

类 别	名 称	拉丁名
科	楝科	Meliaceae
属	香椿属	*Toona*
种	香椿	*Toona sinensis* (A. Juss.) Roem.

- **树木习性**

落叶乔木，高可达 25 m，皮暗褐色，条片状剥落，小枝粗壮。

- **形态特征**

叶	偶数(稀奇数)羽状复叶，小叶 10～20，长 8～15 cm，先端渐长尖，长椭圆或广披针形，基部不对称，全缘或具不明显钝锯齿，有香气
花	花白色，有香气；花期 5—6 月
果	蒴果长椭圆，长 1.5～2.5 cm；果期 9—10 月

- **适用范围**

北自辽宁南部、华北，南达两广北部，西至川、黔、滇，多地均有分布，其中以冀、鲁栽植最多。

- **景观用途**

香椿枝叶茂密，树冠庞大，树干通直，嫩叶红艳，可作为庭荫树和行道树，在庭前、院落、溪边、河畔或草坪中作荫庇树，尤为俏丽可爱。香椿可用于厂矿绿化。

- **环境要求**

性喜光，耐寒性稍差，不耐阴；适生于深厚、肥沃、湿润之砂质土壤，在中性、酸性及钙质土上均生长良好；深根性，萌蘖力强，生长较快；对有毒气体抗性较强。

- **繁殖要点**

以播种为主，分蘖、埋根等法亦可繁殖。

- **备注**

幼芽、嫩叶可食；种子可榨油；根皮、果均可入药。

无患子

- **拉丁学名**：*Sapindus mukurossi* Gaertn.
- **科属**

类 别	名 称	拉丁名
科	无患子科	Sapindaceae
属	无患子属	*Sapindus*
种	无患子	*Sapindus mukurossi* Gaertn.

- **树木习性**

落叶乔木，高可达 25 m，树冠呈扁圆形。

- **形态特征**

叶	偶数羽状复叶，小叶 8～14 枚，互生或近对生，小叶全缘，薄纸质，光滑无毛
花	顶生大圆锥花序，花黄色或淡紫色，杂性；萼片、花瓣 4～5，雄蕊 8～10
果	核果球形，熟时黄色

- **适用范围**

长江流域及其以南各地，为低山、丘陵常见树种，平原亦多栽培。

- **景观用途**

树冠广展，枝叶稠密，秋叶金黄，绮丽悦目，是良好的行道树及庭荫树，且适用于工厂矿区绿化。

- **环境要求**

喜光，适生于温暖湿润气候，耐寒性不强，喜生于石灰性土壤，微酸性土壤亦能生长，对 SO_2 抗性较强。

- **繁殖要点**

一般用种子育苗繁殖，苗期生长快。

栾树

- **拉丁学名：***Koelreuteria paniculata* Laxm.
- **科属**

类　别	名　称	拉丁名
科	无患子科	Sapindaceae Juss.
属	栾树属	*Koelreuteria*
种	栾树	*Koelreuteria paniculata* Laxm.

- **树木习性**

落叶乔木或灌木；树皮厚，灰褐色至灰黑色，老时纵裂；皮孔小，灰至暗褐色；小枝具疣点，与叶轴、叶柄一样，均被皱曲的短柔毛或无毛。

- **形态特征**

叶	叶丛生于当年生枝上，平展，一回、不完全二回或偶有二回羽状复叶，长可达 50 cm；小叶 7～18 片(顶生小叶有时与最上部的一对小叶在中部以下合生)，无柄或具极短的柄，对生或互生，纸质，卵形、阔卵形至卵状披针形，长 3～10 cm，宽 3～6 cm，顶端短尖或短渐尖，基部钝至近截形，边缘有不规则的钝锯齿，齿端具小尖头，有时近基部的齿疏离呈缺刻状，或羽状深裂达中肋而形成二回羽状复叶，上面仅中脉上散生皱曲的短柔毛，下面在脉腋具髯毛，有时小叶背面被茸毛
花	聚伞圆锥花序长 25～40 cm，密被微柔毛，稍有香味，分枝长而广展，在末次分枝上的聚伞花序具花 3～6 朵，密集呈头状；苞片狭披针形，被小粗毛；花瓣 4，开花时向外反折，线状长圆形，长 5～9 mm，淡黄色，瓣片基部的鳞片初时黄色，开花时橙红色，花期 6—8 月
果	蒴果圆锥形，具 3 棱，长 4～6 cm，紫红色，顶端渐尖，果瓣卵形，外面有网纹，内面平滑且略有光泽；种子近球形，直径 6～8 mm，果期 9—10 月

- **适用范围**

栾树产于中国北部及中部大部分省区，东北自辽宁起经中部至西南部的云南，以华中、华东地区较为常见。日本、朝鲜也有分布。

- **景观用途**

春季嫩叶多为红叶，夏季黄花满树，入秋叶色变黄，果实紫红，形似灯笼，十分美丽。本种适应性强、季相明显，是理想的绿化、观叶树种，宜作庭荫树、行道树及园景树。栾树也是可在工业污染区配植的好树种。

- **环境要求**

喜光，稍耐半阴，耐寒；耐干旱和瘠薄，不耐水淹，栽植时注意土壤排水情况；对环境的适应性强，喜欢生长于石灰质土壤中，耐盐渍及短期水涝。栾树具有深根性，萌蘖力强，生长速度中等，幼树生长较慢，以后渐快，有较强抗烟尘能力。栾树病虫害少，栽培管理容易，栽培土质以深厚、湿润的土壤最为适宜。

- **繁殖要点**

以播种繁殖为主，分蘖或根插亦可，移植时适当剪短主根及粗侧根，这样可以促进多发须根，容易成活。

- **附种**

全缘叶栾树[又称黄山栾树，*Koelreuteria bipinnata* Franch. var. *integrifoliola* (Merr.) T. Chen]：无患子科栾树属复羽叶栾树的变种。分布于中国广东、广西、江西、湖南、湖北、江苏、浙江、安徽、贵州等省区，生长在海拔100～300 m的丘陵地、村旁或600～900 m的山地疏林中。全缘叶栾树树形端正，枝叶茂密而秀丽，春季嫩叶紫红，夏季开花满树金黄，入秋则鲜红的蒴果似一盏盏灯笼，是良好的三季可观赏的绿化、美化树种。

黄连木

(别名:楷木)

- 拉丁学名:*Pistacia chinensis* Bunge
- 科属

类 别	名 称	拉丁名
科	漆树科	Anacardiaceae
属	黄连木属	*Pistacia*
种	黄连木	*Pistacia chinensis* Bunge

- 树木习性

落叶乔木,高可达 25 m,树皮纵裂呈鳞片状剥落,树冠近圆形。

- 形态特征

叶	常为偶数羽状复叶,小叶 10～14 枚,披针形或羽状披针形,基部常偏斜,长 5～9 cm,全缘
花	圆锥花序,雌雄异株,雄花序紫红色,酷似鸡冠,红花如盖,雌花序淡绿色;花期 3—4 月,先叶开放
果	果熟期 9—10 月,核果球形,直径约 5 mm,成熟时紫红色

- **适用范围**

从华北至华南、西南均有分布，多散生于低山丘陵或平原四旁。

- **景观价值**

黄连木春季嫩叶、秋叶红色。

- **景观用途**

美丽的庭园观叶树种，可植为行道树及风景林树种构成红叶景色，丘陵、平原常作为四旁绿化树种。

- **环境要求**

喜光照，不耐阴，喜温暖湿润气候，畏严寒；对土壤要求不高，酸性、中性及微碱性土壤均能生长，耐瘠薄干燥，但在土层肥沃湿润处生长较快，能长成大乔木。

- **繁殖要点**

种子育苗繁殖，随采随播或砂藏翌年春播，成苗率高。

盐肤木

- **拉丁学名：***Rhus chinensis* Mill.

● 科属

类 别	名 称	拉丁名
科	漆树科	Anacardiaceae
属	盐肤木属	*Rhus*
种	盐肤木	*Rhus chinensis* Mill.

● 树木习性

落叶小乔木，高 2～10 m，树冠圆形。

● 形态特征

叶	奇数羽状复叶，小叶 7～13 枚，叶轴有冀叶，叶缘有锯齿，叶背密被毛
花	顶生圆锥花序，花小，白色
果	核果扁球形，密被毛，熟时橘红色

● 适用范围

我国除东北、内蒙古和新疆外，其余地区均有，通常分布在海拔 170～2 700 m 的向阳山坡、沟谷。

● 景观用途

喜光，耐干寒，适应性强，耐瘠薄；酸性、中性及石灰性土壤中均能生长，不耐水湿；萌蘖性强，是荒山坡地习见树种。

- **环境要求**

秋叶变红，果熟呈橘红色，也颇美观，可植于园中空地，以点缀景色。

- **繁殖要点**

用播种、分蘖法繁殖。

- **备注**

其嫩叶上产生的虫瘿即五倍子，富含单宁（45%～77%），可药用及做染料、鞣革、塑料等工业原料。

- **附种**

漆树（*Rhus verniciflus* Stokes）：落叶乔木，高可达20 m，树皮灰色。老则纵裂，枝茎内有乳白色漆液。奇数羽状复叶，小叶7～15，卵状长椭圆形或卵形，长7～15 cm，全缘，侧脉8～16对，背面仅脉上有毛。腋生圆锥花序，疏散下垂，花小，淡黄绿色，核果扁，圆形，熟时黄褐色，光滑。

黄栌

- **拉丁学名**：*Cotinus coggygria* Scop.
- **科属**

类别	名称	拉丁名
科	漆树科	Anacardiaceae
属	黄栌属	*Cotinus*
种	黄栌	*Cotinus coggygria* Scop.

- **树木习性**

小乔木，高3～5 m，树冠圆形，小枝紫褐色，枝条内皮及木质部黄色。

- **形态特征**

叶	单叶互生，倒卵形，先端圆或微凹，全缘，无毛或仅背面脉上有短柔毛
花	杂性花，顶生圆锥花序，果序上有许多紫色不孕花的羽毛状细长花梗宿存
果	核果小，压扁状，红色

- **适用范围**

主产我国北部，安徽、浙江、南京等地亦有分布，常生于海拔500～1 500 m的向阳山坡杂木林中。

- **景观价值**

秋叶变红，层林尽染，十分美观。初夏花后，有淡紫色羽毛状之伸长花梗宿存枝梢，成片栽植时，远望如万缕罗纱缭绕林间，故又有“烟树”之称。北京西山之红叶，即此树种之红叶。

- **景观用途**

丛植于园中草坪、土坡上，可为园景增添秋色，也是风景林的优良树种。

- **环境要求**

喜光，耐干寒气候，耐瘠薄和碱性土，在土层肥沃处，生长良好，萌生力强。

- **繁殖要点**

以播种繁殖为主，亦可分株、压条繁殖。

- **备注**

木材可提黄色染料；树皮及叶可提制栲胶；叶含芳香油，为调香原料。

三角槭

(别称：三角枫)

- **拉丁学名：** *Acer buergerianum* Miq.
- **科属**

类　别	名　称	拉丁名
科	槭树科	Aceraceae
属	槭树属	*Acer*
种	三角槭	*Acer buergerianum* Miq.

- **树木习性**

落叶乔木，高5～10 m，树皮灰褐色，条片状剥落。

● 形态特征

叶	单叶，卵形或长卵形，长 4～10 cm，先端 3 裂，裂片向前延伸，大小近似相等，全缘或有疏浅粗齿，叶基近圆形或宽楔形，三出脉，叶背有白粉
花	花杂性同株，伞房圆锥花序，顶生；花期 4 月
果	果熟期 8—9 月；翅果黄褐色，小坚果特别凸起，翅中部最宽，基部狭窄，张开成锐角或近于直角

● 适用范围

三角槭主产长江流域中下游海拔 1 000 m 以下的山地和平原，华北、华南、西南均有栽培。

● 景观用途

树形端直，树冠伞形，秋叶变色，在园林中可列植为行道树，庭园中可孤植或丛植为绿荫树。风景区山坡地可将三角槭营造为风景林。此外，在山麓、溪边、池畔、屋角植之，均甚适宜。槭树的花、叶为山林景观增色不少。

● 环境要求

三角槭喜温润气候，要求肥沃湿润的酸性或中性土壤，稍耐阴，萌蘖性强。

● **繁殖要点**

通常用播种育苗繁殖。当年苗高可达 50～60 cm,培育大苗可于翌年春季 2、3 月移植一次,2 年生苗可高达 1～15 m。园林栽植多用 2～3 年生大苗,移植要带土球。

五角枫

● **拉丁学名:*Acer mono* Maxim.**

● **科属**

类 别	名 称	拉丁名
科	槭树科	Aceraceae
属	槭树属	*Acer*
种	五角枫	*Acer mono* Maxim.

● **树木习性**

乔木,高可达 20 m,树皮灰色,浅纵裂。

● **形态特征**

叶	单叶,纸质,掌状 5 裂,裂片三角状卵形,全缘,基部近心形,掌状 5 出脉
花	花杂性,顶生伞房花序,花黄绿色,有较长花梗;花期 4—5 月
果	果熟期 8—9 月,双翅果开张成锐角,果翅通常较果核长 1.5～2 倍

- **适用范围**

五角枫主产东北、华北及长江流域，多生于中低海拔山坡或山谷的落叶阔叶林或针阔叶混生林中。

- **景观用途**

树形优美，叶果秀丽，入秋叶色变为红色或黄色。

- **环境要求**

喜凉润气候，肥沃湿润的中性或钙质土壤，稍耐阴，深根性；生长速度中等。

- **繁殖要点**

种子繁殖。

鸡爪槭

- **拉丁学名：***Acer palmatum* Thunb.
- **科属**

类　别	名　称	拉丁名
科	槭树科	Aceraceae
属	槭树属	*Acer*
种	鸡爪槭	*Acer palmatum* Thunb.

- **树木习性**

落叶小乔木，高 8～13 m，树冠伞形，树皮平滑，灰褐色；枝开张，小枝细长光滑。

- **形态特征**

叶	叶掌状 5～9 深裂，裂片先端锐尖，边缘有重锯齿，背面叶脉有白簇毛
花	花期 4—5 月，伞房花序顶生，花淡红色
果	翅果两翅展开成钝角，果翅通常较果核长 1.5～2 倍

- **适用范围**

产于山东及长江流域。

- **景观价值**

著名观赏树种，叶色、叶形都非常优美，引人注目。

- **景观用途**

常孤植庭园草坪作为园景树，亦可培植于建筑物屋角，池畔、溪边、假山旁配植数株红枫，可为园景增色。

- **环境要求**

弱阳性，耐半阴，在阳光直射处孤植，夏季易遭日灼；喜温暖湿润气候及肥沃湿润、排水良好的土壤，酸性、中性、石灰质土壤均能适应；耐寒性不强，在北京需要小气候良好条件并加以保护才能越冬。

- **繁殖要点**

播种、嫁接繁殖。

- **主要变种与变型**

① 红枫[*Acer palmatum* f. *atropurpureum* (Vanh.) Schwer.]:叶7~9深裂,终年呈紫红色,观赏价值极高。

② 簑衣槭[又称细叶鸡爪,*Acer palmatum* var. *dissectum* (Thunb.) k. Koch]:叶裂片细窄如羽毛状,故又名“羽毛枫”,叶形奇特,甚为美观。

七叶树

- **拉丁学名:*Aesculus chinensis* Bunge**
- **科属**

类别	名称	拉丁名
科	七叶树科	Hippocastanaceae
属	七叶树属	*Aesculus*
种	七叶树	*Aesculus chinensis* Bunge

- **树木习性**

落叶,高可达25 m,树皮灰褐色,片状剥落,小枝粗壮,栗褐色,光滑无毛。

- **形态特征**

叶	小叶有叶柄
花	花白色,略带红晕,花期5月
果	果熟期9—10月,蒴果球形,黄褐色,果壳干后厚5~6 mm,内含1~2粒种子,如板栗状,栗褐色,种脐大

- **适用范围**

华北至长江流域中下游各地均可栽培,垂直分布在海拔700 m以下山地。浙江的七叶树主产浙江北部,杭州栽培较多,江苏南部尤其南京栽培的七叶树生长也较良好。

● **景观价值**

树干端直，树冠开阔，叶大而形美，夏季满树白花，颇为绚丽，是世界上著名观赏树木。

● **景观用途**

宜植于园林中为庭荫树或行道树。

● **环境要求**

喜光，喜温润气候，亦较耐寒，适生于肥厚湿润、排水良好的地方。

● **繁殖要点**

通常用种子育苗繁殖，幼苗期怕日灼、应搭荫棚。

白蜡树

● **拉丁学名**：*Fraxinus chinensis* Roxb.

● **科属**

类　别	名　称	拉丁名
科	木犀科	Oleaceae
属	白蜡树属	*Fraxinus*
种	白蜡树	*Fraxinus chinensis* Roxb.

● **树木习性**

落叶乔木，高 10～12 m，树冠卵圆形，树皮灰褐色，小枝条黄褐色，粗糙、无毛。

● **形态特征**

叶	小叶 5～9 枚通常 7 枚，卵圆形或卵状椭圆形，长 3～10 cm，先端渐尖，基部狭，不对称，边缘有锯齿以及波状齿，背面有时有短柔毛
花	圆锥花序侧生或顶生于当年枝上，花期 3—5 月
果	果熟期 9—10 月，翅果倒披针形，长 3～4 cm

- **适用范围**

在四川、云南、贵州、广东、广西、福建、江苏、江西、湖南、湖北、陕西、山西、河南、河北、山东、辽宁、吉林等省区都有栽培。

- **景观用途**

可作为行道树或植于湖边、河岸。

- **环境要求**

喜光，稍耐阴，喜温暖湿润气候，也耐寒；喜湿耐涝，亦耐干旱，在水田坎上，根深可达 50 cm，侧根则水平延伸 6～7 m；对土壤要求不高，喜石灰性土壤，在酸性及中性土壤上均能生长。萌发性及萌蘖性均强，耐修剪，新枝萌发力经久不衰，水平根分蘖力也强，深根性，生长快，寿命长；抗烟尘，对 SO_2、Cl_2、HF 有较强抗性。

- **繁殖要点**

播种或扦插繁殖。

水曲柳

- **拉丁学名：** *Fraxinus mandschurica* Rupr.

- **科属**

类别	名称	拉丁名
科	木犀科	Oleaceae
属	白蜡树属	*Fraxinus*
种	水曲柳	*Fraxinus mandschurica* Rupr.

- **树木习性**

落叶乔木,高可达 30 m,树皮灰褐色,浅纵裂,冬芽黑褐色或黑色,小枝略呈四棱形。

- **形态特征:**

叶	奇数羽状复叶,小叶 7~13 枚,近无柄,椭圆状披针形或卵状披针形,边缘锯齿细尖,小叶着生处具关节,节上密生黄褐色毛,先端长渐尖,基部楔形或宽楔形
花	花单性异株,无花被,圆锥花序侧生于去年生小枝上
果	翅果扭曲,无宿萼

- **适用范围**

原产东北,以小兴安岭最多,河北北部也有。

- **景观价值**

树形端正,树干通直,枝叶繁茂,秋叶橙黄。

- **景观用途**

行道树、庭荫树及湖边、河岸绿化物种。

- **环境要求**

喜光,耐半阴,喜肥沃、深厚、湿润的土壤,耐寒至-40℃,稍耐盐碱,在 pH 值 3.4、含盐量 0.1%~0.15%的盐碱地上也能生长。

- **繁殖要点**

播种、扦插、分蘖繁殖均可。

流苏树

- 拉丁学名：*Chionanthus retusus* Lindl. et Paxt.
- 科属

类别	名称	拉丁名
科	木犀科	Oleaceae
属	流苏树属	*Chionanthus*
种	流苏树	*Chionanthus retusus* Lindl. et Paxt.

- 树木习性

落叶灌木或乔木，高可达 20 m；小枝灰褐色或黑灰色，圆柱形，开展，无毛，幼枝淡黄色或褐色，疏被或密被短柔毛。

- 形态特征

叶	叶片革质或薄革质，长圆形、椭圆形或圆形，有时卵形或倒卵形至倒卵状披针形，长 3～12 cm，宽 2～6.5 cm；叶柄长 0.5～2 cm，密被黄色卷曲柔毛
花	聚伞状圆锥花序，长 3～12 cm，顶生于枝端，近无毛；苞片线形，长 2～10 mm，疏被或密被柔毛，花长 1.2～2.5 cm，单性而雌雄异株或为两性花；花梗长 0.5～2 cm，纤细，无毛；花萼长 1～3 mm，4 深裂，裂片尖三角形或披针形，长 0.5～2.5 mm；花冠白色，4 深裂，裂片线状倒披针形，长 1～2.5 cm，宽 0.5～3.5 mm，花冠管短，长 1.5～4 mm；雄蕊藏于管内或稍伸出，花丝长在 0.5 mm 之下，花药长卵形，长 1.5～2 mm，药隔突出；子房卵形，长 1.5～2 mm，柱头球形，稍 2 裂；花期 3—6 月
果	果椭圆形，蓝黑色或黑色，被白粉，长 1～1.5 cm，直径 6～10 mm；果期 6—11 月

- **适用范围**

产于中国甘肃、陕西、山西、河北、河南以南至云南、四川、广东、福建、台湾，朝鲜、日本也有分布。

- **景观用途**

树形高大优美，枝叶茂盛，初夏满树白花，如覆霜盖雪，清丽宜人。由于流苏树的小花含苞待放时，其外形、大小、颜色均与糯米相似，花和嫩叶又能泡茶，故也被称作糯米花、糯米茶。适宜植于建筑物四周或公园中池畔和行道旁，可盆栽，制作桩景。

- **环境要求**

喜光，不耐阴，喜温暖气候，耐寒、耐旱，忌积水，不耐水涝，生长速度较慢，寿命长，耐瘠薄，对土壤要求不严，喜欢中性及微酸性土壤，但以在肥沃、通透性好的砂壤土中生长最好，有一定的耐盐碱能力，在 pH 值 8.7、含盐量 0.2%的轻度盐碱土中能正常生长，未见任何不良反应。生于海拔 3 000 m 以下的稀疏混交林中或灌丛中，或山坡、河边。

- **繁殖要点**

采取播种、扦插和嫁接等方法，播种繁殖和扦插繁殖简便易行，且一次可获得大量种苗，故最为常用。

- **备注**

嫩叶可代茶叶作饮料。果实含油丰富，可榨油，供工业用。木材坚实细致，可制作器具。流苏树也是金桂的砧木，芽、叶亦有药用价值。

梓树

- **拉丁学名**：*Catalpa ovata* G. Don
- **科属**

类 别	名 称	拉丁名
科	紫葳科	Bignoniaceae
属	梓树属	*Catalpa*
种	梓树	*Catalpa ovata* G. Don

- **树木习性**

乔木，高 10～20 m，树冠开展，树皮灰褐色，纵裂。

- **形态特征**

叶	叶卵圆形，长与宽几相等，长 10～30 cm，全缘或 3～5 浅裂，背面基部脉腋有紫斑
花	顶生圆锥花序，长 10～20 cm，花冠淡黄色，长约 2 cm，内有黄色条纹及紫色斑纹；花期 5 月
果	蒴果细长，筷子状，长 20～30 cm

- **适用范围**

原产于美国中部，我国长江流域及以北地区栽培广泛。

- **景观价值**

形态优美，树形高大，树冠伞形。

- **景观用途**

行道树、庭荫树。

- **环境要求**

喜光，稍耐阴，耐寒，暖热气候下生长不良，喜深厚、肥沃、疏松土壤。

- **繁殖要点**

播种繁殖为主，也可扦插、分蘖繁殖。

黄金树

(别名:美国梓树)

- 拉丁学名:*Catalpa bignonioides* Walter
- 科属

类 别	名 称	拉丁名
科	紫葳科	Bignoniaceae
属	梓属	*Catalpa*
种	黄金树	*Catalpa bignonioides* Walter

- 树木习性

落叶乔木,高可达 15 m,树冠开展,树皮灰色,厚鳞片状开裂。

- 形态特征

叶	宽卵形至卵状椭圆形,长 15～30 cm,先端长渐尖,基部截形或心形,全缘或偶有 1～2 浅裂,背面被白色柔毛,基部脉腋有绿色腺斑
花	顶生圆锥花序,长约 15 cm,花冠白色,内有黄色条纹及紫褐色斑点;花期 5 月
果	蒴果粗如手指

- 适用范围

原产于美国中部,我国黄河以南各省皆有分布,长江流域栽培广泛。

- 景观价值

形态优美,树形高大,树冠开阔。

- 景观用途

行道树、庭荫树。

- 环境要求

强阳性树种,不耐寒,喜深厚肥沃、疏松土壤。

- 繁殖要点

播种繁殖为主。

紫薇

- **拉丁学名**：*Lagerstroemia indica* L.
- **科属**

类 别	名 称	拉丁名
科	千屈菜科	Lythraceae
属	紫薇属	*Lagerstroemia*
种	紫薇	*Lagerstroemia indica* L.

- **树木习性**

落叶灌木或小乔木，高可达 7 m。树冠不整齐，枝干多扭曲；树皮淡褐色，薄片状剥落后枝干特别光滑；小枝四棱，无毛。

- **形态特征**

叶	叶对生或近对生，椭圆形至倒卵状椭圆形，长 3～7 cm，先端尖或钝，基部广楔形或圆形，全缘，无毛或背脉有毛，具短柄
花	花淡红色、白色或紫色，直径 3～4 cm，常组成顶生圆锥花序，花瓣 6，花萼外侧光滑，无纵棱；蒴果近球形，直径约 1.2 cm，6 瓣裂，基部有宿存花萼；花期 6—9 月
果	果期 9—12 月

- **适用范围**

我国华东、华中、华南及西南均有分布，栽培普遍。

- **景观价值**

紫薇树姿优美，树皮光滑洁净，花色艳丽，并于夏秋少花季节长期开放，有“盛夏绿遮眼，此花红满堂”之赞。

- **景观用途**

最适植于庭院及建筑前，也宜栽于池畔、路边及草坪等处，萌蘖性强，寿命长；此外，也是制作盆景的好材料。

- **环境要求**

喜光，稍耐阴；喜温暖气候，耐寒性不强；喜肥沃、湿润而排水良好的石灰性土壤，耐旱、怕涝。

- **繁殖要点**

可用分蘖、扦插及播种等法繁殖。

- **附种**

① 银薇[*Lagerstroemia indica* L. f. *alba* (Nichols.)]：花白色或微带淡堇色；叶色淡绿。

② 翠薇(*Lagerstroemia indica* var. *rubra* Lav.)：花紫堇色；叶色暗绿。

泡桐

- **拉丁学名：** *Paulownia fortunei* (Seem.) Hemsl.
- **科属**

类 别	名 称	拉丁名
科	玄参科	Scrophulariaceae
属	泡桐属	*Paulownia*
种	泡桐	*Paulownia fortunei* (Seem.) Hemsl.

- **树木习性**

落叶乔木，高可达 30 m，树冠宽卵形或圆形，树皮灰褐色，小枝粗壮。

- **形态特征**

叶	叶长卵状心形，长 10～25 cm，宽 6～15 cm，先端渐尖，全缘，稀浅裂，基部心形，背面有白色星状毛
花	花蕾倒卵状椭圆形，花冠漏斗状，乳白至微紫色，内有黑斑黄条纹；花萼倒圆锥状钟形，1/4～1/3 浅裂；花期 3—4 月，先叶开放
果	果期 9—10 月

- **适用范围**

产于长江流域以南各省，东起江苏、浙江、台湾，西至四川、云南，南达两广。

- **景观用途**

泡桐主干端直，冠大荫浓，不论孤植、群栽均甚相宜，如做行道树或成片栽种，亦有其特色。

- **环境要求**

强阳性速生树种，喜温暖气候，较耐水湿，对黏重和瘠薄土壤的适应性也较强；萌芽力、萌蘖力强，能吸附尘烟，抗有毒气体。

- **繁殖要点**

以播种、埋根为主要繁殖方式。

秤锤树

- **拉丁学名**：*Sinojackia xylocarpa* Hu
- **科属**

类 别	名 称	拉丁名
科	安息香科	Styracaceae
属	秤锤树属	*Sinojackia*
种	秤锤树	*Sinojackia xylocarpa* Hu

- **树木习性**

落叶乔木或灌木，高达 7 m；胸径达 10 cm；嫩枝密被星状短柔毛，灰褐色，成长后红褐色而无毛，表皮常呈纤维状脱落。

- **形态特征**

叶	叶纸质，倒卵形或椭圆形，长 3～9 cm，宽 2～5 cm，顶端急尖，基部楔形或近圆形，边缘具硬质锯齿，生于具花小枝基部的叶卵形而较小，长 2～5 cm，宽 1.5～2 cm，基部圆形或稍心形，两面除叶脉疏被星状短柔毛外，其余无毛，侧脉每边 5～7 条；叶柄长约 5 mm
花	总状聚伞花序生于侧枝顶端，有花 3～5 朵；花梗柔弱而下垂，疏被星状短柔毛，长达 3 cm；萼管倒圆锥形，高约 4 mm，外面密被星状短柔毛，萼齿 5，少 7，披针形；花冠裂片长圆状椭圆形，顶端钝，长 8～12 mm，宽约 6 mm，两面均密被星状绒毛；花期 3—4 月
果	果实卵形，连喙长 2～2.5 cm，宽 1～1.3 cm，红褐色，有浅棕色的皮孔，无毛，顶端具圆锥状的喙，外果皮木质，不开裂，厚约 1 mm，中果皮木栓质，厚约 3.5 mm，内果皮木质，坚硬，厚约 1 mm；种子 1 颗，长圆状线形，长约 1 cm，栗褐色；果期 7—10 月

- **适用范围**

分布于南京市鼓楼区幕府山、栖霞区燕子矶、浦口区老山，浙江、上海、武汉等地亦有栽培。

- **景观用途**

秤锤树枝叶浓密，色泽苍翠，初夏盛开白色小花，洁白可爱，秋季叶落后宿存的悬挂果实宛如秤锤一样，颇具野趣，是一种优良的观赏树种，适合于山坡、林缘和窗前栽植，可群植于园林中，也可与常绿树配植，或作为盆栽，制成盆景赏玩。

- **环境要求**

秤锤树为北亚热带树种，生于海拔500～800 m的林缘或疏林中。本种适生土壤为黄棕壤，pH值6～6.5，喜深厚、肥沃、湿润、排水良好的土壤，不耐干旱瘠薄；具有较强的抗寒性，能忍受－16℃的短暂极端低温；喜光，幼苗、幼树不耐阴。秤锤树偶见于次生落叶阔叶林中，果实大，成熟后常落于母树周围，如下方土壤裸露、土质坚实则难以发芽，因此，母树下必须有腐叶等疏松物质，坚果才能在潮湿疏松的基质中发芽。主要的伴生乔、灌木有：麻栎（*Quercus acutissima* Carruth.）、黄连木（*Pistacia chinensis* Bunge）、白鹃梅（*Exochorda racemosa*（Lindl.）Rehd.）等。

- **繁殖要点**

可用播种和扦插繁殖。

第七章

阔叶灌木类

第一节　常绿阔叶灌木

含笑

(别名:香蕉花)

- 拉丁学名:*Michelia figo* (Lour.) Spreng.
- 科属

类　别	名　称	拉丁名
科	木兰科	Magnoliaceae
属	含笑属	*Michelia*
种	含笑	*Michelia figo* (Lour.) Spreng.

- 树木习性

常绿灌木或小乔木;植株一般可高达 3～4 m;株幅 1.5～3.5 m;常呈丛

生状。

- **形态特征**

类 别	形　　态	颜 色	时 期
叶	叶互生，长椭圆形而先端较尖，革质，上表皮无毛，长约 10 cm	表面通常浓绿色	常年
花	花单生叶腋，花形小，呈圆形，花瓣 6 枚	淡黄色，边缘常带紫晕	4—5 月
果	多为球形、卵形，果内含种子 1～7 粒不等；果实平均长径 1.76～2.62cm，平均短径 1.27～1.73 cm	褐色	7—8 月

- **适用范围**

原产华南，长江以南各地有栽培。

- **景观用途**

含笑是中国名贵的香花植物，常植于江南的公园及私人庭院内。由于其抗 Cl_2，也是工矿区绿化的良好树种。其性耐阴，可植于楼北、树下、疏林旁或室内盆栽观赏，也可陈设于室内或阳台、庭院等较大空间内。含笑也适于在小游园、花园、公园或街道上成丛种植，可配植于草坪边缘或稀疏林丛之下，使游人在休息之时常得芳香气味的享受。因其香味浓烈，不宜陈设于小空间内。

- **环境要求**

含笑喜半阴，不耐干燥和暴晒，否则叶易变黄；喜暖热多湿气候及酸性土壤，不耐石灰质土壤；有一定耐寒力，据记载在遭－13℃之低温后虽全部落叶但未被冻死。含笑性喜温湿，不甚耐寒，长江以南背风向阳处能露地越冬；不耐干燥瘠薄，也怕积水，宜排水良好、肥沃的微酸性壤土，中性壤土也能适应。

- **繁殖要点**

可用播种、分株、压条、扦插等方法繁殖，多于早春进行为宜。移植以春季为主，秋季也可，都要带土球。

- **备注**

含笑为著名芳香观花树种。

火棘

(别名：火把果)

- **拉丁学名：*Pyracantha fortuneana* (Maxim.) Li**
- **科属**

类别	名称	拉丁名
科	蔷薇科	Rosaceae
属	火棘属	*Pyracantha*
种	火棘	*Pyracantha fortuneana* (Maxim.) Li

- **树木习性**

常绿灌木，高约 3 m，枝拱形下垂；株幅 1.5～3.5 m；常呈丛生状。

- **形态特征**

类别	形态	颜色	时期
叶	单叶互生，叶倒卵形至倒卵状长椭圆形，长 1.5～6 cm，先端圆钝微凹，有时有短尖头，基部楔形，边缘有圆钝锯齿，齿尖内弯，近基部全缘，两面无毛	表面通常浓绿色	常年
花	复伞房花序，有花 10～22 朵，花直径 1 cm	白色	5 月
果	果近球形，红色，直径约 5 mm，多个聚成穗状，每穗有果 10～20 余个	橘红色至深红色	8—11 月

- **适用范围**

分布于中国黄河以南及广大西南地区，产于陕、江、浙、闽、鄂、湘、桂、川、滇、黔等省区，生于海拔 500～2 800 m 的山地灌丛中或沟边。

- **景观用途**

本种枝叶茂盛，初夏白花繁密，入秋果红如火，且留存枝头甚久，美丽可爱，在庭园中常作为绿篱及基础种植材料，也可丛植或孤植于草地边缘或园路转角处。火棘果枝还是瓶插的好材料，红果可经久不落。

① 制作绿篱

因其适应性强，耐修剪，喜萌发，做绿篱具有优势。一般城市绿化所用的土壤较差，建筑垃圾不可能得到很好的清除，火棘在这种较差的环境中却生长较好，自然抗逆性强，病虫害也少，只要勤于修剪，当年栽植的绿篱当年便可见效。火棘也适合栽植于护坡之上起防护、观赏作用。任其自然发展的火棘枝条一年可长至 1.2 m，两年可长至 2 m 左右，并开始着花挂果。

② 在草坪、道路绿化带中布置

火棘以球形布置的形式可以采取拼栽、截枝、放枝及修剪整形的手法，错落有致地栽植于草坪之上，点缀于庭园深处。红彤彤的火棘果使人在寒冷的冬天里有一种温暖的感觉。火棘球规则地布置在道路两旁或中间绿化带，还能起到美化和醒目的作用。

③ 在景区点缀

火棘作为风景林地的配植，可以体现自然野趣。

④ 作盆景和插花材料

火棘耐修剪，主体枝干自然变化多端。火棘的观果期从秋到冬，果实愈来愈红。火棘盆景会引来游客驻足流连。火棘的果枝也是插花材料，特别是在秋冬两季配置菊花、蜡梅等做传统的艺术插花。

- **环境要求**

喜强光，耐寒、耐贫瘠，抗干旱，耐修剪，宜肥沃、疏松和排水良好的酸性土壤，耐－15℃之低温。

- **繁殖要点**

常用扦插和播种法繁殖，播种法开花较晚。种子于果熟后采收，随采随播，亦可将种子阴干沙藏至次年春季再播。扦插可于春季 2—3 月选用健壮的 1～2 年生枝条，剪成 10～15 cm 长的插穗，随剪随插；或在梅雨季节进行嫩枝扦插，也易于成活。

- **备注**

火棘是一种极好的春夏赏花、秋冬观果的植物。

石斑木

- **拉丁学名**：*Rhaphiolepis indica*（L.）Lindl. ex Ker
- **科属**

类别	名称	拉丁名
科	蔷薇科	Rosaceae
属	石斑木属	*Rhaphiolepis* Lindl
种	石斑木	*Rhaphiolepis indica*（L.）Lindl. ex Ker

- **树木习性**

常绿灌木或小乔木，高 2～4 m，枝粗壮开展；株幅 1.5～3.5 m；常呈丛生状。

- **形态特征**

类别	形态	颜色	时期
叶	叶片长椭圆形、卵形或倒卵形，长 4～10 cm，宽 1.2～4 cm，先端圆钝至稍锐尖，基部楔形，全缘或有疏生钝锯齿，边缘稍向下方反卷，网脉明显	叶上面深绿色，稍有光泽，下面淡绿色	常年
花	顶生圆锥花序或总状花序，花直径 1 cm，雄蕊 15，花柱 2～3，基部合生	白色，凋谢前略带粉红	4—5 月
果	果实球形，直径约 5 mm，有一个种子，果梗短粗	黑紫色带白霜	7—8 月

- **适用范围**

产于中国长江下游至南部各省；多生于阔叶林或疏林中。

- **景观用途**

石斑木是滨海地区不可多得的优良树种，也可应用于庭园绿化，树冠不用修剪，自然成伞形，且耐修剪，是做树球、绿篱的新材料，也是长三角地区沿海防护林建设中一种重要的树种。

- **环境要求**

生性强健，喜光，耐水湿、耐盐碱土、耐热、抗风，有极强的抗寒性及适应性；喜温暖湿润气候，宜生于微酸性砂壤土中，耐干旱瘠薄。石斑木常生长在裸露低丘陵向阳山坡、溪边、路旁、杂木林内或灌木丛中，在略有荫庇处则生长更好。

- **繁殖要点**

以播种为主，在6月扦插也能生长。早春2月移植最佳。盆景素材多采于山野。由于其侧根甚少，根部最好用浓度1 000 mg/kg萘乙酸溶液处理，促其生根，提高生长成活率。新上盆的石斑木最适宜放在阴处，树身可经常喷水雾，力求保持湿润条件，使其易开根萌芽；在较长时间内不要受强烈日光直射，只需散射光，否则难以成活。到了花期，应剪除花序基部抽生的幼嫩枝叶，使花朵完全显露，增加美感。翻盆宜2～3年一次，盆底垫些有机杂质肥，更利生长。如不需观果取果的，花期后即行修剪，萌芽力强的石斑木能很快长出新枝叶。栽培土以排水良好之土壤最佳，全、半日照均可，年中施肥宜每季一次，生育适温20～28℃。

- **变种与品种**

① 厚叶石斑木[*Rhaphiolepis umbellata*（Thunb.）Makino]：厚叶石斑木最大的特点为花朵刚盛开时，雄蕊为黄色，后逐渐转为红色，因此花心常同时呈现黄色及红色，生长形态颇为奇特。由于适应性强，此树适宜栽作普通园林绿化树，种于阳光充足处，以充分展示其花朵刚盛开时的变化美与硕果累累的丰实感，创造季相景观，突出不同季节的特色。厚叶石斑木也可培育成独干不明显、丛生形的小乔木，替代大叶黄杨，群植成大型绿篱或幕墙，在居住区、厂区绿地、街道或公路绿化隔离带应用。当树篱或幕墙花朵盛开之际，非常艳丽，极具生机盎然之美。此外厚叶石斑木还可用于与秋色叶树种搭配，在植物造景中形成独特的对比效果。

② 大叶石斑木（*Rhaphiolepis major* Card.）：本种近似石斑木，唯叶片、花朵、果实均较大，果梗、叶柄较长，叶片上面脉纹较深刻是其异点。

- **备注**

石斑木为华东地区沿江沿海适用的一种耐盐碱、耐水湿的常绿灌木。

亮叶蜡梅

（别名：山蜡梅）

- **拉丁学名：***Chimonanthus nitens* Oliv
- **科属**

类　别	名　称	拉丁名
科	蜡梅科	Calycanthaceae
属	蜡梅属	*Chimonanthus*
种	亮叶蜡梅	*Chimonanthus nitens* Oliv

- **树木习性**

常绿灌木，株高 1.5～2.5 m。

- **形态特征**

类　别	形　　态	颜　色	时　期
叶	叶革质，椭圆状披针形或卵状披针形，长 5～11 cm，先端窄细长渐尖或尾尖状，基部楔形，上面光亮，下面有白粉，无毛	灰绿色	常年
花	花单生叶腋，直径约 1 cm，花被片长 3～15 mm，外侧被短柔毛，内侧无毛	淡黄色	10—翌年 1 月
果	果托坛状，钟形，先端收缩，长 2～4 cm，外被褐色短绒毛，内含聚合瘦果，长 1～1.3 cm	褐色	4—7 月

- **适用范围**

产于湖北宜昌及广西等地，杭州、上海、南京、扬州等地有栽培。

- **景观用途**

亮叶蜡梅生长适应性良好，叶片革质光亮、花色金黄且全株具诱人芳香，是优美的常绿观赏灌木以及秋季观花植物，可作为城市绿化的优良材料，宜配植于园林入口两侧、草坪边、通道边等，亦可作假山、花丛背景树。

- **环境要求**

喜光，亦耐阴，喜湿润环境，根系发达，萌蘖力强。

- **繁殖要点**

一般为种子繁殖，也可分株繁殖，春秋两季均可。

桃叶珊瑚

- **拉丁学名：***Aucuba chinensis* Benth.
- **科属**

类别	名称	拉丁名
科	山茱萸科	Cornaceae
属	桃叶珊瑚属	*Aucuba*
种	桃叶珊瑚	*Aucuba chinensis* Benth.

- **树木习性**

常绿灌木或小乔木；植株一般可高达 3～6 m；株幅 1.5～3.5 m；常呈丛生状。

- **形态特征**

类别	形态	颜色	时期
叶	叶薄革质，窄长圆形或倒卵状长圆形，长 10～20 cm，先端尾尖，基部楔形，全缘或顶端生疏齿，下面被硬毛；叶柄亦被硬毛	上表面浓绿色	常年
花	雄花成总状圆锥花序，长 5 cm 以上，无毛或被疏柔毛，花瓣卵形，反曲；雌花序长 3～5 cm，密被硬毛	紫色或绿色	1—2 月
果	核果浆果状	成熟时深红色	果熟期翌年 2 月

● **适用范围**

产于台湾、广东、云南、福建等地，常生于海拔 1 000 m 以下的常绿阔叶林。

● **景观用途**

桃叶珊瑚叶色青翠光亮，密布黄色斑点，冬季时果实深红色，鲜艳夺目，适宜庭院、池畔、墙隅和高架桥下点缀。桃叶珊瑚是珍贵的耐阴灌木，宜在庭园中栽于荫蔽处或树荫下，也宜盆栽，作室内观叶植物。其枝、叶可用于瓶插。

● **环境要求**

桃叶珊瑚的抗逆性较强，容易栽培，在长江流域以南各地均可露地栽培。桃叶珊瑚好阴湿环境，可耐强遮阴，以较阴湿而有荫庇处生长最好，但也可在全光照下生长。对土壤要求不高，对城市环境污染有一定适应能力。为使观叶与观果兼得，在栽植时应适当搭配雄株，以保证授粉。盆栽时可选用盆径为 12～15 cm 的盆钵，以一般的混合土做培养土，种后置阴凉处，保持盆土湿润。在 5—9 月，可每隔 20 天左右施一次液肥，使其叶色青翠。一般每年 3 月换盆，可使其生长更好。

● **繁殖要点**

可以采用播种法和扦插法进行繁殖，对于难以扦插成活的变种，可以用实生苗作砧木进行嫁接。桃叶珊瑚生性强健，管理粗放。栽培可以采用泥炭土(2 份)和粗沙(1 份)的混合土，栽植前要施放少量的基肥，生长期间每 3～4 周浇施 1 次液肥，并保持盆土湿润，放置在半阴处，避免强光直射。冬季温室温度保持在 10℃以上，并减少浇水。桃叶珊瑚极少受到病虫害危害。

● **变种与品种**

洒金桃叶珊瑚(*Aucuba japonica* ‘Variegata’)为桃叶珊瑚的栽培变种，常绿灌木，小枝粗圆，叶对生，革质，暗绿色，有光泽，椭圆形至长椭圆形，先端急尖或渐尖，基部广楔形，叶缘 1/3 以上疏生粗锯齿。

● **备注**

桃叶珊瑚对烟尘和大气污染抗性强。

八角金盘

(别名:手树)

- **拉丁学名**:*Fatsia japonica* (Thunb.) Decne. et Planch.
- **科属**

类 别	名 称	拉丁名
科	五加科	Araliaceae
属	八角金盘属	*Fatsia*
种	八角金盘	*Fatsia japonica* (Thunb.) Decne. et Planch.

- **树木习性**

常绿灌木,高可达 5 m;株幅 1.5～3.5 m;常呈丛生状。

- **形态特征**

类 别	形 态	颜 色	时 期
叶	叶片掌状裂,直径 20～40 cm,7～9 裂,裂片为长椭圆形,新叶呈棕色毛毡状,而后逐渐变为平滑的革质,极富光泽,中心的叶脉清晰,叶柄长而硬	深绿,密被锈色毛	常年
花	伞形花序集生成顶生圆锥花序	淡绿色至奶油色	10—11 月
果	球形浆果,直径 5 mm	熟时紫黑色,外被白粉	翌年 4 月果熟

● **适用范围**

原产于日本，现长江流域以南各地有栽培。

● **景观用途**

八角金盘在长江流域栽培，四季常绿，冬季未发生冻害。八角金盘绿叶扶疏，叶缘有时为金黄色，恍若金盘，树冠伞形，婀娜可爱，为重要的观叶树种；又因叶色浓绿，覆盖率高，是极良好的常绿观叶地被植物。极耐阴，适宜于3～5株丛植，栽种于林下、路边、草坪角落，或植于庭前、门旁、窗边、栏下、墙隅及建筑物背阴面；若与山石结合，点缀在溪流沟水之旁、池畔、桥头、树下，亦颇幽美。

● **环境要求**

耐阴，喜温暖，耐瘠薄；抗风力强，可在岩石缝隙中生长。喜温暖湿润的气候，不耐干旱，有一定耐寒力。宜种植在排水良好和湿润的砂质土壤中。

● **繁殖要点**

常用扦插法，最适宜的季节为春季，剪取生长充实的嫩枝（长10～15 cm，带2～3片叶）插于素沙中，覆盖湿润报纸，约1月生根。也可结合春季换盆进行分株，将母株基部的蘖芽带根切下，另行栽植。盆土可用2份泥炭土、1份河沙及腐熟的饼肥混合。八角金盘生命力强，并且很耐阴，管理简便，温室要遮阴，避免强光直射，冬季可适当增加光照。生长旺季每2周浇施1次稀薄肥水，期间要保证水肥供应，尤其夏季，叶片蒸发较快，盆土过干，会引起叶片发黄脱落，冬季则适当减少浇水。八角金盘喜湿润气候，冬春干旱季节要提高空气湿度，可向地面、叶面喷水，冬季室温保持10～12℃。

- **变种与品种**

① 白边八角金盘(*Fatsis japonica* var. *alba-marginata*):叶缘白色。

② 花叶八角金盘(var. *variegata*):叶表除绿色外,还有黄色斑块,叶片边缘有黄绿色斑块,而边角为奶黄色。

③ 网纹八角金盘(var. *reticulata*):叶面具黄色网状斑纹。

④ 波缘八角金盘(*Fatsis japonica* 'Undulata'):叶缘波状,有时卷缩。

- **备注**

八角金盘对烟尘和大气污染抗性强。

鹅掌柴

- **拉丁学名:*Schefflera octophylla* (Lour.) Harms**
- **科属**

类 别	名 称	拉丁名
科	五加科	Araliaceae
属	鹅掌柴属	*Schefflera*
种	鹅掌柴	*Schefflera octophylla* (Lour.) Harms

- **树木习性**

鹅掌柴为半蔓生灌木或小乔木;栽培条件下株高30～80cm;常呈丛生状。

- **形态特征**

类 别	形 态	颜 色	时 期
叶	掌状复叶,小叶5～9枚,椭圆形或卵状椭圆形,长9～17 cm,宽3～5 cm,先端有长尖,叶革质,有光泽	浓绿色	常年
花	花形小	白色	冬春
果	浆果球形	蒴果粉红色,假种皮橘红色	12—翌年1月

● **适用范围**

原产于大洋洲及我国广东、福建等亚热带雨林，日本、越南、印度也有分布，现广泛分布于世界各地。

● **景观用途**

鹅掌柴株形丰满优美，适应能力强，是近年来流行的盆栽观叶植物。小型盆栽置于客厅、书房、门廊和窗台案头作为装饰，别有风味。此种亦可培育成多干式的大中型盆栽摆设在较大空间环境，颇具热带丛林风光，同时可呈现一种豪华富丽的气派。

● **环境要求**

性喜阳光充足、温暖湿润的环境；有一定的耐阴、抗旱能力；耐寒力较强，越冬温度为5℃，但花叶品种越冬温度要求8～10℃；喜疏松、肥沃、透气、排水良好的砂质壤土；生长适温15～25℃，冬季最低温度不应低于5℃，否则会造成叶片脱落。新叶将在翌年春天萌出。

● **繁殖要点**

可用扦插和高压繁殖。扦插多于春季(4—5月)和秋季(9—10月)较高温度时进行。选择长约8～10 cm、有3～5节的一年生成熟枝条作为插条，去掉下部叶片，先端留叶片1～2片(如叶片较大，可剪去1/3叶片)，插条切口先浸入水中浸泡片刻再蘸黄泥浆，然后插于插床(以河沙掺和泥炭土，或掺加蛭石与珍珠岩的混合物为基质)。操作时保持较高的环境空气湿度，供给充足的水分。在温度25℃左右条件下一个月左右可生根上盆。除此外亦可选择健壮的成熟枝条环剥，并包以水苔，进行高压繁殖。鹅掌柴盆栽可用黏质壤土混合腐叶土与牛粪干种植，亦可用泥炭土、腐叶土加1/3珍珠岩和少量基肥作为培养土。生长季每1～2周施一次液肥。对于花叶品种施肥不宜太多(尤其氮肥)，否则叶片变绿，会失去原有品种特征。要保持土壤湿润，不待干透就要及时浇水，天气干燥时，还应向植株喷雾增湿。鹅掌柴生长较快，且易萌发徒长枝，平时要注意整形和修剪以促进侧枝萌生，保持良好的树形。喜稍明亮光线，夏季要防止烈日暴晒，以免叶片灼伤、叶色暗淡；最适宜半阴条件，尤其对于斑叶品种，光线太强或太弱，都会使叶片的斑块不明显，失去原有的观赏价值。

- **变种与品种**

① 放射状鹅掌藤(*Schefflera actinophylla*):掌状复叶,有小叶5～8片,长椭圆形,深绿色,叶柄细,耐寒性强,亦耐旱。

② 鹅掌藤(*Schefflera arboricola*):常绿蔓性灌木,分枝多,茎节处生有气生根,掌状复叶互生,有小叶7～9片,长椭圆形。

③ 香港鹅掌藤(*Schefflera arboricola* 'HongKong'):分枝多,小叶宽阔,叶端钝圆,叶柄短;圆锥状大花序,小花黄绿色,浆果橙红色。

④ 香港斑叶鹅掌藤(*Schefflera arboricola* 'HongKong Variegata'):叶绿色,具不规则黄色斑块或斑点,茎干及叶柄常为黄色。

⑤ 新西兰鹅掌藤(*Schefflera digitata*):掌状复叶,小叶5～10枚,长卵圆形,深绿色,新叶淡绿色带褐色,花淡紫色,果紫黑色。

⑥ 长穗鹅掌藤(*Schefflera macrostachya*):掌状复叶,幼叶时3～5枚,成熟株可多至16枚小叶,小叶长椭圆形,深绿色有光泽,花鲜红色。

⑦ 斑叶鹅掌柴(*Schefflera odorata* 'Variegata'):叶绿色,叶面具不规则乳黄色至浅黄色斑块,小叶柄也具黄色斑纹。

⑧ 星光鹅掌柴(*Schefflera octophylla* 'Starshine'):掌状复叶似棕榈叶,小叶9～12枚,长披针形,叶柄长,深绿色。

⑨ 星叶鹅掌柴(*Schefflera venulosa*):掌状复叶,小叶7～8枚,披针形,深绿色。

黄杨

(别名:瓜子黄杨、小叶黄杨)

- **拉丁学名:*Buxus sinica* (Rehd. et Wils.) Cheng**
- **科属**

类别	名称	拉丁名
科	黄杨科	Buxaceae
属	黄杨属	*Buxus*
种	黄杨	*Buxus sinica* (Rehd. et Wils.) Cheng

● 树木习性

小乔木,常呈灌木状,高可达 7 m;株幅 1.5~3.5 m;常呈丛生状。

● 形态特征

类 别	形 态	颜 色	时 期
叶	叶对生,全缘,革质,羽状脉,倒卵状椭圆形或卵状长圆形,多数长 1.3~3.5 cm,先端钝圆或微凹,基部楔形,上表面近基部被细毛,下表面沿中脉密被白色钟乳体;叶柄短,稍被毛	绿色	常年
花	花簇生,总梗密被柔毛;苞片 6~8,宽卵圆形,背部被柔毛	白色	3—4 月
果	蒴果,近球形,花柱宿存	黑色	5—6 月

● 适用范围

产于华北、华东及华中,多数地区普遍有栽培。

● 景观用途

黄杨枝条柔韧,叶厚光亮,翠绿可爱,在公园绿地、庭前入口内侧群植、列植均宜;作为花径之背景或配植于树丛之下为下层常绿基调树种,亦甚美;如与山石相配,也协调。

● 环境要求

浅根性,较耐阴,喜生于石灰岩山地、溪边,生长慢,在深厚肥沃的中性土上生长良好,耐修剪,对多种有毒气体的抗性强,能净化空气。

● 繁殖要点

用扦插法繁殖极易成活,播种、压条也可。栽培管理较粗放,若要控制其生长过长，应于6月或9月进行适当修剪。

- **变种与品种**

① 锦熟黄杨（*Buxus sempervirens* L.）：小枝密集，四棱形，具柔毛；叶椭圆形至卵状长圆形，最宽处在中部或中部以下，先端钝或微凹，上表面深绿色，有光泽，背面绿白色；叶柄短，有毛；花深绿色，花药黄色；蒴果三脚鼎状，熟时黄褐色。花期4月，果期7月。

② 雀舌黄杨（*Buxus bodinieri* Levl.）：灌木，高可达4 m，小枝较粗，近四棱，初被短柔毛后变无毛；叶倒披针形、长圆状倒披针形或倒卵形，长2～4 cm，先端钝尖或微凹，基部窄楔形，中脉两面隆起，下面中脉被微细毛；叶柄疏被柔毛；花密集成球状，果卵圆形。花期2月，果期5—8月。

瑞香

（别名：睡香、蓬莱紫）

- **拉丁学名：***Daphne odora* Thumb.
- **科属**

类　别	名　称	拉丁名
科	瑞香科	Thymelaeaceae
属	瑞香属	*Daphne*
种	瑞香	*Daphne odora* Thumb.

- **树木习性**

瑞香植株高1.5～2 m，枝细长，光滑无毛；株幅1.5～3.5 m；常呈丛生状。

- **形态特征**

类　别	形　　态	颜　色	时　期
叶	叶互生，长椭圆形至披针形，长7～13 cm，先端钝或短尖，基部狭楔形，全缘，两面无毛，质较厚，表面深绿有光泽	深绿	常年

（续表）

类 别	形 态	颜 色	时 期
花	花簇生于枝顶端，头状花序有总梗，花萼筒状，上端四裂，开花直径 1.5 cm	白色、淡紫或黄	2—3 月，长达 40 天左右
果	核果肉质，圆球形	红色	7—8 月

- **适用范围**

原产于我国长江流域，江西、湖北、浙江、湖南、四川等省均有分布，宋代即有栽培记载。

- **景观用途**

瑞香早春开花，花色花香俱备，于林下、路旁栽植或与假山、岩石配植均相宜，北方多于温室盆栽观赏，最适合种于林间空地、林缘道旁、山坡台地及假山阴面，若散植于岩石间则风趣益增。日本的庭院设计师也十分喜爱使用瑞香，多将它修剪为球形，种于松柏之前供点缀之用。瑞香的观赏价值很高，其花虽小，却锦簇成团，花香清馨高雅。

- **环境要求**

性喜阴，忌阳光暴晒；耐寒性差，北方盆栽须在温室越冬；喜排水良好之酸性土壤。观赏瑞香以早春 2 月开花期为佳，如需提前开花，要在开花前 1 个月适当浇温水，可使其提前半个月开花，盛花期扣水可延长开花期。

- **繁殖要点**

可用播种、分株、分根、插条等方法繁殖，一般以分株繁殖为主。

- **变种与品种**

白花瑞香，花色纯白；红花瑞香，花红色；紫花瑞香，花紫色；黄花瑞香，花黄色；金边瑞香，叶缘金黄色，花蕾初为红色，开后白色；毛瑞香，花白色，花被外侧密被灰黄色绢状柔毛；蔷薇瑞香，花瓣内白外浅红；凹叶瑞香，叶缘反卷，先端钝而有小凹缺。

- **备注**

瑞香树冠圆形，条柔叶厚，枝干婆娑，花繁馨香，寓意祥瑞。金边瑞香为瑞香中之佳品，素有“牡丹花国色天香，瑞香花金边最良”之说。

海桐

(别名:山矾花、七里香)

- 拉丁学名:*Pittosporum tobira* (Thunb.) Ait.
- 科属

类别	名称	拉丁名
科	海桐花科	Pittosporaceae
属	海桐花属	*Pittosporum* Banks
种	海桐	*Pittosporum tobira* (Thunb.) Ait.

- 树木习性

常绿灌木,高 2～6 m;株幅 1.5～3.5 m;树冠圆球形。

- 形态特征

类别	形态	颜色	时期
叶	叶革质,倒卵状椭圆形,长 5～12 cm,全缘,无毛,先端圆钝,基部楔形,边缘反曲	表面深绿而有光泽	常年
花	顶生伞房花序,直径约 1 cm,有芳香	花白色或淡黄绿色	5 月
果	蒴果卵形,有棱角,熟时 3 瓣裂	种子鲜红色	10 月

- 适用范围

原产于我国江苏、浙江、福建、广东等省,长江流域及其以南各地庭园习见栽培。

- 景观用途

本种枝叶茂密,叶色浓绿而有光泽,经冬不凋,花朵清丽芳香,入秋果熟开裂时露出红色种子,颇美观,是南方庭园习见之绿化观赏树种;通常用作基础种植及绿篱材料,孤植或丛植于草地边缘或林缘也很合适,特宜用于东南沿海地区城市绿化。

- **环境要求**

海桐为亚热带树种，故喜温暖湿润的海洋性气候，喜光，亦较耐阴；对土壤要求不高，黏土、沙土、偏碱性土及中性土均能适应，萌芽力强，耐修剪。

- **繁殖要点**

播种或扦插繁殖。

- **备注**

海桐抗 SO_2、抗海潮风能力甚强；其叶可代矾染色，枝叶亦可药用。

叶子花

(别名:簕杜鹃、三角花、九重葛、三叶梅)

- **拉丁学名:*Bougainvillea spectabilis* Willd.**
- **科属**

类 别	名 称	拉丁名
科	紫茉莉科	Nyctaginaceae
属	叶子花属	*Bougainvillea* Comm. ex Juss.
种	叶子花	*Bougainvillea spectabilis* Willd.

- **树木习性**

常绿攀缘灌木，拱形下垂，植株一般可高达 3～4 m；株幅 1.5～3.5 m；常呈丛生状，有枝刺，枝、叶无毛或稍有毛。

- **形态特征**

类 别	形 态	颜 色	时 期
叶	叶卵形或卵状椭圆形，长 5～10 cm，全缘；苞片叶状，大而美丽，紫红色，椭圆形，长 3～3.5 cm；花被管长 1.5～2 cm，淡绿色，密生柔毛	紫红色	常年
花	花顶生，很细小	黄绿色	4—5 月
果	蒴果球形，种子外包裹一层假种皮，直径达 1 cm	蒴果粉红色，假种皮橘红色	10—11 月

- **适用范围**

原产于热带美洲，我国各地有栽培。

- **景观用途**

华南及西南暖地多将其植于庭园、宅旁，攀缘于棚架、山石、园墙或廊柱上。叶子花花期很长，极为美丽，苞片大，色彩鲜艳如花，且持续时间长，除庭园种植外还可做盆景、绿篱及修剪造型。叶子花观赏价值很高，在我国南方用作点缀围墙的攀缘花卉栽培。每逢新春佳节，绿叶衬托着鲜红苞片，仿佛孔雀开屏，格外璀璨夺目。北方多盆栽叶子花，置于门廊、庭院和厅堂入口处，用于冬季观花，十分醒目；在华南地区可以设花架、拱门或高墙供其攀爬覆盖，形成立体花卉，以供观赏。

叶子花的茎干奇形怪状、千姿百态，或左右旋转，反复弯曲，或自身缠绕，打结成环；枝蔓较长，具有锐刺，柔韧性强、可塑性好、萌发力强，极耐修剪，人们常将其编织后用于花架、花柱、绿廊、拱门和墙面的装饰，或修剪成各种形状供观赏，老株还可用来制作树桩盆景。叶子花生命力较强，可扦插繁殖，又可人工嫁接，“天工不如人工巧”，如经过人工将多个品种嫁接为一体，可形成五彩缤纷的一树多花现象，极富观赏性。

- **环境要求**

喜温暖湿润气候，喜充足光照，不耐寒，在3℃以上才可安全越冬，15℃以上方可开花；对土壤要求不高，在排水良好、含矿物质丰富的黏重土壤中生长良好；耐贫瘠、耐碱、耐干旱、忌积水、耐修剪。长江流域及其以北地区多盆栽观赏，于温室越冬。

- **繁殖要点**

叶子花常用扦插繁殖，育苗容易，5、6 月份，剪取成熟的木质化枝条（长 20 cm），插入沙盆中，盖上玻璃，保持湿润，1 个月左右可生根，培养 2 年可开花。整株开花期很长，可达三四个月。开花期间落花、落叶较多，须及时清除，保持清新美观。叶子花属藤状灌木，繁殖简单，只需要在初春或者晚秋用其茎秆扦插于土壤内，1 个月就能生根，长出枝叶，第二年就能开花。花多且美丽，在南方一般花期为当年的 10 月至翌年的 6 月初。

- **备注**

叶子花是赞比亚的国花，同时是海南三亚市和海口市、广西北海市和梧州市、福建厦门市市花，也是广东深圳市、珠海市、惠州市和江门市市花；重庆市开县县花；贵州黔西南州州花以及中国台湾屏东、日本那霸市等国内外十多个城市的市花。冬春之际，姹紫嫣红的苞片展现，给人以奔放、热烈的感受，因此又得名贺春红。

扶桑

（别名：朱槿、大红花）

- **拉丁学名：*Hibiscus rosa-sinensis* L.**
- **科属**

类　别	名　称	拉丁名
科	锦葵科	Malvaceae
属	木槿属	*Hibiscus*
种	扶桑	*Hibiscus rosa-sinensis* L.

- **树木习性**

半常绿或落叶灌木，高可达 6 m，栽种于花园庭院中的一般被人修剪至 1 m 多高左右；株幅 1.5～3.5 m；常呈丛生状。

● 形态特征

类 别	形 态	颜 色	时 期
叶	有叶柄，叶形为阔卵形至狭卵形，与桑叶相似，先端突尖或渐尖，叶缘有粗锯齿或缺刻，长 7～10 cm，具 3 主脉	成熟的叶子浓绿色，有光泽	常年（春、夏、秋）
花	腋生喇叭状花朵，有单瓣和重瓣，最大花径达 25 cm，单瓣者漏斗形，重瓣者非漏斗形	红、粉红、黄、青、白等	终年开花，夏秋最盛
果	蒴果卵形，长约 2.5 cm，平滑无毛，有喙	—	10—11 月

● 适用范围

原产于我国南部，在华南地区栽培很普遍，在长江流域及其以北地区，为重要的温室和室内花卉。

● 景观用途

扶桑鲜艳夺目的花朵，朝开暮萎，姹紫嫣红，在南方多散植于池畔、亭前、道旁和墙边，盆栽扶桑适宜于客厅和门庭入口处摆设。

● 环境要求

强阳性植物，要求日光充足，喜温暖湿润气候，不耐寒霜，不耐阴，性喜高温，22～30℃最理想。在温室或其他保护地保持 12～15℃气温越冬。室温低于 5℃，叶片转黄脱落；低于 0℃，即遭冻害。扶桑耐修剪，发枝力强，对土壤的适应范围较广，但以富含有机质，pH 值 6.5～7 的微酸性壤土生长最好。

● 繁殖要点

常用扦插和嫁接繁殖。

扦插繁殖:5—10月进行,以梅雨季成活率最高,冬季在温室内进行。插条以当年生半木质化枝条最好,长10 cm,剪去下部叶片,留顶端叶片,切口要平,插于沙床,保持较高空气湿度,在室温18~21℃的条件下,插后20~25天生根。用0.3%~0.4%吲哚丁酸处理插条基部1~2 s,可缩短生根期。根长3~4 cm时可将插条移栽上盆。

嫁接繁殖:在春、秋季进行,多用于扦插困难或生根较慢的扶桑品种,尤其是扦插成活率低的重瓣品种,枝接或芽接均可。砧木用单瓣扶桑。嫁接苗当年抽枝开花。

- **变种与品种**

① 锦叶扶桑(*Hibiscus rosa-sinensis* 'Cooperi'):又名锦叶大红花,以观叶为主,叶子上有白、红、黄、绿等斑纹变化,十分美丽。

② 美丽美利坚('American Beauty'):花深玫瑰红色。

③ 橙黄扶桑('Aurantiacus'):单瓣,花橙红色,具紫色花蕊。

④ 黄油球('Butterball'):重瓣,花黄色。

⑤ 蝴蝶('Butterfly'):单瓣,花小,黄色。

⑥ 金色加州('California Gold'):单瓣,花金黄色,具深红色花蕊。

⑦ 快乐('Cheerful'):单瓣,深玫瑰红色,具白色花蕊。

⑧ 锦叶('Cooperi'):叶狭长,披针形,绿色,具白、粉、红色斑纹,花小,鲜红色。

⑨ 波希米亚之冠('Crownof Bohemia'):重瓣,花黄色可变为橙色。

⑩ 金尘('Golden Dust'):单瓣,橙色,具橙黄色花蕊。

⑪ 呼啦圈少女('Hula Girl'):单瓣,花大,花径15 cm,黄色变为橙红色,具深红花蕊。

⑫ 砖红('Lateritia'):花橙黄色,具黑红色花蕊。

⑬ 纯黄扶桑('Lute'):单瓣,花橙黄色。

⑭ 马坦('Matensis'):茎干红色,叶灰绿色,单瓣,花洋红色,具深红色脉纹及花蕊。

⑮ 雾('Mist'):重瓣,花大,黄色。

⑯ 总统('President'):单瓣,花红色,具深粉花蕊。

⑰ 红龙('Red Dragon'):重瓣,花小,深红色。

⑱ 日落('Florida Sunset'):重瓣,花橙红色。

⑲ 斗牛士('Toreador'):单瓣,花大,花径12~15 cm,黄色具红色花蕊。

⑳ 火神('Vulcan'):单瓣,花大,红色。

㉑ 白翼('White Wings'):单瓣,花大,白色。

㉒ 单瓣玫红扶桑('Rosea'):单瓣,花玫瑰红色。

㉓ 黑龙('Black Dragon'):重瓣,花大,深红色,有黑色调。

- **备注**

扶桑虽然是马来西亚国花和夏威夷州花,但是扶桑的原产地却在中国,故又名中国蔷薇。

变叶木

(别名:洒金榕)

- **拉丁学名:***Codiaeum variegatum* (L.) A. Juss.
- **科属**

类别	名称	拉丁名
科	大戟科	Euphorbiaceae
属	变叶木属	*Codiaeum*
种	变叶木	*Codiaeum variegatum* (L.) A. Juss.

- **树木习性**

常绿灌木或乔木,高 1～2 m;株幅 1.5～3.5 m;常呈丛生状。

- **形态特征**

类别	形态	颜色	时期
叶	单叶互生,薄革质;叶形和叶色依品种不同而有很大差异,叶片形状有线形、披针形至椭圆形,边缘全缘或者分裂,波浪状或螺旋状扭曲	亮绿色、白色、灰色、红色、淡红色、深红色、紫色、黄色、黄红色等	常年
花	总状花序生于上部叶腋	雄花白色,雌花淡黄色	9—10 月
果	蒴果近球形,无毛,直径 9 mm 左右	—	10—11 月

- **适用范围**

原产于亚洲马来半岛至澳大利亚，现广泛栽培于热带地区，我国南部各省区常见栽培。

- **景观用途**

变叶木因其叶形、叶色的变化显示出色彩美、姿态美，在观叶植物中深受人们喜爱，华南地区多用于公园、绿地和庭园美化，既可丛植，也可做绿篱；在长江流域及以北地区均做盆花栽培，装饰房间、厅堂和布置会场。其枝叶是插花理想的配叶料。

- **环境要求**

喜高温、湿润和阳光充足的环境，不耐寒。变叶木的生长适温为20～30℃，3—10月为21～30℃，10月至翌年3月为13～18℃，冬季温度不能低于13℃。短期处于10℃，则叶色不鲜艳，出现暗淡，缺乏光泽；温度4～5℃时，叶片易受冻害，造成大量落叶，甚至全株冻死。

变叶木喜湿怕干，生长期茎叶生长迅速，应给予充足水分，并每天向叶面喷水，但冬季低温时盆土要保持稍干燥。当处于冬季半休眠状态，若水分过多，会引起变叶木落叶，必须严格控制。

变叶木属喜光性植物，整个生长期均需充足阳光，使茎叶生长繁茂，叶色鲜丽，特别是红色斑纹更加艳红。光照度以5～8 lx最为适宜。若光照长期不足，则叶面斑纹、斑点不明显，缺乏光泽，枝条变柔软，甚至产生落叶。栽培变叶木时土壤以肥沃、保水性强的黏质壤土为宜。盆栽用培养土、腐叶土和粗沙的混合土壤。

- **繁殖要点**

常用扦插、压条和播种繁殖。

扦插繁殖：于6—8月，选用顶端枝条，长10 cm，(因切口有乳汁)晾干后再插入沙床，插后保持湿润和25～28℃室温，20～25天可生根，35～40天后盆栽。

压条繁殖：以7月高温季节为好，根据母株树形选择顶端枝条，长15～25 cm，用刀将茎做环状剥皮，宽1 cm，再用水苔或泥炭包上，并以薄膜包扎固定，约30多天开始愈合生根，60～70天后从母株上剪下栽盆。

播种繁殖：7—8月种子成熟后采下秋播，室温必须控制在25～28℃，播后14～21天发芽，至翌年春季幼苗才能盆栽。种子发芽时温度低于25℃，则发芽不整齐，发芽率下降，甚至造成种子腐烂死亡。

- **备注**

盆栽变叶木在贮运过程中对乙烯不敏感，在16～18℃温度和80%～90%相对湿度下，能忍耐黑暗30天。

山茶

- **拉丁学名**：*Camellia japonica* L.
- **科属**

类　别	名　称	拉丁名
科	山茶科	Theaceae
属	山茶属	*Camellia*
种	山茶	*Camellia japonica* L.

- **树木习性**

常绿小乔木或灌木，高可达10～15 m；株幅1.5～3.5 m；常呈丛生状。

● 形态特征

类 别	形 态	颜 色	时 期
叶	叶卵形或椭圆形，长 5～10 cm，先端短钝渐尖，基部楔形，边缘有细齿，上表面有明显光泽	表面通常浓绿色	常年
花	直径 6～12 cm，无梗；花瓣 5～7，但也有重瓣的，花瓣近圆形，顶端微凹；萼片外密被短毛，边缘膜质；花丝及子房均无毛	多为大红色	2—4 月
果	蒴果近球形，直径 2～3 cm，无宿存花萼；种子椭圆形	—	秋季成熟

- **适用范围**

产于中国湖南、浙江、江西、广西、四川及山东；日本、朝鲜也有分布。

- **景观用途**

山茶叶色翠绿而有光泽，四季常青，花朵大，花色美，品种繁多，花期长（开得早的从 11 月就开放，有的开得晚要到春天 3 月间才开放，有的能持续开 5～6 个月），开花季节正当冬末春初，其他花未开放的时候，因此山茶是丰富园林景色和布置会场、厅堂的好材料。

- **环境要求**

喜半阴、忌烈日；喜温暖气候，生长适温为 18～25℃，始花温度为 2℃；略耐寒，一般品种能耐－10℃的低温；耐暑热，但超过 36℃则生长受抑制；喜空气湿度大，忌干燥，宜在年降水量 1 200 mm 以上的地区生长；喜肥沃、疏松的微酸性土壤，pH 值 5.5～6.5 为佳。

- **繁殖要点**

用扦插法繁殖极易成活，播种、压条也可。栽培管理较粗放，若要控制其枝干生长过度，应于 6 月或 9 月进行适当修剪。

- **变种与品种**

可分为 3 大类，12 个花型：

① 单瓣类：花瓣 1～2 轮，5～7 片，基部连生，多呈筒状，结实。其下只有 1 个型，即单瓣型。

② 复瓣类：花瓣 3～5 轮，20 片左右，多者近 50 片。其下分为 4 个型，即复瓣

型、五星型、荷花型、松球型。

③ 重瓣类:大部分雄蕊瓣化,花瓣自然增加,花瓣数在50片以上。其下分为7个型,即托桂型、菊花型、芙蓉型、皇冠型、绣球型、放射型、蔷薇型。

- **备注**

木材可供细木及农具柄用;种子含油45%以上,榨油供食用及工业用;花供药用,有收敛止血功用。

滇山茶

(别名:云南山茶花)

- **拉丁学名:***Camellia reticulata* Lindl.
- **科属**

类别	名称	拉丁名
科	山茶科	Theaceae
属	山茶属	*Camellia*
种	南山茶	*Camellia reticulata* Lindl.

- **树木习性**

大灌木至小乔木,高可达15 m,胸径57 cm。

- **形态特征**

类别	形态	颜色	时期
叶	叶互生,边缘具细锯齿,先端钝至渐尖,基部楔形或圆形,革质	上表面通常浓绿色,背面淡绿	常年
花	花单生或2~3朵簇生叶腋或枝顶,直径6~8 cm,无花梗,花瓣5~7枚,倒卵形,先端微凹,基部联合。花有单瓣、复瓣、重瓣各类型	粉红、大红、紫红、银红以及红白相间	在原产地早花自12月下旬始开,晚花种能一直开到4月上旬
果	蒴果扁球形,无宿存萼片,木质	熟时茶褐色	—

- **适用范围**

原产于我国云南，江、浙、粤等省有栽培，北方各省有少量盆栽。

- **景观用途**

可孤植、群植于公园、庭院及风景区，是优良的观赏树种。

- **环境要求**

喜半阴，忌日晒、干燥，气温 18～24℃、相对湿度 60%～80%为最适宜生长环境；喜富含腐殖质、排水良好的酸性(pH 值 4～5)土壤；根系浅，忌强风，不耐盐碱、不耐修剪。

- **繁殖要点**

本种繁殖一般用靠接法，砧木多用山茶变种白洋茶之扦插苗。靠接时间以立夏至芒种间(5、6 月)为宜，约经 4 个月愈合牢固后即可与母株分离。第一年如见花芽应全部除去，以免消耗养分，砧芽也应随时除去。滇山茶切接成活率不高，扦插也很难生根，如要播种，最好在开花时进行人工异茶授粉，这样易得饱满种子。苗木在露地定植后，在最初的 1～2 个月内应注意浇水，待根系恢复后则可不必常浇，仅于施肥后或在天气过旱时浇之即可。盆栽者应注意盆土的排水、施肥、灌水等工作。花盆底部可填鸽蛋至核桃大小的干塘泥块，其上再放蚕豆至黄豆大小的小泥块，最后才放细土。基肥可用猪蹄壳或牛羊角碎屑等。在暖热季节每日浇水 1～2 次，冬季则数日浇 1 次而且量要少。由于滇山茶的适应能力和生长势比山茶弱，故管理上要比山茶更为精细，才能获得良好的结果。长寿树种，树龄可达数百年。

- **变种与品种**

按照花型分有 5 种类型。

① 单瓣型:花瓣仅一层。

② 复瓣型(半重瓣型):花瓣 2～3 层。

③ 蔷薇型:花瓣 6～10 层,外层花瓣大,愈向内层的花瓣愈小,全体呈整齐的覆瓦状排列,雄蕊数少,几全变为花瓣状。

④ 秋牡丹型:外层花瓣宽平,内层为由雄蕊变成的细小而呈密簇状的花瓣。

⑤ 攒心花型:雄蕊分为 3、5、7 组,散生于细碎的内层花瓣中,因此形成三心、五心和七心等品种。

按照花色分有 5 种类型。

① 桃红色:如大桃红等。

② 银红色:如大银红等。

③ 艳红色:如大理花等。

④ 白色微带红晕:如童子面等。

⑤ 红白相间:如大玛瑙等。

按花期早晚分有 3 种类型。

① 早花种:12 月下旬至 2 月上旬开放。

② 中花种:1 月上旬至 3 月上旬开放。

③ 晚花种:2 月中下旬至 4 月上旬开放。

按花瓣特征分有 2 种类型。

① 曲瓣种:花瓣弯曲起伏,呈不规则状排列。

② 平瓣种:花瓣平坦,排列整齐。

- **附种**

金花茶(*Camellia nitidissima* C. W. Chi):国家一级保护植物之一,山茶属著名花木。花金黄色,单生于叶腋。国外称之为神奇的东方魔茶,被誉为“植物界大熊猫”“茶族皇后”。

油茶

- **拉丁学名**：*Camellia oleifera* Abel.
- **科属**

类　别	名　称	拉丁名
科	山茶科	Theaceae
属	山茶属	*Camellia*
种	油茶	*Camellia oleifera* Abel.

● **树木习性**

小乔木或灌木，高可达 4～6 m，一般 2～3 m。

● **形态特征**

类　别	形　态	颜　色	时　期
叶	叶卵状椭圆形，长 3.5～9 cm，边缘有锯齿；叶柄长 4～7 cm，有毛	表面通常浓绿色	常年
花	直径 3～6 cm，1～3 朵腋生或顶生，无花梗，萼片多数，脱落；花瓣 5～7 枚，端 2 裂；雄蕊多数，外轮花丝仅基部合生；子房密生黄色丝状绒毛	白色	10—12 月
果	蒴果直径约 2～3 cm，果瓣厚木质，2～3 裂；种子 1～3 粒，有棱角，果球形、扁圆形、橄榄形	黑褐色	次年 9—10 月成熟

● **适用范围**

我国长江流域及其以南各省区均有分布，或野生或栽培，印度、越南等地也产，垂直分布一般在海拔 700 m 以下。

● **景观用途**

油茶林具有保持水土、涵养水源、调节气候的生态效益。

● **环境要求**

性喜光，幼年稍耐阴；喜温暖湿润气候，要求年平均温度 14～21℃，1 月平均温度不低于 0℃，年降雨量 1 000 mm 以上；喜土层深厚、排水良好的酸性土壤(pH 值 4.5～5)，不耐盐碱土壤；深根性，生长缓慢。

● **繁殖要点**

用播种或扦插法繁殖。播种前应先浸种 5～6 天，播种时间冬、春季均可，冬播在 11 月，春播宜在 2 月中下旬至 3 月上旬。扦插易生根，可于早春 2、3 月选 1 年生健壮枝条或 5、6 月剪取当年生半木质化嫩梢进行，插穗长 5～6 cm。此外，还可用叶插和嫁接法繁殖。一般播种苗 5～7 年生开始开花结实，15～20 年后达盛果期，80～100 年后衰老。扦插苗 3～4 年即可开花结果，但衰老也早。衰老油茶林可进行萌芽更新。

● **备注**

油茶与油棕、油橄榄和椰子并称为世界四大木本食用油料植物。茶油的不饱和脂肪酸含量高达 90%，远远高于菜油、花生油和豆油；比橄榄油维生素 E 含量高一倍；含有山茶苷等特定生理活性物质，具有极高的营养价值。油茶具有很高的综合利用价值。茶籽粕中含有茶皂素、茶籽多糖、茶籽蛋白等，可作化工、轻工、食品、饲料工业产品等的原料。茶籽壳可制成糠醛、活性炭等，还是一种良好的食用菌培养基。研究表明，油茶皂素还有抑菌和抗氧化作用。此外，油茶还是优良的冬季蜜粉源植物，花期正值少花季节(10 月上旬至 12 月)，开花时蜜粉极其丰富。在生物质能源应用中油茶也有很高的价值。同时，油茶又是一个抗污染能力极强的树种，对 SO_2 抗性强，抗氟和吸氯能力也很强。因此科学经营油茶林具有保持水土、涵养水源、调节气候的生态效益。

茶梅

- **拉丁学名**：*Camellia sasanqua* Thunb.
- **科属**

类别	名称	拉丁名
科	山茶科	Theaceae
属	山茶属	*Camellia*
种	茶梅	*Camellia sasanqua* Thunb.

- **树木习性**

小乔木或灌木，高 3～6 m，分枝稀疏，嫩枝有粗毛；芽鳞表面有倒生柔毛；树冠球形或扁圆形。

- **形态特征**

类别	形态	颜色	时期
叶	叶椭圆形至长卵形，长 4～8 cm，叶端短锐尖，边缘有细锯齿，表面有光泽，脉上略有毛	表面通常浓绿色	常年
花	直径 3.5～7 cm，无柄，稍有香气，子房密被白色毛	白色、红色	11—翌年 1 月
果	蒴果球形，直径约 1.5～2 cm，略有香气，无宿存花萼，内有种子 3 粒	黑褐色	次年 9—10 月成熟

- **适用范围**

分布于日本及我国长江以南地区，主产于我国江苏、浙江、福建、广东等各省，为亚热带适生树种。

- **景观用途**

本种可作基础种植及篱植材料，兼有花篱、绿篱的效果。

- **环境要求**

性强健，喜光，也稍耐阴，但以在阳光充足处花朵更为繁茂；喜温暖气候及富含腐殖质而排水良好的酸性土壤，有一定抗旱性。

- **繁殖要点**

可用播种、扦插、嫁接等法繁殖。

- **备注**

种子可榨油。

茶

- **拉丁学名：***Camellia sinensis*（L.）O. Ktze.
- **科属**

类 别	名 称	拉丁名
科	山茶科	Theaceae
属	山茶属	*Camellia*
种	茶	*Camellia sinensis*（L.）O. Ktze.

- **树木习性**

灌木或乔木，高可达 15 m，但通常呈丛生灌木状。

- **形态特征**

类 别	形 态	颜 色	时 期
叶	叶薄革质，卵状椭圆形或椭圆形，长 5～10 cm，先端急尖或钝，基部楔形，边缘有锯齿，叶脉明显，有时背面稍有毛；叶柄长 2～5 mm	表面通常浓绿色	常年
花	直径 2.5～3 cm，有芳香；花梗长 6～10 mm，下弯，萼片 5～7，宿存；花瓣 5～9	白色	10—翌年 2 月
果	蒴果扁球形，直径约 2.5 cm，熟时 3 裂	棕褐色	翌年秋季

● **适用范围**

原产于我国，长江流域及其以南各地盛行栽培；日本、尼泊尔、印度及中南半岛等地也有引种栽培。

● **景观用途**

茶树在园林绿化中，可作绿篱栽植，既起到美化作用，又可结合生产。

● **环境要求**

性喜光，略耐阴；喜温暖湿润气候，也能耐－5℃的低温，年降水量以 1 000 mm 以上为宜；喜酸性土壤，以 pH 值 4.5～5 为宜，在盐碱土上不能生长。生长缓慢，深根性；寿命长，可达 200 年。

● **繁殖要点**

可用播种、扦插、嫁接等法繁殖。

● **备注**

茶树为我国重要特有经济树种之一，其嫩叶经加工后即成绿茶或红茶。

厚皮香

● **拉丁学名**：*Ternstroemia gymnanthera* (Wight et Arn.) Beddome

- **科属**

类别	名称	拉丁名
科	山茶科	Theaceae
属	厚皮香属	*Ternstroemia*
种	厚皮香	*Ternstroemia gymnanthera* (Wight et Arn.) Beddome

- **树木习性**

常绿乔木,高可达 15 m。

- **形态特征**

类别	形态	颜色	时期
叶	叶革质,倒卵状椭圆形,长 5～10 cm,先端钝尖,基部渐窄而下延,中脉在表面显著凹下	表面通常浓绿色	常年
花	花柄长 1～1.5 cm,稍下垂	淡黄色	5—7 月
果	果实圆球形,呈浆果状,直径约 1.5 cm,小苞片和萼片宿存	—	秋季

- **适用范围**

我国赣、鄂、湘、黔、滇、粤、桂、闽、台等省区均有分布;日本、柬埔寨、印度也有生长,多生于海拔 700～3 500 m 的酸性土山坡及林地。

- **景观用途**

厚皮香适应性强,又耐阴,树冠浑圆,枝叶层次感强,叶肥厚入冬转绯红,是较优良的下木,适宜种植在林下、林缘等处,为基础栽植材料。因其抗有害气体性强,又是厂矿区的绿化树种。

- **环境要求**

喜阴湿环境,在常绿阔叶树下生长旺盛,也喜光,较耐寒,能忍受－10℃低温;喜酸性土,也能适应中性土和微碱性土;根系发达,抗风力强,萌芽力弱且不耐强度修剪,但轻度修剪仍可进行,生长缓慢;抗污染力强。

- **繁殖要点**

播种和扦插繁殖。种子千粒重 60～80 g,每千克有 1.2 万～1.6 万粒,发芽率

50%～60%，忌失水。春播，播后 40 天左右出苗，每亩播种 7～8 kg。一年生苗高 20～30 cm，亩产苗量 3 万～4 万株。厚皮香任其生长，仍能保持姿态，故无整枝必要。

- **备注**

种子油供制润滑油及肥皂；树皮可提栲胶。

杜鹃

（别名：映山红、山石榴、山踯躅）

- **拉丁学名：***Rhododendron simsii Planch*.
- **科属**

类　别	名　称	拉丁名
科	杜鹃花科	Ericaceae
属	杜鹃花属	*Rhododendron* L.
种	杜鹃花	*Rhododendron simsii* & *Planch*.

- **树木习性**

半常绿或落叶灌木，高可达 3 m，分枝多，枝细而直，有亮棕色或褐色扁平糙伏毛。

- **形态特征**

类　别	形　　态	颜　色	时　期
叶	叶纸质，卵状椭圆形或椭圆状披针形，长 3～5 cm，叶表糙伏毛较稀，叶背较密	上表面通常浓绿色，下面淡白色	常年（春、夏、秋）
花	花通常筒状至漏斗状，2～6 朵簇生枝端，有紫斑；雄蕊 10，花药紫色；萼片小而有毛	蔷薇色、鲜红色或深红色	4—6 月
果	蒴果卵球形，长达 10 m，密被糙伏毛	棕褐色	6—8 月

- **适用范围**

广布于长江流域及珠江流域各省，东至台湾，西至四川、云南。杜鹃分落叶和常绿两大类，落叶类叶小，常绿类叶片硕大。花的颜色有红、紫、黄、白、粉、蓝等。杜鹃喜阴凉、湿润，耐寒，多生长在海拔 1 000～1 400 m 的山坡、高山草甸、林缘、石壁和沼泽地。

- **景观用途**

杜鹃花繁叶茂，绮丽多姿，萌发力强，耐修剪，根桩奇特，是优良的盆景材料。

园林中最宜在林缘、溪边、池畔及岩石旁成丛成片栽植，也可于疏林下散植。杜鹃也是花篱的良好材料，毛鹃还可经修剪培育成各种形态。杜鹃专类园极具特色。

- **环境要求**

喜凉爽湿润气候，恶酷热干燥；种于富含腐殖质、疏松、湿润及 pH 值 5.5～6.5 的酸性土壤最为适宜，部分种及园艺品种的适应性较强，耐干旱、瘠薄，在 pH 值 7～8 的土壤中也能生长，但在黏重或通透性差的土壤上生长不良。杜鹃对光有一定要求，但不耐暴晒，夏秋时节宜有落叶乔木或荫棚遮挡烈日，并经常以水喷洒地面。

- **繁殖要点**

常用播种、扦插和嫁接法繁殖，也可行压条和分株繁殖。常绿杜鹃类最好随采随播，落叶杜鹃亦可将种子贮藏至翌年春播。

- **变种与品种**

中国常栽培的种类有毛鹃、夏鹃、西洋鹃、东鹃、春鹃、羊踯躅、迎红杜鹃、马银花、云银杜鹃。

变种有以下 3 类。

① 白花杜鹃[*Rhododendron mucronatum* (Blume) G. Don]：花白色或粉红色。

② 紫斑杜鹃[*Rhododendron* var. *monosemantum* (Hutch.) T. L. Ming]：花较小，白色，有紫色斑点。

③ 彩纹杜鹃(*Rhododendron* var. *vittatum* Wils.)：花有白色和紫色条纹。

金丝桃

(别名：金丝海棠、五心花)

- **拉丁学名：*Hypericum chinense* L.**

● **科属**

类 别	名 称	拉丁名
科	藤黄科	Guttiferae
属	金丝桃属	*Hypericum*
种	金丝桃	*Hypericum Chinense* L.

● **树木习性**

半常绿小灌木，小枝纤细且多分枝。

● **形态特征**

类 别	形 态	颜 色	时 期
叶	叶纸质，无柄，对生，长椭圆形	上表面通常浓绿色，下表面淡绿	常年
花	花多为5瓣，雄蕊多数，通常合生	黄色	5—8月
果	蒴果宽卵形，种子圆柱形，有狭的龙骨状突起	种子棕褐色	8—9月

● **适用范围**

原产于我国中部及南部地区。

● **景观用途**

花篱的良好材料。

• **环境要求**

常野生于湿润溪边或半阴的山坡下，爱温暖湿润气候，喜光稍耐阴，较耐寒，对土壤要求不高，除黏重土壤外，在一般的土壤中均能较好地生长。

• **繁殖要点**

常用分株、扦插和播种法繁殖。分株在冬春季进行，较易成活。扦插用硬枝，宜在早春芽萌发前进行，也可在6、7月取带踵的嫩枝扦插。播种则在3、4月进行，因其种子细小，播后宜稍加覆土，并盖草保湿，一般20天即可萌发，头年分栽1次，第二年就能开花。

枸骨

（别名：鸟不宿）

• **拉丁学名：*Ilex cornuta* Lindl. et Paxt.**

• **科属**

类别	名称	拉丁名
科	冬青科	Aquifoliaceae
属	冬青属	*Ilex*
种	枸骨	*Ilex cornuta* Lindl. et Paxt.

• **树木习性**

常绿灌木或小乔木，高可达3～4m，树皮灰白色，平滑，幼枝微被毛或无毛。

• **形态特征**

类别	形态	颜色	时期
叶	叶硬革质，二型，四角状长圆形成卵形，先端3枚尖硬刺齿，基部平截，两侧各有1～2枚尖硬刺齿，叶缘向下反卷，上表面有光泽，两面无毛	叶面通常浓绿色，背面淡绿色	常年
花	簇生于二年生枝叶腋，雌雄异株	花黄绿色	4—5月
果	核果球形	鲜红色	10—12月

- **适用范围**

产于我国长江流域及以南各地，生于山坡、谷地、溪边杂木林或灌丛中，山东青岛、济南有栽培。

- **景观用途**

红果鲜艳，叶形奇特，浓绿光亮，是优良的观果、观叶树种。可孤植配假山石或栽于花坛中心，丛植于草坪或道路转角处，也可在建筑的门庭两旁或路口对植。枸骨宜作刺绿篱，兼有防护与观赏效果。盆栽作室内装饰，老桩作盆景，既可观赏自然树形，也可修剪造型。叶、果枝可插花。

- **环境要求**

喜光，耐阴，喜温暖湿润气候，稍耐寒；喜排水良好、肥沃深厚的酸性土壤，中性或碱性土壤中亦能生长；耐湿，萌芽力强，耐修剪；生长缓慢，深根性，须根少，移植较困难。

- **繁殖要点**

播种繁殖容易，也可扦插繁殖。幼苗须遮阴，可修剪造型培育成各种树形。移植需带土球，应重修剪以确保成活。栽植时要注意雌、雄株的配植，以利结果。在阴处种植时，易滋生红蜡蚧，危害严重，并产生霉污，须注意防治。

- **备注**

耐烟尘，抗 SO_2 和 Cl_2。

冬青卫矛

(别名：四季青、日本卫矛、大叶黄杨)

- **拉丁学名：*Euonymus japonicus* Thunb.**
- **科属**

类 别	名 称	拉丁名
科	卫矛科	Celastraceae
属	卫矛属	*Euonymus*
种	冬青卫矛	*Euonymus japonicus* Thunb.

- **树木习性**

常绿灌木或小乔木，高可达 5 m；小枝近四棱形，枝叶密生，树冠球形。

- **形态特征**

类 别	形 态	颜 色	时 期
叶	叶片革质，表面有光泽，倒卵形或狭椭圆形，长 3～6 cm，宽 2～3 cm，顶端尖或钝，基部楔形，边缘有细锯齿；叶柄长约 6～12 mm	表面通常浓绿色	常年
花	聚伞花序 5～12 花，花序梗长 5～12 cm，2～3 次生枝，花瓣近卵圆形	白绿色	6—7 月
果	蒴果球形	果淡红色，假种皮橘红色	9 月

● **适用范围**

为温带及亚热带树种，产于我国中部及北部各省，栽培甚普遍，日本亦有分布。

● **景观用途**

叶色光亮，嫩叶鲜绿，极耐修剪，为庭院中常见绿篱树种，可经整形环植门旁道边，或于花坛中心栽植。其变种斑叶者，尤为美观，住宅可用之以装饰为绿门、绿垣，亦可盆植观赏。

● **环境要求**

阳性树种，喜光耐阴，要求温暖湿润的气候和肥沃的土壤，酸性土、中性土或微碱性土均能适应。萌生性强，适应性强，较耐寒，耐干旱瘠薄，极耐修剪整形。

● **繁殖要点**

常用扦插繁殖，以梅雨季节扦插生根快。选择半木质化成熟枝条，12～15 cm长，插入沙、土各半的苗床，插后20～25天生根。

扦插于春、夏进行均可，以6月梅雨季节扦插半成熟嫩枝发根较快，生长亦较好。插后初期要搭棚遮阴，保持苗床湿润。扦插苗生长速度远远大于播种苗。大叶黄杨通常培育成球形树冠再栽植。

● **变种与品种**

银边冬青卫矛，叶边缘白色。金边冬青卫矛，叶边缘黄色。金心冬青卫矛，叶面有黄色斑点，有的枝端也为黄色。斑叶冬青卫矛，叶形大，亮绿色，叶面有黄色柔毛。

- **备注**

本种对 SO_2 抗性较强。

胡颓子

（别名：半春子、甜棒槌、雀儿酥、羊奶子）

- **拉丁学名：** *Elaeagnus pungens* Thunb.
- **科属**

类　别	名　称	拉丁名
科	胡颓子科	Elaeagnaceae
属	胡颓子属	*Elaeagnus*
种	胡颓子	*Elaeagnus pungens* Thunb.

- **树木习性**

为大型常绿灌木，高可达 4 m，侧枝稠密并向外围扩展，枝条上有刺，小枝褐色，上面被有很厚的锈色鳞片。

- **形态特征**

类　别	形　　态	颜　色	时　期
叶	叶椭圆形至长椭圆形，长 5～10 cm，互生，先端渐尖，基部圆形，边缘呈波浪状扭曲。幼叶表面有鳞片，以后变得平滑并出现光泽，背面也有银白色的鳞片，以后变成淡绿色	表面通常浓绿色	常年
花	下垂，有芳香，萼筒较裂片长，1～3 朵簇生叶腋	银白色	9—12 月
果	果椭圆形，长 1.2～1.5 cm，被鳞片	成熟时红色	次年 5 月

- **适用范围**

原产于中国，我国长江流域及其以南各省区广泛分布。

- **景观用途**

叶、花、果均有观赏价值，宜配植花丛、林缘或草坪之中，颇具特色。

- **环境要求**

喜光，耐半阴，喜温暖气候，稍耐寒；对土壤适应性强，耐干旱贫瘠，耐水湿，耐盐碱，抗空气污染；抗寒力比较强，在华北南部可露地越冬，能忍耐－8℃左右的绝对低温，生长适温为24～34℃，也耐高温酷暑。胡颓子在原产地虽生长在山坡上的疏林下面及阴湿山谷中，却不怕阳光暴晒，也具有较强的耐阴力，对土壤要求不高，在中性、酸性和石灰质土壤上均能生长，但不耐水涝。

- **繁殖要点**

一般采用播种繁殖，扦插和嫁接亦可。

- **备注**

叶、根、果均可入药，另果可食和加工；花可作调香原料；茎皮纤维可造纸和纤维板。

紫金牛

（别名：矮地茶、不出林、平地木）

- **拉丁学名**：*Ardisia japonica*（Thunb.）Blume
- **科属**

类　别	名　称	拉丁名
科	紫金牛科	Myrsinaceae
属	紫金牛属	*Ardisia* *Swartz*
种	紫金牛	*Ardisia japonica*（Thunb.）Blume

- **树木习性**

高 10～30 cm，常绿小灌木，根状茎长而横走，暗红色，下面生根；地上茎直立，不分枝，表面带褐色，具短腺毛。

- **形态特征**

类　别	形　　态	颜　色	时　期
叶	叶常成对或 3～4(7)片集生枝端，纸质，椭圆形，长 4～7 cm，先端急尖，边缘具尖锯齿，两面有腺点，叶背中脉处有微柔毛	表面通常浓绿色	常年
花	短总状花序近伞形，通常 2～6 朵腋生或顶生；花冠裂片卵形，青白色，有赤色腺点	白色或粉红色	7—8 月
果	核果，球形，直径 5～10 mm，熟时红色，经久不落，有宿存花萼和花柱	成熟后红色	次年 5 月

- **适用范围**

原产于我国，分布广。

- **景观用途**

既可观叶又可观果，是适宜在阴湿环境种植的优良地被植物，也可种植在高层建筑群的绿化带下层以及立交桥下。紫金牛植株低矮，具根状茎，可栽作林下及地被植物，红果累累，鲜艳可爱，也可作为盆景赏玩。

- **环境要求**

喜阴湿，忌干旱；喜生于肥沃的砂质壤土上。

- **繁殖要点**

播种或分株繁殖。

朱砂根

（别名：大罗伞、平地木、石青子、凉伞遮金珠）

- **拉丁学名：*Ardisia crenata* Sims**
- **科属**

类　别	名　称	拉丁名
科	紫金牛科	Myrsinaceae
属	紫金牛属	*Ardisia* Swartz
种	朱砂根	*Ardisia crenata* Sims

- **树木习性**

直立、秃净灌木，高可达 1.5 m。

- **形态特征**

类　别	形　　态	颜　色	时　期
叶	纸质至革质，椭圆状披针形至倒披针形，长 6～10 cm 或更长，宽 2～3 cm，先端短尖或渐尖，基部短尖或楔尖，两面均秃净，有隆起的腺点，边常有皱纹或波纹，背卷，有腺体；侧脉 12～18 对，极纤细，近边缘处结合而成一边脉，但常隐于卷边内	表面通常浓绿色	常年
花	伞形花序，生于侧生或腋生、长约 10 cm 的花枝上，近顶部有较小的叶数枚；长 4～6 mm；花萼钝头，有稀疏的腺点	花白色或淡红色	6 月
果	核果球形，有宿存花萼和细长花柱	红色具斑点	10—12 月

- **适用范围**

日本经琉球至中国东南部、中部和西部均有生长。

- **景观用途**

朱砂根四季常绿，株形优美，春夏观花，秋冬观果，累累红果经久不落。朱砂根植株低矮，具根状茎，可栽作林下及地被植物，也可做成盆景赏玩。

- **环境要求**

喜阴湿，忌干旱；喜生于肥沃的砂质壤土上。

- **繁殖要点**

播种、扦插和压条繁殖。

瓶兰花

(别名:金弹子)

- **拉丁学名:** *Diospyros armata* Hemsl.
- **科属**

类 别	名 称	拉丁名
科	柿科	Ebenaceae
属	柿属	*Diospyros* L.
种	瓶兰花	*Diospyros armata* Hemsl.

- **树木习性**

半常绿或落叶灌木，高可达 2～4 m。

- **形态特征**

类 别	形 态	颜 色	时 期
叶	叶倒披针形或长椭圆形，长 3～6.5 cm	表面通常浓绿色	常年（春、夏、秋）
花	雄花集成小伞房花序，花小，状似瓶，有芳香；花萼宿存，长卵形	乳白色	5 月
果	果卵圆形，直径约 2 cm，有伏粗毛，先端尖，宿存萼片矩圆状披针形，先端渐尖；5 月挂果，10 月后果成熟、变色	橙黄色	绿果变橘红色或橙黄色

- **适用范围**

我国华东、华南、华中地区都有分布和栽培。

- **景观用途**

本种耐阴，可植于林下，也常作盆景。

- **环境要求**

性喜温暖湿润，阳光充足，稍耐阴；耐寒；对土壤要求不高，但以疏松、肥沃、pH值6.5～7.0的土壤为宜。

- **繁殖要点**

播种或根插。

金柑

（别名：金枣、罗浮）

- **拉丁学名：***Fortunella hindsii* (Champ. ex Benth.) Swingle
- **科属**

类别	名称	拉丁名
科	芸香科	Rutaceae
属	金橘属	*Fortunella* Swingle
种	金柑	*Fortunella hindsii* (Champ. ex Benth.) Swingle

- **树木习性**

常绿灌木，高可达3 m，通常无刺，多分枝。

- **形态特征**

类别	形态	颜色	时期
叶	叶披针形至长椭圆形，长5～9 cm，全缘或具不明显细齿；叶柄具极狭翅，顶端有关节	表面通常浓绿色	常年
花	花小，白色，有芳香，1～3朵腋生；花萼、花瓣各5，雄蕊20～25，子房5室	白色	4—5月
果	果椭球形或倒卵形，长2.5～3.5 cm，果瓣4～5	金黄色或朱红色	10—12月

- **适用范围**

产于我国华南地区，现各地常盆栽观赏。

- **景观用途**

树形美观，枝叶繁茂、四季常青，果实金黄，是观果花木中独具风格的上品，为我国广东、港澳地区春节期间家庭常备盆花。

- **环境要求**

性喜温暖湿润的气候，喜阳光、不耐阴，但也不宜烈日暴晒，在北方春夏季须遮阴；不耐寒，盆栽须进温室防寒；喜肥、喜水，但不耐水湿，适生于疏松肥沃、排水良好的微酸性和中性土壤。

- **繁殖要点**

实生后代多变异，且变优者少，结果晚，故不采用播种，多以嫁接、扦插和高空压条进行繁殖。嫁接以枸橘（枳）、香橙或柚的实生苗作砧木，枝接在3月中下旬，芽接在6、7月，靠接在5、6月，成活率均高。高空压条是在金柑植株上选择壮条，环剥并用潮湿的苔藓、泥炭将其包裹，保持湿润，1个月后即生根，2个月后切离，上盆栽植。扦插于4、8月进行，硬枝、嫩枝均可，成活后于霜降前上盆，并移入温室。

桂花

- **拉丁学名**：*Osmanthus fragrans* (Thunb.) Lour.
- **科属**

类　别	名　称	拉丁名
科	木犀科	Oleaceae
属	木犀属	*Osmanthus*
种	桂花	*Osmanthus fragrans* (Thunb.) Lour.

- **树木习性**

常绿灌木至小乔木，高可达12 m。

● 形态特征

类 别	形 态	颜 色	时 期
叶	叶披针形至长椭圆形，长 5～9 cm，全缘或具不明显细齿	表面通常浓绿色	常年
花	花序聚伞状簇生叶腋，花小，有浓香；花梗纤细，长 3～10 mm；萼具 4 齿；花冠裂达基部，裂片长圆形，先端圆；雄蕊 2 枚，罕为 4 枚，花丝极短，着生花冠筒近顶部；雌蕊 1 枚，子房 2 室	黄白色、黄色或橘红色	9—10 月
果	果椭球形或倒卵形，长 2.5～3.5 cm，果瓣 4～5	紫黑色	翌年 3 月

● 适用范围

原产于我国西南喜马拉雅山东段，印度、尼泊尔、柬埔寨也有分布。我国四川、云南、广西、广东、湖南、湖北、江西、安徽等地均有野生桂花生长，现广泛栽种于淮河流域及以南地区，其适生区北可抵黄河下游，南可至两广地区、海南。

● 景观用途

四季常青，多秋季开花，甜香四溢，可作庭荫树或植于草坪、院落。桂花也用作行道树，是绿化、美化、香化兼备的园林树木，江南常成片栽植，淮河以北常桶栽和盆栽以布置会场、大门。桂花经蜜制后，可做糕点和各种甜食。

● 环境要求

喜温暖湿润的气候，耐高温而不甚耐寒，为亚热带树种，叶茂而常绿，树龄长，秋季开花，芳香四溢，是我国特有的观赏花木和芳香树。我国桂花集中分布和栽培的地区，主要是岭南以北至秦岭、淮河以南的广大热带和北亚热带地区，大致相当于北纬 24°～33°。该地区水热条件好，降水量适宜，土壤多为黄棕壤或黄褐土，植被则以亚热带阔叶林类型为主。

桂花对土壤的要求不高，除碱性土和低洼地或过于黏重、排水不畅的土壤外，一般均可生长，但以土层深厚、疏松肥沃、排水良好的微酸性砂质壤土最为适宜。

● 繁殖要点

可用播种、嫁接、扦插和高空压条繁殖。

● 变种与品种

① 丹桂（*Osmanthus fragrans* var. *aurantiacus* Mak.）：花橙色至深黄色。

② 金桂（var. *thunbergii* Mak.）：花金黄色。

③ 四季桂（var. *semperflorens* Hort.）：花白色或黄色，花期很长（5—9 月），可连续开花数次。

日本女贞

（别名：女贞木、冬青木、冬女贞）

● 拉丁学名：*Ligustrum japonicum* Thunb.

- **科属**

类 别	名 称	拉丁名
科	木犀科	Oleaceae
属	女贞属	*Ligustrum*
种	日本女贞	*Ligustrum japonicum* Thunb.

- **树木习性**

常绿灌木，高 3～5 m，无毛，枝条纤细而质硬，小枝灰褐色，散布皮孔。

- **形态特征**

类 别	形 态	颜 色	时 期
叶	单叶，厚革质，对生，广卵形或卵状长椭圆形，具叶柄，基部楔形，先端钝或锐，全缘	新叶鹅黄色，老叶绿色	常年
花	圆锥花序顶生；花冠裂片略短于筒部；雄蕊稍长于花冠裂片	白色	6 月
果	核果椭圆形	黑色	11 月

- **适用范围**

原产于日本，朝鲜及我国台湾地区、长江流域以南各省区都有栽培。

- **景观用途**

常植于草坪、楼前，观叶、观花。

- **环境要求**

喜光，稍耐阴。

- **繁殖要点**

播种或扦插繁殖。

- **变种与品种**

圆叶日本女贞(*Ligustrum japonicum* var. *rotundifolium* Hichols)：叶近圆形或长圆形，叶缘常反卷。

- **备注**

《本草纲目》作者李时珍曾说，此木凌冬青翠，有贞守之操，故以贞女状之。

小叶女贞

(别名:小叶冬青,小白蜡、楝青、小叶水蜡树)

- 拉丁学名:*Ligustrum quihoui* Carr.
- 科属

类 别	名 称	拉丁名
科	木犀科	Oleaceae
属	女贞属	*Ligustrum*
种	小叶女贞	*Ligustrum quihoui* Carr.

- 树木习性

半常绿或落叶灌木,高 2～3 m,枝条铺散,小枝具细短柔毛。

- 形态特征

类 别	形 态	颜 色	时 期
叶	叶薄革质,椭圆形至倒卵状椭圆形,光滑无毛,先端钝,基部楔形或狭楔形,全缘,边缘略向外反卷;叶柄有短柔毛	绿色	常年(春、夏、秋)
花	圆锥花序长 7～21 cm,有芳香,无梗,花冠裂片与筒部等长;花药超出花冠裂片	白色	5—7 月
果	核果宽椭圆形	紫黑色	8—11 月

● **适用范围**

我国山东、河北、河南、山西、陕西、湖南、湖北、云南、四川、贵州、江苏、浙江等省均有野生。

● **景观用途**

其枝叶紧密、圆整，庭院中常栽植观赏；能抗多种有毒气体，是优良的抗污染树种，为园林绿化中重要的绿篱材料，亦可作为桂花、丁香等树的砧木。

● **环境要求**

喜光照，稍耐阴，较耐寒，华北地区可露地栽培；对 SO_2、Cl_2 等毒气有较好的抗性；性强健，耐修剪，萌发力强。

● **繁殖要点**

可用播种、扦插和分株方法繁殖，但以播种繁殖为主。10、11 月当核果呈紫黑色时即可采收，采后立即播种，也可晒后干贮至翌年 3 月播种。

● **变种与品种**

金边女贞、金叶女贞、红叶女贞。

● **备注**

对 SO_2、Cl_2、HF、CO_2 等有害气体抗性都强，叶的再生能力亦强。

小蜡

（别名：山紫甲树、山指甲、水黄杨）

● **拉丁学名**：*Ligustrum sinense* Lour.

● **科属**

类 别	名 称	拉丁名
科	木犀科	Oleaceae
属	女贞属	*Ligustrum*
种	小蜡	*Ligustrum sinense* Lour.

- **树木习性**

半常绿或落叶灌木，高 2～7 m，幼枝密生短柔毛。

- **形态特征**

类 别	形 态	颜 色	时 期
叶	叶薄革质，椭圆形，长 3～7 cm，先端锐尖或钝，基部圆形或阔楔形，叶背沿中脉有短柔毛	绿色	常年（春、夏、秋）
花	圆锥花序长 4～10 cm，花序轴有短柔毛；花梗明显；花冠筒比花冠裂片短；雄蕊超出花冠裂片	白色	3—6 月
果	核果近圆形，直径 4～5 mm	紫黑色	9—12 月

- **适用范围**

长江以南各省区都有野生。

- **景观用途**

有多个变种，常植于庭园观赏，丛植林缘、池边、石旁都可；规则式园林中常可将其修剪成长方形、圆形等几何形体；也常栽植于工矿区；因其干老根古，虬曲多姿，宜作树桩盆景；江南地区常作绿篱应用。

- **环境要求**

喜光，稍耐阴；较耐寒，耐修剪；对土壤湿度较敏感，干燥瘠薄地上生长发育不良。

- **繁殖要点**

用播种、扦插繁殖。

- **备注**

易被误认为小叶女贞。

云南黄馨

（别名：黄素馨）

- **拉丁学名：***Jasminum mesnyi* Hance

● 科属

类　别	名　称	拉丁名
科	木犀科	Oleaceae
属	素馨属	*Jasminum*
种	云南黄馨	*Jasminum mesnyi* Hance

● 树木习性

常绿半蔓性灌木，枝条垂软柔美。

● 形态特征

类　别	形　　态	颜　色	时　期
叶	叶对生，3片小叶组成复叶，中间的一片较大，小叶卵形至矩圆状卵形，长1～3 cm，顶端凸尖，平滑无毛	绿色	常年
花	花单生于叶腋，单瓣或重瓣，花冠黄色，高脚碟状，有6裂的花瓣	黄色	3—5月
果	—	—	—

● 适用范围

原产于我国云南、贵州、四川西南部，现长江流域以南各地都有栽培。

● 景观用途

适合花架绿篱或坡地高地悬垂栽培。小枝细长而具悬垂性，常用作绿篱，有很好的绿化效果。其枝条柔软，常如柳条下垂，如植于假山上，观其枝条和盛开的黄色花朵，别有一番风味。

- **环境要求**

性耐阴，全日照或半日照均可，喜光，喜温暖湿润气候。

- **繁殖要点**

5、6月以扦插法繁殖，或冬、春季分株繁殖。

夹竹桃

（别名：柳叶桃、半年红）

- **拉丁学名：*Nerium indicum* Mill.**
- **科属**

类别	名称	拉丁名
科	夹竹桃科	Apocynaceae
属	夹竹桃属	*Nerium*
种	夹竹桃	*Nerium indicum* Mill.

- **树木习性**

常绿大灌木，高5～6 m，茎灰色，嫩枝带绿色。

- **形态特征**

类别	形态	颜色	时期
叶	叶3～4枚轮生，在枝条下部为对生，窄披针形，长11～15 cm，宽2～2.5 cm；侧脉扁平，密生而平行	叶面深绿色，叶背浅绿	常年
花	聚伞花序顶生；花萼直立；花冠深红色，有芳香，重瓣；副花冠鳞片状，顶端撕裂	红色、白色	6—10月花期几乎全年，夏秋为盛
果	蓇葖果矩圆形，长10～23 cm，直径1.5～2 cm，种子顶端具黄褐色种毛	果绿色，种子褐色	12—翌年1月

- **适用范围**

原产于印度及伊朗，现大量引入我国热带与亚热带地区，长江以南地区均可露地栽培，华北地区常盆栽。

- **景观用途**

多用于公园、厂矿区、行道绿化，各地庭园常栽培作观赏植物。夹竹桃有抗烟雾、抗灰尘、抗毒物和净化空气、保护环境的能力。夹竹桃的叶片，对 SO_2、CO_2、HF、Cl_2 等对人体有毒有害的气体有较强的抵抗作用。据测定，盆栽的夹竹桃，在距污染源 40 m 处，仅受到轻度损害，170 m 处则基本无害，仍能正常开花，而其叶片的含硫量比未污染的高 7 倍以上。夹竹桃即使全身落满了灰尘，仍能旺盛生长，被人们称为“环保卫士”，为工厂绿化的良好材料。

- **环境要求**

性强健，喜温暖湿润气候，不耐寒，喜光，抗烟尘及有毒气体能力强，对土壤适应性强。

- **繁殖要点**

扦插、压条、分蘖繁殖，以扦插为主，也可播种繁殖。扦插在春季、夏季均可进行，插前将插穗基部浸入清水中 7～10 天，要换水数次，保持浸水新鲜，插后可提前生根，提高成活率。如全用水插，水温保持 18～20℃，经常换水，尤易生根。压条可于雨季进行，埋土压、筒压均可。分蘖繁殖尤为便利。播种可于春末进行，18～21℃条件下可发芽，成苗率较高。

- **变种与品种**

白花夹竹桃，花白色、单瓣；重瓣夹竹桃，花红色重瓣；淡黄夹竹桃，花淡黄色、单瓣。

黄蝉

- **拉丁学名：***Allemanda neriifolia* Hook.

● **科属**

类 别	名 称	拉丁名
科	夹竹桃科	Apocynaceae
属	黄蝉属	*Allemanda*
种	黄蝉	*Allemanda neriifolia* Hook.

● **树木习性**

常绿灌木，植株直立生长，高约 2 m，具乳汁。

● **形态特征**

类 别	形 态	颜 色	时 期
叶	叶 3～5 片轮生，叶片椭圆形或倒披针状矩圆形，叶长 5～12 cm，宽 1.5～4 cm，被有短柔毛	绿色	常年
花	聚伞花序，花朵金黄色，内面有橙红色条纹，花冠阔喇叭形，有裂瓣 5 枚	黄色	5—8 月
果	蒴果球形具长刺，种子扁平具薄膜质边缘	—	10—12 月

● **适用范围**

黄蝉原产于美国南部及巴西。

● **景观用途**

植株浓密，叶色碧绿，花朵明艳灿烂，非常醒目，适宜做大、中型盆栽，装饰客厅、阳台、公园及商场、会场等大型室内空间，效果很好。

● **环境要求**

喜温暖湿润和阳光充足的环境，不耐寒。

● **繁殖要点**

繁殖常在春夏季节进行，用健壮充实的枝条在沙土或蛭石中进行扦插，插后放在空气湿润的半阴处，土壤不要过分干燥，很容易生根。

● **变种与品种**

栽培的品种有硬枝黄蝉和软枝黄蝉两种。

栀子花

(别名:木丹、山栀、黄栀子、黄栀)

- 拉丁学名:*Gardenia jasminoides* Ellis
- 科属

类 别	名 称	拉丁名
科	茜草科	Rubiaceae
属	栀子属	*Gardenia*
种	栀子花	*Gardenia jasminoides* Ellis

- 树木习性

常绿灌木或小乔木,高 1～2 m,植株大多比较低矮,树干灰色,小枝绿色。

- 形态特征

类 别	形 态	颜 色	时 期
叶	单叶对生或 3 叶轮生,叶片倒卵形,革质,翠绿有光泽	绿色	常年
花	花单生枝顶或叶腋,有浓香;花冠高脚碟状,6 裂,肉质	白色	5、6 月连续开花至 8 月
果	卵状至长椭圆状,有 5～9 条翅状直棱,1 室;种子很多,嵌生于肉质胎座上	黄色或橙色	10 月

- 适用范围

全国大部分地区有栽培,主要分布于浙江、江西、福建、湖北、湖南、四川、贵州、陕西等省份。

- 景观用途

叶片四季常绿,花芳香素雅,绿叶白花,格外清丽可爱。它适用于阶前、池畔和路旁配置,也可用作花篱和盆栽观赏,花还可做插花和佩戴装饰。

枝叶繁茂,花朵美丽,香气浓郁,为庭院中优良的美化材料,还可供盆栽或制作盆景、切花。

- **环境要求**

性喜温暖、湿润，好阳光，但又要避免阳光强烈直射；喜空气湿度高而又通风良好；要求疏松、肥沃、排水良好的酸性壤土，是典型酸性土壤植物。不耐寒，耐半阴，怕积水，在东北、华北、西北只能作温室盆栽花卉。栀子对 SO_2 有抗性，可将其吸收净化大气，0.5 kg 叶片可吸硫 0.002～0.005 kg。

- **繁殖要点**

用扦插、压条法繁殖为主，另外可用播种、分株法繁殖。

- **备注**

栀子花是湖南省岳阳市的市花；果皮可做黄色染料，木材坚硬细致，为雕刻良材。

茉莉花

- **拉丁学名**：*Jasminum sambac* (L.) Ait.
- **科属**

类　别	名　称	拉丁名
科	木犀科	Oleaceae
属	素馨属	*Jasminum*
种	茉莉	*Jasminum sambac* (L.) Ait.

- **树木习性**

木质藤本或直立常绿灌木，高 0.5～3 m，枝细长，幼枝绿色有柔毛。

- **形态特征**

类　别	形　　态	颜　色	时　期
叶	单叶对生，薄纸质，椭圆形或广卵形，先端急尖或钝圆，基部圆形、阔楔形或微心形，全缘	绿色	常年

（续表）

类 别	形 态	颜 色	时 期
花	聚伞花序顶生，通常有花 3 朵，有时单花或多达 5 朵；花冠裂片线形，与筒部等长，花大，香味浓厚；雄蕊 2，不外露；柱头 2 裂，子房 2 室	白色，将谢时出现淡紫色晕	花期 5 月开始，7—8 月开花最盛
果	果实浆果状	紫黑色	7—9 月

- **适用范围**

原产于印度、伊朗、阿拉伯，我国最初在华南引种，后扩大至四川、湖南以及一些南方城市。

- **景观用途**

江苏北部、华北多行盆栽，华南大量露地栽培，可植作花篱。茉莉花也做襟花佩戴，或用于花篮、花环装饰。

- **环境要求**

喜光稍耐阴，喜温暖湿润，不耐寒冷；喜腐殖质丰富的酸性土；生长速度中等，8～10 年生植株开花最多。

- **繁殖要点**

扦插、压条、分株均可。生长季用嫩枝插于温箱中，保持 30℃温度以及较高的湿度，一个月后即可生根。

六月雪

（别名：满天星、碎叶冬青、白马骨、悉茗）

- **拉丁学名：***Serissa japonica* (Thunb.) Thunb.
- **科属**

类 别	名 称	拉丁名
科	茜草科	Rubiaceae
属	白马骨属	*Serissa*
种	六月雪	*Serissa japonica* (Thunb.) Thunb

- **树木习性**

常绿或半常绿丛生小灌木。植株低矮，株高不足 1 m，分枝多而稠密，显得纷乱。嫩枝细而挺拔，绿色有微毛，揉之有臭味，老茎褐色，有明显的皱纹。

- **形态特征**

类 别	形 态	颜 色	时 期
叶	叶对生或成簇生于小枝上，长椭圆形或长椭圆披针状，长约 0.7～1.5 cm，全缘	绿色	常年（春、夏、秋）
花	花小，漏斗状，长约 1 cm；花萼裂片三角形；单生或簇生	白色	6—7 月
果	—	—	—

- **适用范围**

原产于我国江南各省，从江苏到广东都有野生分布，多野生于山林之间、溪边岩畔。主要分布在我国的江苏、浙江、江西、广东等东南及中部各省。日本及中国台湾也有分布。

- **景观用途**

盆景、花篱、下木。

- **环境要求**

为亚热带树种，性喜温暖湿润的气候条件及半阴半阳环境；喜疏松肥沃、排水良好之土壤，中性及微酸性尤宜；抗寒力不强，冬季温室越冬需要在 0℃以上。萌芽力、分蘖力较强，故耐修剪，亦易造型。南方园林中常露地栽植于林冠下、灌木丛中；北方多盆栽观赏，为良好的盆景材料，在室内越冬。

- **繁殖要点**

以扦插繁殖为主，四季皆可繁殖，但以春季 2、3 月进行硬枝插和梅雨季节进行嫩枝插成活率为高。扦插后需遮阴，成活后应及时移栽。种植时苗木的根系和枝梢要适当修剪。此种栽培管理很简单，盆栽的六月雪应放置在向阳处，不能久放室内，在生长期需施 1～2 次肥料，盆土宜偏干些为好，肥水过多、过浓会引起枝叶徒长。盆栽六月雪还应注意经常修剪，由于它萌蘖力强，常从根部萌发蘖条，故要及时修剪，以保持姿态美观。翻盆换土可在初春时进行。

- **变种与品种**

① 荫木:较原种矮小,叶质厚,小枝直立向上生长,叶较细小,密集小枝端部,花较稀疏,单瓣。

② 金边六月雪:叶较大,叶缘有金黄色狭边。

③ 复瓣六月雪:花蕾尖形,淡紫色,花开时转为白色,花重瓣,质较厚。

④ 重瓣荫木:枝叶如荫木,花重瓣。

南天竹

(别名:天竺、竺竹、南烛)

- **拉丁学名**:*Nandina domestica* Thunb.
- **科属**

类 别	名 称	拉丁名
科	小檗科	Berberidaceae
属	南天竹属	*Nandina* Thunb.
种	南天竹	*Nandina domestica* Thunb.

- **树木习性**

常绿灌木,高约 2 m,直立,少分枝;老茎浅褐色,幼枝红色。

- **形态特征**

类 别	形 态	颜 色	时 期
叶	叶对生,2～3 回奇数羽状复叶,小叶椭圆状披针形	绿色	常年
花	圆锥花序顶生;花小	白色	3—6 月
果	浆果球形,直径 0.6～0.7 cm,含种子 2 粒,种子扁圆形	熟时鲜红色,偶有黄色	5—11 月

- **适用范围**

产于我国长江流域及陕西、河北、山东、湖北、江苏、浙江、安徽、江西、广东、广西、云南、四川等省。日本、印度也有分布。

- **景观用途**

树姿秀丽,翠绿扶疏,红果累累,圆润光洁,是常用的观叶、观果植物,无论地栽、盆栽还是制作盆景,都具有很高的观赏价值。

- **环境要求**

常绿灌木,多生于湿润的沟谷旁、疏林下或灌丛中,为钙质土壤指示植物;喜温暖多湿及通风良好的半阴环境,不耐严寒也不耐旱;喜光,耐阴,强光下叶色变红;能耐微碱性土壤,适宜于含腐殖质的砂壤土中生长。

- **繁殖要点**

繁殖以播种、分株为主,也可扦插。播种可于果实成熟时随采随播,也可春播。分株宜在春季萌芽前或秋季进行。扦插以新芽萌动前或夏季新梢停止生长时进行。室内养护要加强通风透光,防止介壳虫发生。

- **变种与品种**

小叶翠绿、果黄绿色的玉果南天竹;果穗长达 1 尺(约 33.3 cm)以上,状如狐尾、结子茂密的狐尾南天竹;叶子狭长而繁密、色彩多变的五彩南天竹;叶如琴丝、枝干矮,适用于作案头清供的琴丝南天竹;种色通红的碧叶南天竹;植株高大的高干南天竹。

十大功劳

(别名:狭叶十大功劳)

- **拉丁学名:** *Mahonia fortunei* (Lindl.) Fedde
- **科属**

类别	名称	拉丁名
科	小檗科	Berberidaceae
属	十大功劳属	*Mahonia* Nuttall
种	十大功劳	*Mahonia fortunei* (Lindl.) Fedde

- **树木习性**

常绿灌木,高可达 2 m,无毛。

- **形态特征**

类别	形态	颜色	时期
叶	一回羽状复叶互生,长 15~30 cm;小叶 3~9 枚,革质,披针形,长 5~12 cm,宽 1~2.5 cm,侧生小叶片等长,顶生小叶最大,均无柄,先端急尖或渐尖,基部狭楔形,边缘有 6~13 刺状锐齿	绿色	常年
花	总状花序直立,4~8 个簇生;萼片 9,3 轮,花瓣黄色,6 枚,2 轮;花梗长 1~4 mm	黄色	7—8 月
果	浆果近球形,长 4~6 mm	蓝黑色,被白粉	9—11 月

- **适用范围**

产于我国川、鄂、浙等省。

- **景观用途**

叶形奇特,典雅美观,盆栽植株可供室内陈设,因其耐阴性能良好,可长期在室内散射光条件下养植;在庭院中亦可栽于假山旁或石缝中,不过最好有大树遮阴。

- **环境要求**

暖温带植物，具有较强的抗寒能力，当冬季气温降到0℃以下时虽然落叶，但茎秆不会受冻死亡，春暖后可萌发新叶，不耐暑热。在原产地多生长在阴湿峡谷和森林下层，属阴性植物，喜排水良好的酸性腐殖土，极不耐碱，较耐旱，怕水涝。

- **繁殖要点**

繁殖以播种、扦插和分株为主。可于果实成熟时采收，稍加堆放后与细沙混合搓揉，或温水浸种，漂洗去果皮、果肉及空瘪粒，阴干后挂于通风干燥处贮藏，入冬后再低温沙藏至翌年 3 月播种。分株宜在 10 月中旬至 11 月中旬或 2 月下旬至 3 月下旬进行。硬枝扦插于 2、3 月，半硬枝扦插在 5、6 月，嫩枝扦插于梅雨季进行。

- **变种与品种**

阔叶十大功劳[*Mahonia bealei*（Fort.）carr.]：小叶 9～15 枚，卵形至卵状椭圆形，叶缘反卷，每边有大刺齿 2～5 个，侧生小叶基部歪斜，上表面绿色有光泽，背面有白粉，坚硬革质。花有香气。浆果卵形，蓝黑色。

- **备注**

本种在南京地区不结果，通常采用无性繁殖。

檵木

- **拉丁学名：***Loropetalum chinense* (R. Br.) Oliver
- **科属**

类　别	名　称	拉丁名
科	金缕梅科	Hamamelidaveae
属	檵木属	*Loropetalum*
种	檵木	*Loropetalum chinense*（R. Br.）Oliver

- **树木习性**

灌木，有时为小乔木，多分枝，小枝有星毛。

● **形态特征**

类　别	形　　态	颜　色	时　期
叶	叶革质,卵形,长 2～5 cm,宽 1.5～2.5 cm,先端尖锐,基部钝,不等侧,上面略有粗毛或秃净,干后暗绿色,无光泽,下面被星毛,稍带灰白色,侧脉约 5 对,在上面明显,在下面突起,全缘;叶柄长 2～5 mm,有星毛;托叶膜质,三角状披针形,长 3～4 mm,宽 1.5～2 mm,早落	绿色	常年
花	花 3～8 朵簇生,有短花梗,白色,比新叶先开放或与嫩叶同时开放,花序柄长约 1 cm,被毛;苞片线形,长 3 mm;萼筒杯状,被星毛,萼齿卵形,长约 2 mm,花后脱落;花瓣 4 片,带状,长 1～2 cm,先端圆或钝;雄蕊 4 个,花丝极短,药隔突出成角状;退化雄蕊 4 个,鳞片状,与雄蕊互生;子房完全下位,被星毛;花柱极短,长约 1 mm;胚珠 1 个,垂生于心皮内上角	白色	3—4 月
果	蒴果卵圆形,长 7～8 mm,宽 6～7 mm,先端圆,被褐色星状绒毛,萼筒长为蒴果的 2/3。种子圆卵形,长 4～5 mm,发亮	黑色	8—9 月

• **适用范围**

分布于中国、日本及印度;在中国分布于中部、南部及西南各省。

• **景观用途**

檵木耐修剪,易生长,花白色,树形优美,枝繁叶茂,性状稳定,适应性强、观赏价值高,是制作盆景及园林造景最为广泛的树种之一。

• **环境要求**

喜生于向阳的丘陵及山地,亦常出现在马尾松林及杉林下,是一种常见的灌木。喜光,稍耐阴,阴时叶色容易变绿;适应性强,耐旱,喜温暖,耐寒冷;耐瘠薄,但适宜在肥沃、湿润的微酸性土壤中生长。

• **繁殖要点**

繁殖可用扦插法、播种法。

• **附种**

红花檵木(*Loropetalum chinense* var. *rubrum* Yieh):又名红继木、红桎木、红桎木、红檵花、红桎花、红桎花、红花继木,为金缕梅科、檵木属檵木的变种,常绿灌木或小乔木。树皮暗灰或浅灰褐色,多分枝。嫩枝红褐色,密被星状毛。叶革质互生,卵圆形或椭圆形,长2~5cm,先端短尖,基部圆而偏斜,不对称,两面均有星状毛,全缘,暗红色。花瓣4枚,紫红色线形长1~2cm,花3~8朵簇生于小枝端。蒴果褐色,近卵形。花期4—5月,长约30~40天,10月初能再次开花;果期8月。主要分布于长江中下游及以南地区、印度北部。

龟甲冬青

• **拉丁学名:***Ilex crenata* 'Convexa' Makino

• **科属**

类别	名称	拉丁名
科	冬青科	Aquifoliaceae
属	冬青属	*Ilex*
种	龟甲冬青	*Ilex crenata* cv. Convexa Makino

- **树木习性**

龟甲冬青属常绿小灌木，钝齿冬青栽培变种，多分枝，小枝有灰色细毛。

- **形态特征**

类　别	形　　态	颜　色	时　期
叶	叶生于1～2年生枝上，叶片革质，倒卵形，椭圆形或长圆状椭圆形、长1～3.5 cm，宽5～15 mm，先端圆形，钝或近急尖，基部钝或楔形，边缘具圆齿状锯齿，叶面干时有皱纹，除沿主脉被短柔毛外，其余无毛，背面密生褐色腺点，主脉在正面平坦或稍凹入，在背面隆起，侧脉3～5对，与网脉均不明显；叶柄长2～3 mm，上面具槽，下面隆起，被短柔毛；托叶钻形，微小	面亮绿色，背面淡绿色	常年
花	雄花1～7朵排成聚伞花序，单生于当年生枝的鳞片腋内或下部的叶腋内，或假簇生于二年生枝的叶腋内，总花梗长4～9 mm，二级轴长仅1 mm，花梗长2～3 mm，近基部具1～2枚小苞片，单花花梗长4～8 mm，近中部具小苞片1～2枚；花萼盘状，直径约2 mm，无毛，4裂，裂片阔三角形，边缘啮蚀状；花瓣4，阔椭圆形，长约2 mm，基部稍合生；雄蕊短于花瓣，花药椭圆体状，长约0.8 mm；退化子房圆锥形，顶端尖，雌花单花，2或3花组成聚伞花序生于当年生枝的叶腋内；花梗长3.5～7 mm，向顶端稍增粗，具纵棱脊，近中部具1或2枚小苞片	白色	5—6月
果	果球形，直径6～8 mm；果梗长4～6 mm；宿存花萼平展，直径约3 mm；宿存柱头厚盘状，小，直径约1 mm，明显4裂；分核4，长圆状椭圆形，长约5 mm；背部宽3～4 mm，平滑，具条纹，无沟，内果皮革质	成熟时黑色	8—10月

• **适用范围**

主要分布于长江下游至华南、华东、华北部分地区，常规的绿化苗木，产地主要集中在湖南、浙江、福建以及江苏。

• **景观用途**

老干灰白或灰褐色，叶椭圆形，互生，全缘，新叶嫩绿色，老叶墨绿色，较厚，呈革质，有光泽。其枝干苍劲古朴，叶子密集浓绿，有较好的观赏价值。园林多成片栽植此种作为地被树，地被质地细腻，修剪后轮廓分明，保持时间长，也常用于彩块及彩条作为基础种植，还可植于花坛、树坛及园路交叉口，观赏效果均佳。因其有很强的生长能力和耐修剪的能力，除做地被和绿篱使用外，也可做盆栽。

• **环境要求**

暖温带树种，喜温暖气候，适应性强，阳地、阴处均能生长，但以湿润、肥沃的微酸性黄土最为适宜，中性土壤亦能正常生长，喜光，稍耐阴，较耐寒。

• **繁殖要点**

繁殖多行扦插繁殖，分为硬枝扦插和软枝扦插。

棕榈

（别名：栟榈、棕树、唐棕）

• **拉丁学名：***Trachycarpus fortunei* (Hook.) H. Wendl.

• **科属**

类　别	名　称	拉丁名
科	棕榈科	Palmae
属	棕榈属	*Trachycarpus*
种	棕榈	*Trachycarpus fortunei*（Hook.）H. Wendl.

• **树木习性**

常绿乔木，树干圆柱形，高可达 10 m，干径可达 24 cm。

● 形态特征

类 别	形 态	颜 色	时 期
叶	叶簇生于顶,近圆形,直径50～70 cm,掌状裂深达中下部;叶柄长0.4～1 m,两侧细齿明显	绿色	常年
花	雌雄异株,圆锥状肉穗花序腋生,花小	鲜黄色	4—5月
果	核果肾状球形,直径约1 cm	成熟时由黄色变为蓝黑色,被白粉	10—11月

● 适用范围

原产于中国,日本、印度、缅甸也有分布。棕榈在我国分布很广,北起陕西南部,南到广州、柳州和云南,西达西藏边界,东至上海和浙江,从长江出海口,沿着长江而上两岸500 km的广阔地带分布最广。

● 景观用途

挺拔秀丽,适应性强,能抗多种有毒气体,棕皮用途广泛,是园林结合生产的理想树种,又是工厂绿化优良树种;可列植、丛植或成片栽培,也常盆栽或桶栽作室内或建筑前装饰及布置会场之用。

● 环境要求

是棕榈科中最耐寒的植物,据在四川实测,成年树可耐－7.1℃低温。野生的棕榈往往生长在林下和林缘,有较强的耐阴能力,幼苗则更为耐阴。棕榈喜排水良好、湿润肥沃之中性、石灰性或微酸性的黏质壤土,耐轻盐碱土,也能耐一定的干旱与水湿,喜肥;对有毒气体抗性强,抗SO_2及HF,并有很强的吸毒能力。

● 繁殖要点

播种繁殖,10、11月果实充分成熟时,以随采随播为好,或采后于通风处阴干或行沙藏,至翌春3、4月播种。

棕竹

(别名:观音竹、筋头竹、棕榈竹、矮棕竹)

● 拉丁学名:*Rhapis excelsa* (Thunb.) Henry ex Rehd.

● 科属

类 别	名 称	拉丁名
科	棕榈科	Palmae
属	棕竹属	*Rhapis*
种	棕竹	*Rhapis excelsa* (Thunb.) Henry ex Rehd.

● 树木习性

常绿丛生灌木，茎圆柱形，不分枝，有节如竹，上具褐色粗纤维质叶鞘，如棕状。

● 形态特征

类 别	形 态	颜 色	时 期
叶	叶掌状深裂，裂片10～20，条形，宽1～2 cm，先端尖并有不规则齿缺，边缘有细锯齿，叶脉显著	绿色	常年
花	雌雄异株，肉穗花序较长且多分枝	黄色	4—5月
果	果球形，直径约7 mm，单生或成对生于宿存的花冠管上，花冠管变成一实心的柱状体。种子一颗，球形或卵形，直径约4.5 mm	—	10—12月

● 适用范围

产于我国南部及西南部，生于山地林下。

● 景观用途

常栽植于庭园及建筑角隅，亦常盆栽或桶栽置于室内及会场。

● 环境要求

喜温暖阴湿及通风良好的环境，生长的适宜温度为20～30℃，冬季应保持在4℃以上，能耐短期0℃左右的低温。

● 繁殖要点

一般分株结合翻盆进行，选择丛大株密的植株，先将植株从盆中托出，接着用利刀将株丛分成若干丛，分切时要尽量少切根系，使分出的植株保持一定的株形，然后重新上盆，浇透水后置于半阴、湿润的场所，并经常向叶面喷水，待恢复生长后便可转入正常的养护。播种繁殖在秋季种子成熟后随采随播于盆中，冬季移入温室，第二年春天出苗。

● 变种与品种

此种有大叶、中叶和细叶棕竹之分，另外还有花叶棕竹。

凤尾丝兰

● 拉丁学名：*Yucca gloriosa* L.

● 科属

类 别	名 称	拉丁名
科	天门冬科	Asparagaceae Juss.
属	丝兰属	*Yucca*
种	凤尾丝兰	*Yucca gloriosa* L.

● 树木习性

常绿灌木，株高 50～150 cm，具茎，有时分枝，叶密集，螺旋排列茎端，质坚硬，有白粉，剑形，长 40～70 cm，顶端硬尖，边缘光滑，老叶有时具疏丝。

● 形态特征

类 别	形 态	颜 色	时 期
叶	叶簇生，着生于茎的下部，稍肉质，狭披针形，长 7～10 cm，宽 1.2～1.5 cm，先端急尖，基部具抱茎的鞘	绿色	常年
花	夏秋从叶基部抽出粗壮的花茎，高 1 m 多，圆锥花序，每个花序着花 200 至 400 朵，从下至上逐渐开放，杯状，下垂	乳白色	6—10 月
果	蒴果干质，下垂，椭圆状卵形，不开裂	—	—

- **适用范围**

原产北美东部及东南部，温暖地区可广泛露地栽培。凤尾丝兰在我国黄河中下游及其以南地区露地栽植。

- **景观用途**

常年浓绿，花、叶皆美，树态奇特，数株成丛，高低不一，叶形如剑，开花时花茎高耸挺立，花色洁白，繁多的白花下垂如铃，姿态优美，花期持久，幽香宜人，是良好的庭园观赏树木，也是良好的鲜切花材料。常植于花坛中央、建筑前、草坪中、池畔、台坡、路旁，可作绿篱等栽植用。

- **环境要求**

喜温暖湿润和阳光充足环境，性强健，耐瘠薄，耐寒，耐阴，耐旱也较耐湿；对土壤及肥料要求不高，喜排水好的砂质土壤，瘠薄多石砾的堆土废地亦能适应；对酸碱度的适应范围较广，除盐碱地外均能生长；抗污染，萌芽力强，适应性强。

- **繁殖要点**

繁殖可用分株法、扦插法、播种法。

酸橙

(别名：枳壳、苦橙)

- **拉丁学名**：*Citrus aurantium* L.
- **科属**

类　别	名　称	拉丁名
科	芸香科	Rutaceae
属	柑橘属	*Citrus*
种	酸橙	*Citrus aurantium* L.

- **树木习性**

常绿小乔木，枝叶茂密，枝刺多。

- **形态特征**

类别	形态	颜色	时期
叶	叶质地厚,翼叶倒卵形,基部狭尖	浓绿	常年
花	花大小不等,花径 2～3.5 cm	白色	3—4 月
果	果实呈半球形,直径 3～5.5 cm	绿褐色或棕褐色	10 月

- **适用范围**

主要分布于江苏、浙江、江西、广东、贵州、四川、西藏等省区。

- **景观用途**

常作为庭园树、行道树栽培。

- **环境要求**

喜温喜光,好湿润,适宜于生长在排水良好的砂质或砾质土壤中。

- **繁殖要点**

可通过播种、芽接、压条等方法繁殖。

代代

(别名:酸橙、回春橙)

- **拉丁学名:*Citrus aurantium* cv. Daidai**
- **科属**

类别	名称	拉丁名
科	芸香科	Rutaceae
属	柑橘属	*Citrus*
种	代代	*Citrus aurantium* cv. Daidai

- **树木习性**

常绿灌木或小乔木,高 2～5 m。

- **形态特征**

类 别	形 态	颜 色	时 期
叶	叶椭圆形至卵状椭圆形，革质互生	绿色	常年
花	花单生或簇生，芳香	白色	4—5月
果	果实扁圆形	橙黄色	9—12月

- **适用范围**

原产于我国浙江，现在东南诸省均有栽培。华北及长江中下游各地多盆栽。

- **景观用途**

大中型盆栽作装饰应用。春夏之交开花，花色洁白，香浓扑鼻，果实橙黄，挂满枝头，为优秀的观赏植物。暖地可露地栽培，植于庭院角落。室内盆栽可陈设于书房、门厅、客厅，气势不凡。代代还有一特性，果成熟后如不采摘，可在树上留2～3年，保存完好，当年果皮由绿变黄，翌年又由黄变绿，甚有趣。

- **环境要求**

要求阳光充足，喜湿忌涝，喜肥，生长适温在20～30℃，以排水良好、肥沃的微酸性疏松砂质土壤最为适宜。

- **繁殖要点**

多采用嫁接、扦插方法。嫁接在4月下旬至5月上旬进行；扦插常在6月至7月上旬进行。

马缨丹

(别名:五色梅)

- **拉丁学名:** *Lantana camara* L.

• 科属

类　别	名　称	拉丁名
科	马鞭草科	Verbenaceae
属	马缨丹属	*Lantana*
种	马缨丹	*Lantana camara* L.

• 树木习性

常绿半藤状灌木，高 1～2 m。

• 形态特征

类　别	形　　态	颜　色	时　期
叶	单叶对生，卵形或卵状长圆形，先端渐尖，基部圆形，两面粗糙有毛	绿色	常年
花	头状花序腋生于枝梢上部，每个花序 20 多朵花	黄色、橙黄色、粉红色、深红色	全年开花
果	圆球形浆果	紫黑色	—

• 适用范围

原产于美洲热带地区，我国引种栽培，多分布于华南地区，广东、海南、福建、台湾、广西等地有栽培。

• 景观用途

花色美丽，观花期长，绿树繁花，常年艳丽，抗尘、抗污力强，在华南地区可植于公园、庭院中做花篱、花丛；也可于道路两侧、旷野栽种形成绿化覆盖植被。盆栽可置于门前、厅堂、居室等处观赏，也可组成花坛。

- **环境要求**

喜高温高湿，耐干热瘠薄，抗寒力差，畏冰雪，对土壤条件要求不高。

- **繁殖要点**

可采用播种、扦插、压条等方法繁殖，播种在春季进行；扦插多于5月进行。

第二节　落叶阔叶灌木

探春

- **拉丁学名**：*Jasminum floridum* Bunge
- **科属**

类　别	名　称	拉丁名
科	木犀科	Oleaceae
属	素馨属	*Jasminum*
种	探春	*Jasminum floridum* Bunge

- **树木习性**

落叶或半常绿蔓性灌木，高0.4～3 m。

- **形态特征**

类　别	形　　态	颜　色	时　期
叶	羽状复叶互生，小叶卵形、卵状椭圆形至椭圆形，长0.7～3.5 cm，宽0.5～2 cm	绿色	—
花	聚伞花序或伞状聚伞花序顶生	黄色	5—6月
果	长圆形或球形，长5～10 mm，直径5～10 mm	黑色	9—10月

- **适用范围**

原产于我国中部，河北、山西南部、山东、河南西部、四川、贵州北部一带，耐寒性不强，生于海拔 600～2 000 m 的山谷或林中。

- **景观用途**

同迎春。

- **环境要求**

喜光，耐阴，耐寒性不强，抗风性强。

- **繁殖要点**

主要用扦插和压条繁殖。

木兰

(别名：紫玉兰、辛夷、木笔)

- **拉丁学名**：*Magnolia liliflora* Desr.
- **科属**

类别	名称	拉丁名
科	木兰科	Magnoliaceae
属	木兰属	*Magnolia* L.
种	木兰	*Magnolia liliflora* Desr.

- **树木习性**

落叶大灌木或小乔木，高 2～5 m；丛生，树皮灰褐色，大枝近直伸，小枝绿紫色或淡紫褐色，无毛。

- **形态特征**

类别	形态	颜色	时期
叶	椭圆形或倒卵状长椭圆形，先端渐尖，基部楔形，背部脉上有毛	上面深绿色，下面灰绿色	—
花	花蕾卵圆形，花型大，瓶型，花瓣 9，外轮 3 片萼片披针形，早落	花被片外面紫色或紫红色，内面近白色，萼片紫绿色	2—3 月
果	聚合果圆柱形，成熟蓇葖近圆球形，顶端具短喙，果柄无毛	深紫褐色，后变褐色	8—9 月

- **适用范围**

原产于我国中部，现除严寒地区外都有栽培，北京地区需在小气候条件较好处才能露地栽培。

- **景观用途**

木兰栽培历史较久，为庭园珍贵花木之一。早春开花，花大、色美、有芳香，其花可谓“外烂烂以凝紫，内英英而积雪”，花蕾形大如笔头，故有“木笔”之称。宜配植于庭园窗前或丛植于草地边缘，是早春观花效果极好的园林植物，孤植或群植都可达到理想的观赏效果。

- **环境要求**

喜光，不畏严寒；喜肥沃、湿润而排水良好之土壤，在过于干燥及碱土、黏土上生长不良；根肉质，怕积水。

- **繁殖要点**

通常用分株、压条法繁殖，扦插成活率较低，通常不行短剪，以免剪除花芽，必要时可适当疏剪。

李叶绣线菊

（别名：笑靥花）

- **拉丁学名：***Spiraea prunifolia* Sieb. et Zucc.

● 科属

类别	名称	拉丁名
科	蔷薇科	Rosaceae
属	绣线菊属	*Spiraea* L.
种	李叶绣线菊	*Spiraea prunifolia* Sieb. et Zucc.

● 树木习性

落叶灌木，株高可达 3 m，枝细长。

● 形态特征

类别	形态	颜色	时期
叶	卵形至椭圆形，基部全缘，中部以上有细锯齿，背面常有毛	绿色	—
花	重瓣，伞形花序无总梗	白色	4—5 月
果	蓇实果，顶端具宿存花柱，无毛	褐色	7—8 月

● 适用范围

产于我国陕、鄂、鲁、苏、浙、赣、皖、黔、川等省。

● 景观用途

花为重瓣，色洁白，花容圆润丰满，如笑脸初绽，是美丽的观花灌木，多于庭园栽培观赏，宜丛植于池畔、山坡、路边、崖旁或草地角隅处，也可作基础种植材料。

● 环境要求

喜光，稍耐阴，喜温暖气候及湿润土壤，尚耐寒；对土壤要求不高。萌蘖性、萌芽力强，耐修剪。

● 繁殖要点

可用分株以及嫩枝或硬枝扦插等法繁殖；单瓣种则可用播种法繁殖，生长健壮，不需精细管理；为了次年开花繁茂，可在秋末、冬初施腐熟厩肥；花后宜疏剪老枝和过密枝条。

粉花绣线菊

(别名:日本绣线菊)

● 拉丁学名:*Spiraea japonica* L. f.

● 科属

类 别	名 称	拉丁名
科	蔷薇科	Rosaceae
属	绣线菊属	*Spiraea* L.
种	粉花绣线菊	*Spiraea japonica* L. f.

● 树木习性

直立灌木，高可达 1.5 m；枝条细长，开展，小枝光滑，近圆柱形，无毛或幼时被短柔毛。

● 形态特征

类 别	形 态	颜 色	时 期
叶	卵形至卵状长椭圆形，先端锐尖，基部楔形，边缘有复锯齿，背面脉上常有短柔毛	上面暗绿色，下面色浅或有白霜	—
花	复伞房花序生于当年生直立新枝枝端，花朵密集，密被短柔毛；花萼筒钟状；花瓣卵形至圆形，先端通常圆钝	粉红色	6—7 月
果	蓇葖果半张开，无毛或沿腹缝有稀疏柔毛，花柱顶生，稍倾斜开展，萼片常直立	黑褐色	8—9 月

● 适用范围

原产于日本，我国华东各地有栽培。

● 景观用途

地被观花植物，花序大而美丽，花繁而密，花期长，可植于公园、庭院、花坛、水边、路旁、坡地，作花坛、花境、基础种植及草地角隅处的种植材料，还可丛植作绿篱，构成夏日佳景，是优良的庭院绿化树种。

- **环境要求**

喜光，稍耐阴，耐寒、耐旱、耐瘠薄，在湿润、肥沃的土壤生长旺盛。

- **繁殖要点**

引进品种，主要以扦插繁殖为主，也可利用组织培养技术。

麻叶绣球

（别名：麻叶绣线菊）

- **拉丁学名**：*Spiraea cantoniensis* Lour.
- **科属**

类 别	名 称	拉丁名
科	蔷薇科	Rosaceae
属	绣线菊属	*Spiraea* L.
种	麻叶绣球	*Spiraea cantoniensis* Lour.

- **树木习性**

直立灌木，高可达 1.5 m；小枝细瘦，圆柱形，呈拱形弯曲，幼时暗红褐色，光滑无毛。

- **形态特征**

类 别	形 态	颜 色	时 期
叶	菱状长椭圆形至披针形，先端尖，基部楔形，叶缘自近中部以上有缺刻状锯齿，两面无毛	上面深绿色，下面灰蓝色	—
花	多数花朵聚成半球状伞形花序；花瓣近圆形或倒卵形，先端微凹或圆钝；萼筒钟状，外面无毛，内面被短柔毛，萼片三角形或卵状或卵状三角形，生于新枝	白色	4—5 月
果	蓇葖果直立开张，无毛，花柱顶生，常倾斜开展，具直立开张萼片	黑褐色	7—9 月

- **适用范围**

原产于我国东部及南部(广东、广西、福建、浙江、江西),在河北、河南、山东、陕西、安徽、江苏、四川亦有栽培种植。

- **景观用途**

同粉花绣线菊。

- **环境要求**

喜光,喜温暖气候及湿润土壤。

- **繁殖要点**

可用播种、分株、扦插等方法繁殖。

白鹃梅

- **拉丁学名:*Exochorda racemosa*(Lindl.) Rehd**
- **科属**

类 别	名 称	拉丁名
科	蔷薇科	Rosaceae
属	白鹃梅属	*Exochorda* Lindl.
种	白鹃梅	*Exochorda racemosa* (Lindl.) Rehd

- **树木习性**

灌木,高 3~5 m;枝条细弱开展,小枝圆柱状,全株无毛,幼时红褐色,老时褐色。

- **形态特征**

类 别	形 态	颜 色	时 期
叶	椭圆形或倒卵状椭圆形,全缘或上部有疏齿,先端钝或具短尖,两面均无毛,叶柄短或近无柄	背面粉蓝色	—
花	总状花序,花瓣倒卵形,基部有短爪,花萼浅钟状,裂片宽三角形	白色	4—5 月
果	蒴果倒圆锥形,无毛	—	8—9 月

- **适用范围**

产于苏、浙、赣、湘、鄂等省，在华北及以南地区均可露地栽培，在北京也可露地越冬。

- **景观用途**

树形优美，春日开花，满树雪白，花开如白雪，清新淡雅，极具观赏价值，宜作为基础种植，或于草地边缘、林缘、路边丛植，亦可在亭前、窗前孤植，白花配绿树，惹人喜爱，是观花的良好园林树种。

- **环境要求**

性强健，喜光，耐旱、耐寒、耐半阴，对土壤要求不严，能适应偏酸、偏碱的土壤，在肥沃、深厚土壤中生长旺盛。

- **繁殖要点**

常用播种及扦插法繁殖，栽培管理比较简单。

平枝栒子

（别名：铺地蜈蚣）

- **拉丁学名：***Cotoneaster horizontalis* Dcne.

● 科属

类　别	名　称	拉丁名
科	蔷薇科	Rosaceae
属	栒子属	*Cotoneaster*
种	平枝栒子	*Cotoneaster horizontalis* Dcne.

● 树木习性

落叶或半常绿匍匐灌木，株高不超过 0.5 m；枝水平张开呈整齐两列，宛如蜈蚣，小枝圆柱形，幼时外被糙伏毛，老时脱落，黑褐色。

● 形态特征

类　别	形　　态	颜　色	时　期
叶	近圆形至倒卵形，先端急尖，基部广楔形，无毛或背面疏生平贴细毛	表面亮暗绿色	—
花	花瓣直立，倒卵形	粉红色	5—6 月
果	果近球形，有 3 小核	鲜红色	9—10 月

● 适用范围

产于陕、甘、鄂、湘、川、黔、滇等省，多生于海拔 2 000～3 500 m 的灌木丛中，在华北地区可露地越冬。

● 景观用途

稠密革质的小叶春夏浓绿发亮，晚秋时节嫣红，夏季又有布满枝头的粉色小花与绿叶相映成趣，秋季红果累累，也惹人喜爱。本种栽种在公园、庭院、墙沿角隅都非常美观，是优良的观叶、观花、观果的园林植物，最宜做基础种植材料，也可植于斜坡及岩石园中，其红果平铺墙壁，经冬至春不落，甚为夺目。

● 环境要求

性强健，喜光，耐半阴；喜肥沃、深厚土壤，对土壤要求不高，偏酸、偏碱性的土壤均能生长；耐旱，耐寒性颇强，不耐涝。

● 繁殖要点

常用播种及嫩枝扦插法繁殖。栽培管理比较简单，9 月采种，当年秋播即可。

贴梗海棠

(别名:皱皮木瓜)

- 拉丁学名:*Chaenomeles speciosa* (Sweet) Nakai
- 科属

类别	名称	拉丁名
科	蔷薇科	Rosaceae
属	木瓜属	*Chaenomeles* Lindl.
种	贴梗海棠	*Chaenomeles speciosa* (Sweet) Nakai

- 树木习性

落叶灌木,高可达 2 m;枝条直立开展,有刺,小枝圆柱形,微屈曲,紫褐色或黑褐色,有疏生浅褐色皮孔。

- 形态特征

类别	形态	颜色	时期
叶	卵形至椭圆形,稀长椭圆形,先端急尖稀圆钝,基部楔形至宽楔形,边缘具有尖锐锯齿,齿尖开展,无毛或有短柔毛	翠绿	—
花	3~5 朵簇生于 2 年生老枝上,花瓣倒卵形或近圆形,萼筒钟状,萼片直立,半圆形稀卵形	猩红色、稀淡红色或白色	3—5 月
果	球形或卵球形,有稀疏不明显斑点	黄色或带黄绿色	9—10 月

- **适用范围**

产于陕西、甘肃、四川、贵州、云南、广州。

- **景观用途**

树姿婆娑，早春先花后叶，花色猩红艳丽，花瓣光洁玲珑，花梗极短，花朵紧贴于枝干，很是美丽，枝干黝黑，可做盆景，枝密多刺可做绿篱，多孤植或与迎春、连翘配植栽培于庭院，果实秋季时黄色，气味芬芳，是极具观赏价值的园林树种。

- **环境要求**

喜光，较耐寒，不耐水淹，不宜低洼栽植；耐瘠薄，不择土壤，喜肥沃、深厚、排水良好的土壤。

- **繁殖要点**

常用分株、扦插和压条方法繁殖，播种亦可，但播种苗木不易保持原有的品种特性。

野蔷薇

- **拉丁学名：***Rosa multiflora* Thunb.
- **科属**

类　别	名　称	拉丁名
科	蔷薇科	Rosaceae
属	蔷薇属	*Rosa* L.
种	野蔷薇	*Rosa multiflora* Thunb.

- **树木习性**

攀缘灌木，小枝圆柱形，通常无毛，有短、粗稍弯曲皮刺，茎长，偃伏或攀缘。

- **形态特征**

类　别	形　　态	颜　色	时　期
叶	倒卵形、长圆形或卵形，先端急尖或圆钝，基部近圆形或楔形，边缘具齿，上表面有毛，下面无毛	深绿色	—

（续表）

类 别	形 态	颜 色	时 期
花	花多朵，密集呈圆锥状伞房花序，萼片披针形，有毛，花瓣宽倒卵形，先端微凹，基部楔形，花柱结合成束，略长于雄蕊	白色或略带粉晕	5—6月
果	近球形，无毛，萼片脱落	褐红色或紫褐色	10—11月

- **适用范围**

产于我国华北、华东、华中、华南及西南。

- **景观用途**

本种在园林中最宜植为花篱，坡地丛栽也颇有野趣，且有助于水土保持，有色有香，丰富多彩，广泛栽植于园林，多作为花柱、花门、花篱、花架以及基础种植、斜悬垂配植材料，也可盆栽或切花观赏。

- **环境要求**

性强健，喜光，耐寒，对土壤要求不高，在黏重土壤中也可正常生长。

- **繁殖要点**

繁殖用播种、扦插、分根均易成活，栽培管理粗放，必要时略行疏剪或轻度短剪。

- **变种与品种**

① 粉团蔷薇（*Rosa multiflora* var. *cathayensis* Rehd. et Wils.）：小叶较大，通常 5～7；花较大，直径 3～4 cm，单瓣，粉红至玫瑰红色，数朵或多朵成平顶之伞房花序。

② 荷花蔷薇（var. *carnea* Thory）：又名粉花十姊妹，花重瓣，粉红色，多朵成簇，甚美丽。

③ 七姊妹（var. *platyphylla* Thory）：叶较大，花重瓣，深红色，常六七朵成扁伞房花序。

④ 白玉堂（var. *albo-plena* Yu et Ku）：枝上刺较少；小叶倒广卵形；花白色，重瓣，多朵簇生，有淡香；北京常见。

月季花

- **拉丁学名**：*Rosa chinensis* Jacq.

● 科属

类　别	名　称	拉丁名
科	蔷薇科	Rosaceae
属	蔷薇属	*Rosa* L.
种	月季花	*Rosa chinensis* Jacq.

● 树木习性

落叶或半常绿直立灌木；通常具钩状皮刺，呈蔓状或攀缘状。

● 形态特征

类　别	形　　态	颜　色	时　期
叶	广卵至椭圆形，先端尖，边缘有锐锯齿，两面近无毛，表面有光泽	上面墨绿色，下面颜色较浅	—
花	常数朵簇生，萼片常羽裂，边缘有腺毛	深红色、粉红色至近白色	4—10 月
果	卵形至球形	红色	6—11 月

● **适用范围**

原产于我国鄂、川、滇、江、粤等省，现各地普遍栽培，北京在小气候条件良好处可露地越冬。

● **景观用途**

花色绮丽，花容秀美，千姿百态，花期长，四季常开，是园林布置的好材料，宜作花坛、花境及基础栽植用；在草坪、园路角隅、庭院、假山等处配植也很合适，又可作盆栽及切花用。

● **环境要求**

适应性颇强，耐寒耐旱，对土壤要求不高，但以富含有机质、排水良好而微带酸性(pH 值 6～6.5)的土壤最好；喜光，但过于强烈的阳光照射又对花蕾发育不利，花瓣易枯；喜温暖，一般生长适宜气温在 22～25℃，夏季高温对开花不利。

● **繁殖要点**

月季多用扦插或嫁接法繁殖，梗枝、嫩枝扦插均易成活，一般在春、秋两季进行，嫁接采用枝接、芽接、根接均可，砧木用野蔷薇、白玉棠、山刺玫等。

● **变种与品种**

① 月月红(*Rosa chinensis* var. *sempereflorens* Koehne)：茎较纤细，常带紫红晕，花多单生，紫色至深粉红色，花梗细长而下垂，品种有大红月季、铁把红等。

② 小月季(var. *minima* Voss)：植株矮小，多分枝，高一般不过 25 cm，叶小而狭；花也较小，直径约 3 cm，玫瑰红色，单瓣或重瓣，宜作盆栽盆景材料。小月季的栽培品种不多，但在微型月季矮化中起着重要作用。

③ 绿月季(var. *viridiflora* Dipp)：花淡绿色，花瓣呈带锯齿之狭绿叶状。

④ 变色月季(f. *mutabilis* Rehd):花单瓣,初开时硫黄色,继而变橙色、红色,最后呈暗红色,直径4.5～6 cm。

玫瑰

- **拉丁学名:** *Rosa rugosa* Thunb.
- **科属**

类 别	名 称	拉丁名
科	蔷薇科	Rosaceae
属	蔷薇属	*Rosa* L.
种	玫瑰	*Rosa rugosa* Thunb.

- **树木习性**

落叶直立丛生灌木,高可达2 m;茎粗壮,丛生,茎枝灰褐色,密生刚毛与倒刺。

- **形态特征**

类 别	形 态	颜 色	时 期
叶	椭圆形至椭圆状倒卵形,边缘有钝齿,质厚,叶脉凹陷,折皱多而明显,多皱,上无毛,背面有柔毛及刺毛	上表面亮绿色,背面灰绿色	—
花	花单生叶腋或数朵簇生,萼片卵状披针形,常有羽状裂片而扩展成叶状,花瓣倒卵形,重瓣至半重瓣	紫红色至白色	盛花期5月
果	扁球形,具宿存萼片,平滑,肉质	砖红色	9—10月

● **适用范围**

原产于我国北部，现各地有栽培，以鲁、苏、浙、粤为多。山东平阴、北京涧沟、河南商水县周口镇以及浙江吴兴等地是玫瑰的著名产地，各地生态类型与品种，在形态、产量、品质等方面皆有相当差异。

● **景观用途**

色艳花香，适应性强，最宜作绿篱、花境、花坛及坡地栽植。

● **环境要求**

生长健壮，适应性很强，耐寒、耐旱；对土壤要求不高，在微碱性土壤上也能生长，在肥沃的中性或微酸性轻壤土中生长和开花最好；喜阳光充足，凉爽而通风及排水良好之处；在荫蔽处生长不良，开花稀少；不耐积水，遇涝则下部叶片黄落，甚至全株死亡；萌蘖力很强，生长迅速；根系一般分布在15～50 cm之间，但垂直根有深达400 cm者。盛花期在4、5月间，只有4～5天，以后开花数显著下降，至6月上、中旬而谢败，此后仅有零星开花，约至8、9月停止开花。

● **繁殖要点**

一般以分株、扦插为主，分株多于春秋进行，每隔2～4年分一次，视植株长势而定，扦插则硬枝、嫩枝均可，南方气候温暖、潮湿，均可在露地进行。前者于3月选2年生枝行泥浆扦插，后者于7、8月选当年生枝在荫棚下苗床中扦插，一般成活率在80%以上。北方多行嫩枝插，在冷床中进行。

● **变种与品种**

① 紫玫瑰(*Rosa rugosa* var. *typica* Reg)：花紫色。

② 红玫瑰(var. *rosea* Rehd)：花红色。

③ 白玫瑰(var. *alba* W. Robins)：花白色。

④ 重瓣紫玫瑰(var. *plena* Reg)：花紫色，重瓣，香气浓郁，品质优良，多不结实或种子瘦小，各地多有栽培。

⑤ 重瓣白玫瑰(var. *albo-plena* Rehd)：花白色，重瓣。

黄刺玫

- 拉丁学名：*Rosa xanthina* Lindl.
- 科属

类　别	名　称	拉丁名
科	蔷薇科	Rosaceae
属	蔷薇属	*Rosa* L.
种	黄刺玫	*Rosa xanthina* Lindl.

- 树木习性

落叶丛生直立灌木，高 2～3 m；枝粗壮，密集，小枝褐色，有硬直皮刺，无刺毛。

- 形态特征

类　别	形　　态	颜　色	时　期
叶	广卵形至近圆形，先端钝或微凹，边缘有钝锯齿，背面幼时微有柔毛，但无腺，托叶边缘有锯齿和腺	绿色	—
花	单生叶腋，重瓣或半重瓣，无苞片；花瓣宽倒卵形，先端微凹，基部宽楔形；萼片披针形，全缘，先端渐尖	黄色	4—6 月
果	近球形或倒卵圆形	紫褐色或黑褐色	7—8 月

- **适用范围**

产于我国东北、内蒙古、华北至西北。

- **景观用途**

春天开金黄色花朵，而且花期较长，早春繁花满枝，株型清秀，黄花与绿叶相称，颇为美观，显得格外醒目，着实为北方园林春景添色不少；宜于草坪、林缘、路边丛植，也可作绿篱及基础种植，是北方园林中重要的春季观花灌木。

- **环境要求**

性强健，喜光，耐寒、耐旱、耐瘠薄；少病虫害。

- **繁殖要点**

繁殖多用分株、压条及扦插法，选日照充分和排水良好处栽植，管理简单。

木绣球

(别名：绣球荚蒾)

- **拉丁学名**：*Viburnum macrocephalum* Fort.

● 科属

类别	名称	拉丁名
科	忍冬科	Caprifoliaceae
属	荚蒾属	*Viburnum*
种	木绣球	*Viburnum macrocephalum* Fort.

● 树木习性

落叶或半常绿灌木，高达 4 m；树皮灰褐色或灰白色；芽、幼技、叶柄及花序均密被灰白色或黄白色簇状短毛，后渐变无毛。

● 形态特征

类别	形态	颜色	时期
叶	叶临冬至翌年春季逐渐落尽，纸质，卵形至椭圆形或卵状矩圆形，长 5～11 cm，顶端钝或稍尖，基部圆或有时微心形，边缘有小齿，上面初时密被簇状短毛，后仅中脉有毛，下面被簇状短毛，侧脉 5～6 对，近缘前互相网结，连同中脉上面略凹陷，下面凸起；叶柄长 10～15 mm	绿色	—
花	聚伞花序直径 8～15 cm，全部由大型不孕花组成，总花梗长 1～2 cm，第一级辐射枝 5 条，花生于第三级辐射枝上；萼筒筒状，长约 2.5 mm，宽约 1 mm，无毛，萼齿与萼筒几等长，矩圆形，顶钝；花冠白色，辐状，直径 1.5～4 cm，裂片圆状倒卵形，筒部甚短；雄蕊长约 3 mm，花药小，近圆形；雌蕊不育	白色	4—5 月

- **适用范围**

江苏、浙江、江西和河北等省均有栽培。

- **景观用途**

野生木本花卉及珍贵优良的园林绿化和观赏树种，具有很高的经济和研究价值，主要用于城市和庭院的绿化，其球状花絮如雪球累累，簇拥在椭圆形的绿叶中，整株耸立在街道两旁和庭院中构成一种美丽的风景。此外，可使其拱形花枝形成花廊，植于庭中堂前、墙下窗边也极适宜，还可作大型花坛的中心树。

- **环境要求**

喜光，略耐阴，喜温暖湿润气候，较耐寒，宜在肥沃、湿润、排水良好的土壤中生长，也能适应一般土壤，长势旺盛，萌芽力、萌蘖力均强，种子有隔年发芽习性。

- **繁殖要点**

繁殖可用分株法、扦插法、压条法、嫁接法。

- **附种**

琼花[*Viburnum macrocephalum* Fort. f. *keteleeri*（Carr.）Rehd.]：又称聚八仙、蝴蝶花，忍冬科落叶的半常绿灌木。4、5 月间开花，花大如盘，洁白如玉。聚伞花序生于枝端，周边八朵为萼片发育成的不孕花，中间为两性小花。分布于江苏南部、安徽西部、浙江、江西西北部、湖北西部及湖南南部。琼花是扬州、昆山的市花。播种法繁殖。

粉团荚蒾(*Viburnum plicatum* Thunb):园艺种,落叶或半常绿灌木,原产日本,中国长江流域栽培广泛,其他各地也有少量栽培。喜光照,略耐阴,性强健,耐寒性不强,萌芽力和萌蘖力都比较强,耐修剪,能适应一般土壤,但好生于肥沃、湿润的土壤。

绣球

- **拉丁学名**：*Hydrangea macrophylla* (Thunb.) Ser.
- **科属**

类　别	名　称	拉丁名
科	虎耳草科	Saxifragaceae
属	绣球属	*Hydrangea*
种	绣球	*Hydrangea macrophylla* (Thunb.) Ser.

- **树木习性**

灌木，高 1～4 m；茎常于基部发出多数放射枝而形成一圆形灌丛；枝圆柱形，粗壮，紫灰色至淡灰色，无毛，具少数长形皮孔。

- **形态特征**

类　别	形　态	颜　色	时　期
叶	叶纸质或近革质，倒卵形或阔椭圆形，长 6～15 cm，宽 4～11.5 cm，先端骤尖，具短尖头，基部钝圆或阔楔形，边缘于基部以上具粗齿，两面无毛或仅下面中脉两侧被稀疏卷曲短柔毛，脉腋间常具少许髯毛；侧脉 6～8 对，直，向上斜举或上部近边缘处微弯拱，上面平坦，下面微凸，小脉网状，两面明显；叶柄粗壮，长 1～3.5 cm，无毛	绿色	—

(续表)

类 别	形 态	颜 色	时 期
花	伞房状聚伞花序近球形，直径 8～20 cm，具短的总花梗，分枝粗壮，近等长，密被紧贴短柔毛，花密集，多数不育；不育花萼片 4，阔物卵形、近圆形或阔卵形，长 1.4～2.4 cm，宽 1～2.4 cm；孕性花极少数，具 2～4 mm 长的花梗；萼筒倒圆锥状，长 1.5～2 mm，与花梗疏被卷曲短柔毛，萼齿卵状三角形，长约 1 mm；花瓣长圆形，长 3～3.5 mm；雄蕊 10 枚，近等长，不突出或稍突出，花药长圆形，长约 1 mm；子房大半下位，花柱 3，结果时长约 1.5 mm，柱头稍扩大，半环状	粉红色、淡蓝色或白色	6—8 月
果	蒴果未成熟，长陀螺状，连花柱长约 4.5 mm，顶端突出部分长约 1 mm，约等于蒴果长度的 1/3	—	—

- **适用范围**

生于山谷溪旁或山顶疏林中，海拔 380～1 700 m。产中国山东、江苏、安徽、浙江、福建、河南、湖北、湖南、广东及其沿海岛屿、广西、四川、贵州、云南等省区。日本、朝鲜有分布。

- **景观用途**

绣球花花型丰满，大而美丽，其花色有红有蓝，令人悦目怡神，是常见的盆栽观赏花木。中国栽培绣球的时间较早，在明、清时代建造的江南园林中都栽有绣球。20世纪初建设的公园也离不开绣球的配植。现代公园和风景区都将其成片栽植，形成景观。

- **环境要求**

绣球原产中国和日本，喜温暖、湿润和半阴环境，生长适温为18～28℃，冬季温度不低于5℃，温度20℃时可促其开花，见花后维持16℃能延长观花期，但高温使花朵褪色快。绣球盆土要保持湿润，但浇水不宜过多，特别雨季要注意排水，防止受涝引起烂根。土壤以疏松、肥沃和排水良好的砂质壤土为好。土壤pH值的变化对绣球花色变化影响较大。为了加深蓝色，可在花蕾形成期施用硫酸铝；为保持粉红色，可在土壤中施用石灰。

- **繁殖要点**

繁殖可用分株法、扦插法、压条法、组培法。

- **变种**

银边八仙花(var. maculata)。

缫丝花

(别名：刺糜、刺梨)

- **拉丁学名：***Rosa roxburghii* Tratt.

● 科属

类　别	名　称	拉丁名
科	蔷薇科	Rosaceae
属	蔷薇属	*Rosa* L.
种	缫丝花	*Rosa roxburghii* Tratt.

● 树木习性

落叶或半常绿开展灌木，高1～2.5 m；树皮灰褐色，成片脱落；小枝圆柱形，斜向上伸，常有成对皮刺。

● 形态特征

类　别	形　　态	颜　色	时　期
叶	椭圆形，顶端急尖或钝，基部宽楔形，边缘有细锐锯齿，两面无毛	绿色	—
花	重瓣至半重瓣，倒卵形，外轮花瓣大，内轮小，花柄、萼筒、萼片外面均密生刺，萼片宽卵形，有羽状裂片	淡红色或粉红色	5—7月
果	扁球形，外面密生刺，宿存萼片直立	绿红色	8—10月

● 适用范围

产于陕西、甘肃、江西、安徽、湖北、广东、四川、贵州、云南等省。

● 景观用途

株型清秀，枝条密，绿化覆盖效果好，花型多且花量大而密，花期长，果实碧绿可爱，成熟时有特殊香味；常栽作花篱，或丛植于草坪边缘，亦可作基础栽植。

- **环境要求**

性喜温暖湿润气候，对土壤要求不高，以pH值5.5～7的(微)酸性或中性土壤为宜。

- **繁殖要点**

以播种和扦插育苗为主，播种分春播和秋播，扦插春、夏、秋均可。

棣棠花

- **拉丁学名**：*Kerria japonica*（L.）DC.
- **科属**

类　别	名　称	拉丁名
科	蔷薇科	Rosaceae
属	棣棠花属	*Kerria* DC.
种	棣棠花	*Kerria japonica*（L.）DC.

- **树木习性**

落叶丛生无刺灌木，高1.5～2 m；小枝绿色，圆柱形，光滑，有棱，常拱垂，嫩枝有棱角。

- **形态特征**

类　别	形　　态	颜　色	时　期
叶	卵形至卵状椭圆形，先端长尖，基部楔形或近圆形，边缘有尖锐重锯齿，背面略有短柔毛	绿色	—
花	花单生于侧枝顶端；萼片卵状椭圆形，顶端急尖，全缘；花瓣宽椭圆形	金黄色	4—6月
果	瘦果倒卵形至半球形，表面有褶皱，生于盘状花托上，萼片宿存	褐黑色或褐色	6—8月

- **适用范围**

产于我国豫、鄂、湘、赣、浙、苏、川、滇、粤等省，南方庭园中栽培较多，北京及华北其他城市须选背风向阳处或建筑物前栽种。

- **景观用途**

花型小而密，开花时节，满枝黄花，株型轻巧，花、叶、枝俱美，可丛植于篱边、墙际、水畔、坡地、林缘及草坪边缘，或栽作花径、花篱，亦可与假山配植，景观效果极佳，与深色背景相衬，可使鲜艳的小花更被衬托得娇艳可人。

- **环境要求**

性喜温暖、半阴而略湿之地，耐寒性不强，对土壤要求不高，不耐旱。

- **繁殖要点**

繁殖多用分株法，于晚秋或早春进行，可采用硬枝或嫩枝分别于早春、晚夏扦插；若要大量繁殖原种，则可采用播种法，栽培管理比较简单。因花芽是在新梢上形成，故宜隔二三年剪除老枝一次，以促使植株发新枝，多开花。

榆叶梅

(别名:小桃红)

- 拉丁学名:*Prunus triloba* (Lindl.) Ricker
- 科属

类 别	名 称	拉丁名
科	蔷薇科	Rosaceae
属	李属	*Prunus* L.
种	榆叶梅	*Prunus triloba* (Lindl.) Ricker

- 树木习性

落叶灌木,高 2～3 m;枝条开展,具多数短小枝,小枝细,灰色,无毛或幼时稍有柔毛。

- 形态特征

类 别	形 态	颜 色	时 期
叶	椭圆形至倒卵形,先端短渐尖,常 3 裂,基部阔楔形,边缘具粗重锯齿,两面有毛	绿色	—
花	萼筒钟状,萼片卵形,有齿,花瓣近圆形或倒卵圆形,先端圆钝,有时微凹	粉红色	4—5 月
果	核果球形,具厚硬壳,外被短柔毛,果肉薄,成熟时开裂	红色	5—7 月

- **适用范围**

原产于我国北部，冀、晋、鲁、浙等省皆有野生，华北地区栽培较普遍，目前全国各地多数公园均有栽培。

- **景观用途**

本种于北方园林中最宜大量应用，以反映春光明媚、花团锦簇、欣欣向荣的景象，是观赏效果极佳的早春观花树种，尤其盛花期时节植株覆满色彩艳丽的花朵，十分美丽，灿烂夺目。宜在各地园林绿地、路边、墙角、池畔、宅旁种植，丛植或列植作花篱，也可在园林或庭院中配以苍松翠柏作背景丛植，或与连翘配植，还可做盆栽或切花。

- **环境要求**

性喜光，耐寒，耐旱，对轻碱土也能适应，不耐水涝。

- **繁殖要点**

繁殖用嫁接或播种法，砧木用山桃、杏或榆叶梅实生苗，芽接或枝接均可。为了养成乔木状单干观赏树，可用方块芽接法在山桃干上高接。栽植宜在早春进行，花后应短剪。榆叶梅栽培管理简易。

- **变种与品种**

① 鸾枝(*Prunus triloba* var. *atropurpurea* Hort)：小枝紫红色；花 1～2 朵，

罕3朵，单瓣或重瓣，紫红色；萼片5～10；雄蕊25～35；北京地区有不少栽培，尤以重瓣者为多。

② 单瓣榆叶梅(f. *normalis* Rehd)：花单瓣，萼、瓣各5，近野生种，少栽培。

③ 复瓣榆叶梅(f. *multiplex* Rehd)：花复瓣，粉红色，萼片多为10，有些5；花瓣10或更多。

④ 重瓣榆叶梅(f. *plena* Dipp)：花大，直径达3 cm或更大，深粉红色，雌蕊1～3，萼片通常10，花瓣很多，花梗与花萼皆带红晕，花朵密集艳丽，观赏价值很高，北京常见栽培树种。

郁李

- **拉丁学名：***Prunus japonica*（Thunb.）Lois
- **科属**

类别	名称	拉丁名
科	蔷薇科	Rosaceae
属	李属	*Prunus* L.
种	郁李	*Prunus japonica*（Thunb.）Lois

- **树木习性**

落叶灌木，高1～1.5 m；小枝灰褐色，嫩枝绿色或绿褐色，细密无毛。

- **形态特征**

类别	形态	颜色	时期
叶	卵形或卵状披针形，先端渐尖，基部圆形，边有缺刻状尖锐重锯齿	上面深绿色，下面淡绿色	—
花	簇生，萼筒陀螺形，长宽近相等，萼片椭圆形，花瓣倒卵状椭圆形	白色或粉红色	5月
果	核果近球形，核表面光滑	深红色	7—8月

- **适用范围**

产于黑龙江、吉林、辽宁、河北、山东、浙江，生于山坡林下、灌丛中或栽培，海拔100～200 m。

- **景观用途**

桃红色的花蕾繁密如云，惹人喜爱，果熟时丹实满枝；适宜群植，可植于庭院、路旁、山石间、林缘、建筑旁，也可用作花镜、花篱，繁英压树，灿若云霞，极具观赏价值，是园林中重要的春季观花、观果树种。

- **环境要求**

喜阳，耐严寒，抗旱，耐湿，对土壤要求不高，在肥沃湿润的砂质壤土中生长最好。

- **繁殖要点**

以分株繁殖为主，也可压条，一般单瓣种可用播种繁殖，重瓣种可用毛桃或山桃作砧木进行春季切接和夏季芽接繁殖。

蜡梅

- **拉丁学名**：*Chimonanthus praecox* (L.) Link

● 科属

类 别	名 称	拉丁名
科	蜡梅科	Calycanthaceae
属	蜡梅属	*Chimonanthus*
种	蜡梅	*Chimonanthus praecox* (L.) Link

● 树木习性

落叶灌木，高可达 4 m；幼枝四方形，老枝近圆柱形，灰褐色，无毛或被疏微毛，有皮孔。

● 形态特征

类 别	形 态	颜 色	时 期
叶	卵状披针形或卵状椭圆形，先端渐尖，基部圆形或广楔形，表面粗糙，背面光滑无毛，叶纸质至近革质	绿色	—
花	单生于第二年生枝条叶腋内，具浓香，花被片圆形、长圆形、倒卵形、椭圆形或匙形，无毛，内部花被片比外部短	金黄色	11—翌年 3 月
果	瘦果种子状，为坛状或倒卵状椭圆形的近木质化的果托所包	红褐色	4—11 月

- **适用范围**

原产于我国中部鄂、陕等省，在北京以南各地庭园中广泛栽培，在北京小气候条件良好处可露地栽培，河南鄢陵为蜡梅苗木之传统生产中心。

- **景观用途**

花开于寒月、早春，花黄似蜡，浓香四溢，为冬季观花佳品，深受群众喜爱；可与南天竹配植，隆冬呈现红果、黄花、绿叶交相辉映的景色；配植于公园、窗前、绿地及庭院之墙隅、斜坡、水边都很适合；作为盆花、桩景和瓶插，亦有独到之处。

- **环境要求**

喜光，亦略耐阴，较耐寒、较耐干旱，忌水湿；喜深厚而排水良好之轻壤土，在黏性土壤及碱地上生长不良；耐修剪，发枝力强；抗 Cl_2、SO_2 能力强；在风口处种植花苞不易开放。

- **繁殖要点**

主要是以实生苗(狗蝇梅)为砧木进行切接或靠接，切接在 3、4 月当芽刚萌动时进行，接穗选一年生粗壮枝条，砧木以径粗 1～1.5 cm 者为宜；靠接在春、夏两季均可进行，而以 5 月最适宜。

- **变种与品种**

① 罄口蜡梅(*Chimonanthus praecox* var. *grandiflora* Mak.)：叶大，长可达 20 cm；花亦大，直径 3～3.5 cm，外轮花被片淡黄色，内轮花被片有浓红紫色边缘与条纹。

② 素心蜡梅(var. *concolor* Mak.)：花被片纯黄，内部不染紫色条纹。

③ 小花蜡梅(var. *parviflorus* Turrill)：花特小，直径约 0.9 cm，外轮花被片黄白色，内轮有浓紫色条纹。

蜡梅栽培品种相当丰富，它们的花色、花期、大小、香味及生长习性等方面各有特点，但至今尚缺系统整理与分类。

夏蜡梅

- **拉丁学名**：*Calycanthus chinensis* Cheng et S. Y. Chang

● 科属

类　别	名　称	拉丁名
科	蜡梅科	Calycanthaceae
属	夏蜡梅属	*Calycanthus*
种	夏蜡梅	*Calycanthus chinensis* Cheng et S. Y. Chang et S. Y. Chang

● 树木习性

落叶灌木，高可达 3 m；树皮灰白色或灰褐色，皮孔凸起，小枝对生，无毛或幼时被疏毛。

● 形态特征

类　别	形　　态	颜　色	时　期
叶	宽卵状椭圆形、倒卵状圆形或宽椭圆形，先端短尖，基部宽楔形或圆形，叶缘具细齿	绿色	—
花	花被片螺旋状着生于杯状或坛状花托上，外花被片倒卵形或倒卵状长圆形，内花被片较厚	白色，具淡紫色边晕，花的内面中部以上淡黄色，中部以下黄白色	5 月
果	果托钟形，近顶端微收缩；瘦果，基部密被灰白色毛，向上渐稀，具残留花柱	褐色	10 月

● 适用范围

产于浙江临安、天台等地，多生于海拔 600～1 000 m 的沟边林下或东北向山坡，武汉、杭州、南京、合肥等市，均有引种栽培，生长良好。

● 景观用途

夏初开花，洁白硕大的花朵凝脂赛雪，金黄色的花蕊嗡含其中，成为初夏的一道亮丽风景。本种花大而美丽，花色柔媚，花期长，具有极大的观赏价值，可孤植、丛植或与其他观赏植物配植，最宜植于半阴及有散射光的林下或建筑物背光处，是极佳的夏季观赏花灌木。

● 环境要求

喜阴树种，喜凉爽湿润气候，不耐干旱与瘠薄，耐寒，在阴湿条件下，叶色浓绿，生长旺盛；在透光处或全光照下，叶色变黄，生长不良，在山地黄壤土生长良好。

● 繁殖要点

播种法繁殖,3 月播种,约 20 天出苗,幼苗需遮阴。

紫荆

● 拉丁学名:*Cercis chinensis* Bunge

● 科属

类 别	名 称	拉丁名
科	豆科	Leguminosae
属	紫荆属	*Cercis*
种	紫荆	*Cercis chinensis* Bunge

● 树木习性

从生或单生灌木,高 2～5 m;树皮和小枝灰白色。

● 形态特征

类 别	形 态	颜 色	时 期
叶	叶纸质,近圆形或三角状圆形,长 5～10 cm,宽与长相若或略短于长,先端急尖,基部浅至深心形,两面通常无毛,嫩叶绿色,仅叶柄略带紫色,叶缘膜质透明,新鲜时明显可见	绿色	—
花	花紫红色或粉红色,2～10 余朵成束,簇生于老枝和主干上,尤以主干上花束较多,越到上部幼嫩枝条则花越少,通常先于叶开放,但嫩枝或幼株上的花则与叶同时开放,花长 1～1.3 cm;花梗长 3～9 mm;龙骨瓣基部具深紫色斑纹;子房嫩绿色,花蕾时光亮无毛,后期则密被短柔毛,有胚珠 6～7 颗	花紫红色或粉红色,稀有白色	3—4 月
果	荚果扁狭长形,长 4～8 cm,宽 1～1.2 cm,翅宽约 1.5 mm,先端急尖或短渐尖,喙细而弯曲,基部长渐尖,两侧缝线对称或近对称;果颈长 2～4 mm;种子 2～6 颗,阔长圆形,长 5～6 mm,宽约 4 mm,黑褐色,光亮	绿色	8—10 月

- **适用范围**

产于我国东南部，北至河北，南至广东、广西，西至云南、四川，西北至陕西，东至浙江、江苏和山东等省区。

- **景观用途**

紫荆在园林中常作为灌丛使用，宜栽植于庭院、草坪、湖畔及建筑物前，用于小区的园林绿化，具有较好的观赏效果。

- **环境要求**

暖带树种，较耐寒；喜光，稍耐阴；喜肥沃、排水良好的土壤，不耐湿；萌芽力强，耐修剪。

- **繁殖要点**

繁殖可用播种法、分株法、扦插法、压条法、嫁接法。

- **附种**

白花紫荆(变型)(*Cercis chinensis* Bunge f. *alba* S. C. Hsu)：花白色，产江苏、上海、浙江等地。

云实

- **拉丁学名：***Caesalpinia decapetala* (Roth) Alston
- **科属**

类　别	名　称	拉丁名
科	苏木科	Caesalpiniaceae
属	云实属	*Caesalpinia*
种	云实	*Caesalpinia decapetala* (Roth) Alston

- **树木习性**

攀缘灌木；树皮暗红色，散生倒钩刺，枝、叶轴及花序密被灰色或褐色柔毛。

- **形态特征**

类　别	形　　态	颜　色	时　期
叶	二回羽状复叶，对生，小叶长圆形，疏离，近无柄，膜质，两端钝圆，两面被柔毛，后渐脱落	绿色	—
花	圆锥花序顶生，花梗被毛，在花萼下具关节（故花易落）	黄色，最下片有红色条纹	4—5月
果	长椭圆形，肿胀，脆革质，具喙尖，腹缝具狭翅，成熟时沿腹缝线开裂，无毛，种子椭圆形	果栗色，种子黑色	9—10月

- **适用范围**

甘肃南部、陕西秦岭以南、河南伏牛山以南、安徽大别山和南部，江苏南部、浙江、福建、江西、湖南、湖北、四川、贵州、云南、两广及海南岛。

- **景观用途**

云实攀缘性强，宜用于花架、花廊的垂直绿化；还可用作绿篱、屏障，防护功效显著。

- **环境要求**

喜光，适应性较强，生于平原、丘陵、溪边、山岩石缝中，萌蘖力强。

- **繁殖要点**

播种繁殖，9、10 月采收后从果实中取出种子，随即播种或干藏至翌年 3 月春播，播种前将种子用 80℃热水处理，自然冷却后再浸泡 24 h；4 月发芽，落叶后或翌年早春裸根移栽。

金缕梅

(别名：木里仙、牛踏果)

- **拉丁学名：***Hamamelis mollis* Oliver

- **科属**

类 别	名 称	拉丁名
科	金缕梅科	Hamamelidaceae
属	金缕梅属	*Hamamelis*
种	金缕梅	*Hamamelis mollis* Oliver

- **树木习性**

落叶灌木或小乔木，高可达 9 m。

- **形态特征**

类 别	形 态	颜 色	时 期
叶	叶互生，宽倒卵形，长 8～15 cm，表面粗糙，背面被毛	绿色	—
花	花瓣 4 片，狭长如带，长 1.5～2 cm	金黄、淡黄、橙红	2—3 月
果	蒴果卵球形，长约 1.2 cm	黑褐色	10 月

- **适用范围**

主要分布在广西、湖南、湖北、安徽、江西、浙江一带。

- **景观用途**

本种花形奇特，具有芳香，草春先叶开放，黄色细长花瓣宛如金缕，缀满枝头，十分惹人喜爱，国内外庭园常有栽培，并有一些好品种出现，是著名观赏花木之一，孤植或配植在庭院角隅、池边、溪畔、山石间及树丛外缘都很合适。此外，花枝可作切花瓶插材料。如欲催花，可于 12 月至翌年 1 月间将枝条剪下瓶插于 20℃左右温室中，经 10～20 天即可开花。

- **环境要求**

喜光耐半阴，多生于温暖湿润地区，亦耐寒，对土壤肥力要求不高。

- **繁殖要点**

常采用种子播种、嫁接方法繁殖。

银芽柳

(别名:棉花柳、银柳)

- **拉丁学名:*Salix argyracea***
- **科属**

类　别	名　称	拉丁名
科	杨柳科	Salicaceae
属	柳属	*Salix*
种	银芽柳	*Salix argyracea*

- **树木习性**

落叶灌木,高 2～3 m。

- **形态特征**

类　别	形　态	颜　色	时　期
叶	叶长呈椭圆形,长 9～15 cm,边缘具细腺锯齿;叶背面密被白毛,半革质	绿色	—
花	雄花序椭圆柱形,长 2 cm,盛开时花序密被银白色绢毛	—	5—6 月
芽	芽卵圆形,钝,初有短绒毛,后脱落,可观赏	芽褐色,绒毛银白色	12—翌年 2 月

- **适用范围**

原产于日本,我国江南一带有栽培。

- **景观用途**

系观芽植物,花序银色,美观大方,适于瓶插观赏,水养时间耐久,是春节期间主要的切花品种,多与一品红、水仙、一枝黄花、山茶花、蓬莱松叶等配伍插花,表现出朴素、豪放的风格,极富东方艺术的意味。银芽柳在园林中常配植于池畔、河岸、湖滨,亦可作堤防绿化,冬季还可剪取枝条观赏。

- **环境要求**

喜光亦耐阴、耐湿寒，好肥；适应性较强，在土层深厚、土质湿润肥沃的环境中生长良好；在暖温带地区可露地越冬，而在北温带地区可假植于室内的湿润沙床上，保持在1～3 ℃的环境条件下可休眠。

- **繁殖要点**

常用扦插繁殖，春季剪取20～30 cm长的枝条，露地扦插，20～25天生根；要求土壤疏松肥沃，排灌方便；扦插成活率高。

结香

(别名：打结花、打结树)

- **拉丁学名：***Edgeworthia chrysantha* Lindl.
- **科属**

类 别	名 称	拉丁名
科	瑞香科	Thymelaeaceae
属	结香属	*Edgeworthia* Meisn.
种	结香	*Edgeworthia chrysantha* Lindl.

- **树木习性**

灌木，高1～2 m。

- **形态特征**

类 别	形 态	颜 色	时 期
叶	叶互生，常簇生枝顶，长椭圆形，长6～20 cm，全缘	绿色	—
花	假头状花序，生于枝顶或近顶部，下垂，总柄粗短；花被圆筒形，先端四齿裂，花瓣状	黄色、红色	冬末春初
果	卵形，状如蜂窝	—	春夏间

- **适用范围**

在我国陕西、江苏、安徽、浙江、江西、河南等地多有栽培，湖北、湖南、广东、广西、四川、云南等省区亦有分布。

- **景观用途**

结香树冠球形，枝叶美丽，宜栽在庭园或盆栽观赏。全株供药用；树皮可取纤维，供造纸；枝条柔软，可供编筐。结香姿态优雅，柔枝可打结，花多成簇，芳香四溢，十分惹人喜爱，适宜孤植、列植、丛植于庭前、道旁、墙隅、草坪中，或点缀于假山岩石旁，也可盆栽。北方多盆栽观赏，枝条柔软，弯之可打结而不断，常整成各种形状。

- **环境要求**

结香喜半阴，耐强光，喜温畏寒；根肉质忌涝，适生于排水良好的肥沃土壤。

- **繁殖要点**

结香萌蘖力强，常用分株和扦插方法繁殖。分株宜在春季萌动之前进行，扦插一般在2、3月进行，也可在6、7月进行。

- **变种与品种**

变种花红色。

- **备注**

根与花可入药。

木芙蓉

(别名:芙蓉、芙蓉花、拒霜花、地芙蓉、华木)

- **拉丁学名:** *Hibiscus mutabilis* L.
- **科属**

类　别	名　称	拉丁名
科	锦葵科	Malvaceae
属	木槿属	*Hibiscus*
种	木芙蓉	*Hibiscus mutabilis* L.

- **树木习性**

落叶灌木或小乔木,丛生,多数高 2～5 m,而冬季气温较高之处,则高可及 7～8 m,且有直径达 20 cm 者。

- **形态特征**

类　别	形　　态	颜　色	时　期
叶	叶大、广卵形,呈 3～5 裂,裂片呈三角形,基部心形,叶缘具钝锯齿,两面被毛	绿色	—
花	花单生于枝端叶腋,小苞片 8,线形,密被星状绵毛,基部合生	初开时粉红或白色,后变为深红色	8—10 月
果	蒴果扁球形	—	秋季

- **适用范围**

我国除东北、西北等寒冷地区外，其他地区均有分布，尤以湖南、四川最盛。

- **景观用途**

木芙蓉从初夏花蕾渐生渐开至晚秋前后，花期才基本结束，因而有诗云“千林扫作一番黄，只有芙蓉独自芳”。由于花大而色丽，自古以来多在庭园栽植，可孤植、丛植于墙边、路旁、厅前等处，特别宜于配植水滨，分外妖娆。《长物志》云：“芙蓉宜植池岸，临水为佳”，形成“木芙蓉照水”的园林景观。

- **环境要求**

木芙蓉喜光耐阴，好温湿，畏寒忌干，对土壤要求不高，以疏松、透气、排水良好的砂壤土最佳；栽培上宜选择通风良好、土质肥沃之处，尤以邻水栽培为佳。

- **繁殖要点**

繁殖可用扦插、分株或播种法进行。扦插以 2、3 月为好；分株繁殖宜于早春萌芽前进行；播种繁殖可于秋后收取充分成熟的木芙蓉种子，翌年春季播种。

- **备注**

木芙蓉原产我国黄河流域及华东、华南各地，其花或白或粉或赤，皎若芙蓉出水，艳似菡萏展瓣，故有“芙蓉花”之称，又因其生于陆地，为木本植物，故又名“木芙蓉”。木芙蓉开的花一日三变，故又名“三变花”，其花晚秋始开，霜侵露凌却丰姿艳丽，占尽深秋风情，因而又名“拒霜花”。自唐代始，湖南湘江一带亦种植木芙蓉，繁花似锦，光辉灿烂，唐末诗人谭用之赞曰：“秋风万里芙蓉国。”从此，湖南便有“芙蓉国”之雅称。

木芙蓉花色历来被众文人所赞咏。苏东坡诗云:“溪边野芙蓉,花水相媚好。”范成大诗云:“袅袅芙蓉风,池光弄花影。”王安石诗云:“水边无数木芙蓉,露染燕脂色未浓。正似美人初醉著,强抬青镜欲妆慵。”

吕初泰评曰:“芙蓉襟闲,宜寒江,宜秋沼,宜微霖,宜芦花映白,宜枫叶摇丹。”

海仙花

- 拉丁学名:*Weigela coraeensis* Thunb.
- 科属

类别	名称	拉丁名
科	忍冬科	Caprifoliaceae
属	锦带花属	*Weigela*
种	海仙花	*Weigela coraeensis* Thunb.

- 树木习性

落叶灌木,高约1 m;小枝粗壮,黄褐色或褐色,光滑或疏被柔毛。

- 形态特征

类别	形态	颜色	时期
叶	叶片阔椭圆形或椭圆形至倒卵形,长6~12 cm,宽2.5~5 cm,先端突尖或尾尖,基部阔楔形,边缘具细钝锯齿,上叶面除中脉疏被平贴毛外余部均无毛,背面沿中脉及侧脉被平贴毛,侧脉每边4~6条,与中脉两面明显突起;叶柄长5~10 mm,边缘被平贴毛	上叶面绿色,背面淡绿色	—
花	聚伞花序数个生于短枝叶腋或顶端;萼筒长柱形,长达1.5 cm,花萼裂片5,狭线形,长约8 mm,基部完全分离;花冠大而色艳,长2.5~4 cm,漏斗状钟形,基部1/3以下骤然变狭;子房光滑无毛	初淡红色,后变深红色或紫色	4—5月
果	蒴果长1.5~1.7 cm,顶有短柄状喙,无毛,2瓣室间开裂;种子微小而多数,无翅	—	8—10月

- **适用范围**

云南昆明、山东青岛、江西庐山、江苏南京、上海、浙江四明山和杭州、陕西武功县以及广东广州等地庭园和寺庙中有栽培，在江西庐山上形成群落。日本亦有栽培。

- **景观用途**

株型优美、花色丰富，适于丛植，也可点缀在花丛、草坪、假山、坡地、湖畔、庭院、公园等处供观赏。

- **环境要求**

海仙花性喜光，稍耐阴，有一定耐寒力，在北京以南可露地越冬；对土壤要求不严，能耐贫瘠，在土层深厚、肥沃、湿润的地方生长更好；怕水涝，生长快，萌芽力强，但耐旱性和耐寒性均不如锦带花。

- **繁殖要点**

海仙花主要采用扦插、播种、分株等方法繁殖，生产中常用扦插繁殖。

- **附种**

锦带花。

锦带花

- **拉丁学名：***Weigela florida*(Bunge)A. DC.

● 科属

类别	名称	拉丁名
科	忍冬科	Caprifoliaceae
属	锦带花属	*Weigela*
种	锦带花	*Weigela florida* (Bunge) A. DC.

● 树木习性

灌木，高 3 m，宽 3 m，枝条开展，树型较圆筒状，有些树枝会弯曲到地面，小枝细弱，幼时具 2 列柔毛。

● 形态特征

类别	形态	颜色	时期
叶	叶矩圆形、椭圆形至倒卵状椭圆形，长 5～10 cm，顶端渐尖，基部阔楔形至圆形，边缘有锯齿，上面疏生短柔毛，脉上毛较密，下面密生短柔毛或绒毛，具短柄至无柄	绿色	—
花	花单生或成聚伞花序生于侧生短枝的叶腋或枝顶；萼筒长圆柱形，疏被柔毛，萼齿长约 1 cm，深达萼檐中部；花冠长 3～4 cm，直径 2 cm，外面疏生短柔毛，裂片不整齐，开展，内面浅红色；花丝短于花冠；子房上部的腺体黄绿色，花柱细长，柱头 2 裂	花冠紫红色或玫瑰红色，花药黄色	4—6 月
果	果实长 1.5～2.5 cm，顶有短柄状喙，疏生柔毛；种子无翅	绿色	7—10 月

- **适用范围**

分布于中国黑龙江、吉林、辽宁、内蒙古、山西、陕西、河南、山东北部、江苏北部等地。生于海拔 100～1 450 m 的杂木林下或山顶灌木丛中。苏联、朝鲜和日本也有分布。

- **景观用途**

锦带花枝叶茂密，花色艳丽，花期可长达 3 个多月，在园林应用上是华北地区主要的早春花灌木，适宜庭院墙隅、湖畔群植，也可在树丛林缘作花篱、丛植配植，或点缀于假山、坡地。

- **环境要求**

生于海拔 800～1 200 m 湿润沟谷、阴或半阴处，喜光，耐阴，耐寒；对土壤要求不严，能耐瘠薄土壤，但以深厚、湿润而腐殖质丰富的土壤生长最好，怕水涝；萌芽力强，生长迅速。

- **繁殖要点**

繁殖可用扦插法、压条法、播种法。

溲疏

- **拉丁学名：*Deutzia scabra* Thunb.**
- **科属**

类 别	名 称	拉丁名
科	虎耳草科	Saxifragaceae
属	溲疏属	*Deutzia*
种	溲疏	*Deutzia scabra* Thunb.

- **树木习性**

落叶灌木，稀半常绿，高达 3 m。树皮成薄片状剥落，小枝中空，红褐色，幼时有星状毛，老枝光滑。

- **形态特征**

类 别	形 态	颜 色	时 期
叶	叶对生，有短柄；叶片卵形至卵状披针形，长 5～12 cm，宽 2～4 cm，顶端尖，基部稍圆，边缘有小锯齿，两面均有星状毛，粗糙	绿色	—
花	直立圆锥花序，萼筒钟状，与子房壁合生，木质化，裂片 5，直立，果时宿存；花瓣 5，花瓣长圆形，外面有星状毛；花丝顶端有 2 长齿；花柱 3～5，离生，柱头常下延	花白色或带粉红色斑点	5—6 月
果	蒴果近球形，顶端扁平具短喙和网纹	—	10—11 月

● **适用范围**

分布于温带东亚、墨西哥及中美。我国有53种(其中2种为引种或已归化种)、1亚种、19变种,各省区都有分布,但以西南部最多。

● **景观用途**

初夏时白花繁密、素雅,若与花期相近的山梅花配置,则次第开花,可延长树丛的观花期,宜丛植于草坪、路边、山坡及林缘,也可作为花篱及岩石园种植材料,花枝可供瓶插观赏。

● **环境要求**

多见于山谷、路边、岩缝及丘陵低山灌丛中;喜光、稍耐阴,喜温暖、湿润气候,且耐寒、耐旱;对土壤的要求不严,但以腐殖质pH值6～8且排水良好的土壤为宜;性强健,萌芽力强,耐修剪。

● **繁殖要点**

扦插、播种、压条或分株繁殖均可。

牡荆

● **拉丁学名**:*Vitex negundo* L. var. *cannabifolia* (Sieb. et Zucc.) Hand. -Mazz.

● 科属

类别	名称	拉丁名
科	马鞭草科	Verbenaceae
属	牡荆属	*Vitex*
种	牡荆	*Vitex negundo* L. var. *cannabifolia* (Sieb. et Zucc.) Hand. -Mazz.

● 树木习性

马鞭草科,牡荆属植物黄荆的变种,落叶灌木或小乔木。

● 形态特征

类别	形态	颜色	时期
叶	掌状复叶,叶对生,掌状复叶,小叶 5,少有 3;小叶片披针形或椭圆状披针形,顶端渐尖,基部楔形,边缘有粗锯齿,背面通常被柔毛	上表面绿色,背面淡绿色	—
花	圆锥花序顶生,长 10～20 cm;花序梗密生灰白色绒毛;花萼钟状,顶端有 5 裂齿,外有灰白色绒毛;花冠外有微柔毛,顶端 5 裂,二唇形;雄蕊伸出花冠管外;子房近无毛	淡紫色	6—7 月
果	果实近球形	黑色	8—11 月

● 适用范围

分布于中国华东各省及河北、湖南、湖北、广东、广西、四川、贵州、云南。日本也有分布。

● 景观用途

牡荆树姿优美,老桩苍古奇特,可广泛用于草坪、花境、园林、建筑基础栽植,也是杂木类树桩盆景的优良树种。

● 环境要求

喜光,耐寒、耐旱、耐瘠薄土壤,适应性强,多生于低山山坡灌木丛中、山脚、路旁及村舍附近向阳干燥的地方。

● 繁殖要点

繁殖可在秋季果实成熟时随采随播或干藏到翌春 3、4 月播种,也可在生长季节进行扦插或压条繁殖,还可以结合移栽进行分株繁殖。

• **备注**

牡荆材质坚硬，是制作家具、木雕、根艺等的上等用材。

山麻杆

（别名：桂圆树、大叶泡）

• **拉丁学名：***Alchornea davidii* Franch.

• **科属**

类 别	名 称	拉丁名
科	大戟科	Euphorbiaceae
属	山麻杆属	*Alchornea*
种	山麻杆	*Alchornea davidii* Franch.

• **树木习性**

落叶丛生小灌木，高 1～2 m，茎干直立而分枝少，茎皮常呈紫红色。

• **形态特征**

类 别	形 态	颜 色	时 期
叶	叶广卵形或圆形，长 7～17 cm，宽 6～19 cm，叶缘有齿牙状锯齿	幼叶红色或紫红色，成熟叶绿色	—
花	雄花密生成短穗状花序，雌花疏生，排成总状花序	—	3—4 月
果	蒴果扁球形，种子卵状三角形	—	6—7 月

- **适用范围**

为暖温带树种，主要分布于我国秦岭以南地区，华北部分地区亦有栽培。

- **景观用途**

茎干丛生，茎皮紫红，早春嫩叶紫红，后转红褐色，是一个良好的观茎、观叶树种，丛植于庭院、路边、山石之旁具有丰富色彩有效果，但因畏寒怕冷，北方地区宜选向阳温暖之地定植。

- **环境要求**

本树种为阳性树种，喜光耐阴，喜温暖湿润的气候环境；对土壤的要求不高，适宜于在深厚肥沃的砂壤土中生长；萌蘖性强，但抗旱能力低。

- **繁殖要点**

多以分株繁殖，亦可扦插或播种，种子不易采得，可利用其萌蘖性强的特性不断进行更新。

- **备注**

茎皮纤维可供造纸或纺织用，种子榨油供工业用，叶片可入药。

卫矛

(别名：正木、扶芳树)

- **拉丁学名：***Euonymus alatus* (Thunb.) Sieb.
- **科属**

类　别	名　称	拉丁名
科	卫矛科	Celastraceae
属	卫矛属	*Euonymus*
种	卫矛	*Euonymus alatus* (Thunb.) Sieb.

- **树木习性**

落叶灌木，高为 2～3 m。

● 形态特征

类 别	形 态	颜 色	时 期
叶	叶片倒卵形至椭圆形，长 2～5 cm，宽 1～2.5 cm，边缘有细尖锯齿	绿色	—
花	花直径约 5～7 mm，常 3 朵集成聚伞花序	白绿色	4—6 月
果	蒴果椭圆形	褐色，有橘红色的假种皮	7—10 月

● 适用范围

长江下游各省及吉林省都有分布。

● 景观用途

本种可在园林中孤植或丛植于草坪、斜坡、水边，于山石间、亭廊边配植亦甚合适；同时，也是绿篱、盆栽及制作盆景的好材料。

● 环境要求

对气候适应性强，喜光稍耐阴，耐干旱，抗寒抗贫瘠；对土壤要求不高，在偏酸、偏碱环境中都能生长。

● 繁殖要点

以播种为主，亦可采用扦插、分株方法繁殖。

老鸦柿

(别名：山柿子、野山柿、野柿子)

● 拉丁学名：*Diospyros rhombifolia* Hemsl.

● 科属

类 别	名 称	拉丁名
科	柿树科	Ebenaceae
属	柿树属	*Diospyros*
种	老鸦柿	*Diospyros rhombifolia* Hemsl.

● 树木习性

落叶小乔木，高 2～8 m，枝有刺。

● 形态特征

类 别	形 态	颜 色	时 期
叶	叶卵状菱形至倒卵形，长 3～6 cm，宽 2～3 cm	绿色	—
花	花萼宿存，革质，裂片长椭圆形或披针形	白色	4 月
果	卵球形，直径约 2 cm，顶端突尖，有长柔毛	红色	10 月

● 适用范围

主要产于浙江、江苏、安徽、江西、福建等地。

● 景观用途

园景树木。

● 环境要求

喜光耐阴，多生于气候湿润、土壤肥沃、排水良好的环境中。

● 繁殖要点

多采用播种或分株方法繁殖。

花椒

(别名:香椒、大花椒、青椒、青花椒、山椒、狗椒)

- 拉丁学名:*Zanthoxylum bungeanum* Maxim.
- 科属

类别	名称	拉丁名
科	芸香科	Rutaceae
属	花椒属	*Zanthoxylum*
种	花椒	*Zanthoxylum bungeanum* Maxim.

- 树木习性

落叶灌木或小乔木,高 3～7 m,枝具基部宽扁的粗大皮刺。

- 形态特征

类别	形态	颜色	时期
叶	奇数羽状复叶,互生,小叶 5～13 片,卵形或卵状长圆形,无柄或近无柄,长 1.5～7cm,宽 1～3cm,边缘有细锯齿	绿色	—
花	聚伞圆锥花序顶生,花小,单性	黄绿色或淡黄色	3—5 月
果	近球形	青色、红色、紫红色或者紫黑色	7—9 月

- 适用范围

主要分布于我国华北、华中、华南地区,陕西韩城、合阳,河南省伏牛山、太行山等地栽培较为集中。

- 景观用途

常用作庭园刺篱材料。

- 环境要求

花椒喜光喜温湿,畏寒耐旱,适宜生长于土层深厚且肥沃的壤土、砂壤土,耐修剪、不耐涝,短期积水可致死。

- **繁殖要点**

可采用播种方法繁殖，7—9 月采种，翌年 3 月播种。

雪柳

（别名：白花绣线菊）

- **拉丁学名：*Fontanesia fortunei* Carr.**
- **科属**

类 别	名 称	拉丁名
科	木犀科	Oleaceae
属	雪柳属	*Fontanesia*
种	雪柳	*Fontanesia fortunei* Carr.

- **树木习性**

落叶灌木或小乔木，高可达 8 m。

- **形态特征**

类 别	形 态	颜 色	时 期
叶	叶片纸质，披针形、卵状披针形或狭卵形，长 3～12 cm，宽 0.8～2.6 cm	绿色	—
花	圆锥花序顶生或腋生，花两性或杂性同株	白色	4—6 月
果	倒卵形至倒卵状椭圆形，扁平，长 7～9 mm	黄棕色	6—10 月

- **适用范围**

主产于河北、山西、陕西、河南、山东、安徽、江苏、浙江等地。

- **景观用途**

叶子细如柳叶，开花季节白花满枝，宛如白雪，是非常好的蜜源植物，可在庭院中孤植观赏，亦可培作绿篱，还是做防风林的树种。

- **环境要求**

喜光喜温，稍耐阴寒；适宜于生长在肥沃、排水性好的土壤中。

- **繁殖要点**

播种、扦插、分株、压条繁殖。

- **备注**

嫩叶可代茶；根可治脚气；枝条可编筐；茎皮可制人造棉。

连翘

（别名：女儿茶、千层楼、黄寿丹、黄花杆）

- **拉丁学名**：*Forsythia suspensa*（Thunb.）Vahl
- **科属**

类 别	名 称	拉丁名
科	木犀科	Oleaceae
属	连翘属	*Forsythia*
种	连翘	*Forsythia suspensa*（Thunb.）Vahl

- **树木习性**

落叶灌木，高可达 3 m，枝细长并开展呈拱形，节间中空。

- **形态特征**

类 别	形 态	颜 色	时 期
叶	单叶对生或 3 裂至三出复叶，叶卵形或椭圆状卵形	绿色	—
花	花通常单生或 2 至数朵着生叶腋，先叶开放	金黄色	3—4 月
果	蒴果卵球形	黄褐色	7—9 月

- **适用范围**

主产于河北、山西、河南、陕西、湖北、四川等省。

- **景观用途**

早春时先叶开花，满枝金黄，艳丽可爱，是早春优良观花灌木，适宜于宅旁、亭阶、墙隅、篱下或路边配置，也宜于溪边、池畔、岩石、假山下栽种。因其根系发达，可作为花篱或护堤树栽植。

- **环境要求**

喜光、喜温、好湿润，多生于向阳坡地，耐寒，耐干旱贫瘠，忌涝，适合于深厚肥沃的钙质土壤中生长。

- **繁殖要点**

可采用扦插、播种、分株繁殖。扦插于2、3月进行；播种常在秋季10月采种后。

- **备注**

茎、叶、果实、根均可入药。

金钟花

- **拉丁学名：*Forsythia viridissima* Lindl.**
- **科属**

类别	名称	拉丁名
科	木犀科	Oleaceae
属	连翘属	*Forsythia*
种	金钟花	*Forsythia viridissima* Lindl.

- **树木习性**

落叶灌木，高1.5～3 m；枝直立性较强。

- **形态特征**

类别	形态	颜色	时期
叶	单叶对生，椭圆形至披针形	绿色	—
花	着生叶腋，先叶开放	金黄色	3—4月
果	蒴果卵球形，先端喙状	黄褐色	8—11月

- **适用范围**

主要分布于江苏、福建、湖北、四川等地。

- **景观用途**

先叶而花，金黄灿烂，可丛植于草坪、墙隅、路边、林缘、院内庭前等处。

- **环境要求**

喜光、喜温，略耐阴、稍耐寒，对土壤适应性强，较耐干旱、耐湿。

- **繁殖要点**

播种、压条、分株、扦插繁殖，以扦插为主。

丁香

（别名：百结、情客、紫丁香、子丁香、公子香、百里馨）

- **拉丁学名：*Syringa oblata* Lindl.**
- **科属**

类　别	名　称	拉丁名
科	木犀科	Oleaceae
属	丁香属	*Syringa*
种	丁香种	*Syringa oblata* Lindl.

● **树木习性**

落叶灌木或小乔木,植株高约 4～5 m。

● **形态特征**

类 别	形 态	颜 色	时 期
叶	单叶对生,广卵圆形,先端锐尖,叶基心脏形,全缘,革质	绿色	—
花	花单瓣或重瓣,呈圆锥花序	紫色	4—5 月
果	蒴果长椭圆形,先端尖	褐色	9—10 月

● **适用范围**

主要分布于在华北、东北、西北及长江流域。

● **景观用途**

丁香属植物主要应用于园林观赏,因其具有独特的芳香、硕大繁茂之花序、优雅而调和的花色、丰满而秀丽的姿态，在观赏花木中早已享有盛名，已成为国内外园林中不可缺少的花木。本种可丛植于路边、草坪或向阳坡地，或与其他花木搭配栽植在林缘，也可在庭前、窗外孤植，或与其他各种丁香穿插配植，布置成丁香专类园，还宜盆栽，并是切花插瓶的良好材料。丁香对 SO_2 及 HF 等多种有毒气体都有较强的抗性，故又是工矿区等绿化、美化的良好材料。

- **环境要求**

为弱阳性植物，耐旱，忌低湿。

- **繁殖要点**

多露地栽培，选择土壤疏松而排水良好的向阳处种植。

迎春

(别名：串串金、云南迎春、大叶迎春)

- **拉丁学名：*Jasminum nudiflorum* Lindl.**
- **科属**

类 别	名 称	拉丁名
科	木犀科	Oleaceae
属	素馨属	*Jasminum*
种	迎春花	*Jasminum nudiflorum* Lindl.

- **树木习性**

落叶灌木，高可达 2～5 m，小枝细长拱形，四棱。

- **形态特征**

类 别	形 态	颜 色	时 期
叶	三出复叶对生，小叶长圆形或卵圆形	绿色	—
花	花单生，花冠 5～6 裂，倒卵形，叶前开放	黄色	3—4 月

- **适用范围**

主产于北部和西南部，分布于辽宁、河北、陕西、山东、山西、甘肃、江苏、湖北、福建、四川、贵州、云南等省区。

- **景观用途**

植株铺散枝条披垂，早春先花后叶，花色金黄，叶丛翠绿，不论强光及背阴处都能成长，对我国冬季漫长的北方地区，装点冬春之景意义很大，可于园林和庭院中栽培。迎春开花极早，在南方可与蜡梅、山茶、水仙同植一处，构成新春佳境；与银芽柳、山桃同植，早报春光；种植于碧水萦回的柳树池畔，增添波光倒影，为山水生色；还可栽植于路旁、山坡及窗下墙边；或作为花篱密植，或作为开花地被，或植于岩石园内，观赏效果皆好。也可将山野中多年生老树桩移入盆中，做成盆景；或编枝条成各种形状，盆栽于室内观赏；或做切花插瓶，装点室内景色。

- **环境要求**

喜光畏寒，略耐阴，对土壤适应性强，喜湿润环境，较耐碱。

- **繁殖要点**

多用扦插繁殖，可在10月中旬至11月中旬或春季进行，生根后分栽、分株或压条繁殖。

水蜡

- **拉丁学名：***Ligustrum obtusifolium* Sieb. et Zucc.
- **科属**

类　别	名　称	拉丁名
科	木犀科	Oleaceae
属	女贞属	*Ligustrum*
种	水蜡	*Ligustrum obtusifolium* Sieb. et Zucc.

- **树木习性**

落叶灌木，高可达3 m。

● 形态特征

类　别	形　　态	颜　色	时　期
叶	单叶对生，叶椭圆形至长圆状倒卵形，长 3～5 cm，全缘，先端尖或钝，背面或中脉具柔毛	绿色	—
花	圆锥花序顶生、下垂，长仅 4～5cm，生于侧面小枝上，有芳香；花具短梗，萼具柔毛；花冠管长于花冠裂片 2～3 倍	白色	6 月
果	核果近圆形，直径 4～5 mm	紫黑色	8—9 月

● 适用范围

长江以南各省区都有野生。

● 景观用途

由于此种耐修剪，多作造型树或绿篱使用，也是制作盆景的好材料。

● 环境要求

适应性较强，喜光照，稍耐阴，耐寒，对土壤要求不严。

● 繁殖要点

多用播种繁殖，扦插也可，移植成活率高。

海州常山

● 拉丁学名：*Clerodendrum trichotomum* (Thunb.)

● 科属

类　别	名　称	拉丁名
科	马鞭草科	Verbenaceae
属	大青属	*Clerodendrum*
种	海州常山	*Clerodendrum trichotomum* (Thunb.)

● 树木习性

落叶灌木或小乔木，高可达 8 m。

● 形态特征

类 别	形 态	颜 色	时 期
叶	单叶对生，卵形至椭圆形，全缘或有微波状齿，长5～16 cm	绿色	—
花	伞房状聚伞花序顶生或腋生，长 8～18 cm	花蕾绿白色，后紫红色	6—9 月
果	近球形，包于宿存花萼内	蓝紫色	10—11 月

● 适用范围

产于我国华北、华东、中南、西南各省区，朝鲜半岛、日本、菲律宾也有分布。

● 景观用途

花木类绿植，花形奇特美丽，花期长，果实色彩鲜艳，是优良的夏秋季观花、观果树种；丛植、孤植均宜，是布置园林景色的良好材料，也宜配置于庭院、山坡、水边、堤岸、悬崖、石隙及林下。

● 环境要求

耐寒、耐旱、喜光、稍耐阴，常生于湿润肥沃壤土，忌涝，有较强的抗盐碱性。

● 繁殖要点

多采用播种法繁殖。

紫珠

● 拉丁学名：*Callicarpa bodinieri* Levl.

● 科属

类 别	名 称	拉丁名
科	马鞭草科	Verbenaceae
属	紫珠属	*Callicarpa*
种	紫珠	*Callicarpa bodinieri* Levl.

● 树木习性

落叶灌木，株高 1.2～2 m。

● 形态特征

类 别	形 态	颜 色	时 期
叶	单叶对生，叶片倒卵形至椭圆形，长 7～15 cm，先端渐尖，边缘疏生细锯齿	绿色，秋叶红紫色	—
花	聚伞花序腋生，具总梗，花多数	花蕾紫色或粉红色，花朵有白、粉红、淡紫等色	6—7 月
果	球形	紫色	8—11 月

● 适用范围

原产于我国黄河以南的部分地区，日本、越南亦有分布。

● 景观用途

株形秀丽，花色绚丽，果实色彩鲜艳，珠圆玉润，犹如一颗颗紫色的珍珠，是一种既可观花又能赏果的优良花卉品种，常用于园林绿化或庭院栽种，也可盆栽观赏。其果穗还可剪下瓶插或做切花材料。

● 环境要求

喜光、喜暖、好湿润，不耐寒，喜生于肥力高的土壤中。

● 繁殖要点

多以播种、扦插为主，播种常在春季进行；扦插多在夏季进行。

牡丹

- **拉丁学名：*Paeonia suffruticosa* Andr.**
- **科属**

类　别	名　称	拉丁名
科	芍药科	Paeoniaceae
属	芍药属	*Paeonia*
种	牡丹	*Paeonia suffruticosa* Andr.

- **树木习性**

落叶阔叶灌木，株型小，株高 0.5～2 m。

- **形态特征**

类　别	形　　态	颜　色	时　期
叶	二回三出复叶互生，小叶片有披针、卵圆、椭圆等形状，3～5 裂	深绿色或黄绿色	—
花	花大，单生于当年枝顶，两性；苞片 5，长椭圆形；萼片 5，绿色，宽卵形；花瓣 5 或为重瓣	红、白、黄、粉、紫红、紫、墨紫、雪青、绿、复色十大色	4—5 月
果	成熟种子直径 0.6～0.9 cm，千粒重约 400 g	黄色	9 月

- **适用范围**

原产于华北、西北、长江流域一带，现已引种于全国各省市自治区。

- **景观用途**

花大、形美、色艳、香浓，牡丹可在公园和风景区建立专类园；在古典园林和居民院落中筑花台种植；在园林绿地中自然式孤植、丛植或片植。

- **环境要求**

牡丹为喜光植物，稍耐阴，喜生长于土质疏松、肥沃、排水良好的中性壤土或砂壤土，不喜土壤黏性高的地区。

- **繁殖要点**

多采用分株和嫁接法繁殖，也可播种和扦插。

枸杞

- **拉丁学名：** *Lycium chinense* Mill.
- **科属**

类　别	名　称	拉丁名
科	茄科	Solanaceae
属	枸杞属	*Lycium*
种	枸杞	*Lycium chinense* Mill.

- **树木习性**

落叶阔叶灌木，株高 1～2 m。

- **形态特征**

类 别	形 态	颜 色	时 期
叶	叶互生或簇生，卵形、卵状菱形或卵状披针形，全缘	绿色	—
花	花 1～4 朵簇生于短枝叶腋，或于长枝上单、双生于叶腋，花冠漏斗状	淡紫色	5—10 月
果	浆果卵形或长椭圆状卵形，长 1～1.5 cm	红色	6—11 月

- **适用范围**

分布于全国各地。

- **景观用途**

林丛类树种，可作为绿篱及绿雕、桩景树，可丛植于池畔、台坡，也可做河岸护坡植物。

- **环境要求**

喜光耐阴，喜干爽，较耐寒，对干旱碱性土壤适应性较强，喜土质疏松、排水良好的地区。

- **繁殖要点**

采用播种法繁殖，也可分株和扦插。

红瑞木

- **拉丁学名：*Swida alba***
- **科属**

类 别	名 称	拉丁名
科	山茱萸科	Cornaceae
属	梾木属	*Swida*
种	红瑞木	*Swida alba*

● 树木习性

落叶灌木，高达 3 m；树皮紫红色；幼枝有淡白色短柔毛，后即秃净而被蜡状白粉，老枝红白色，散生灰白色圆形皮孔及略为突起的环形叶痕。冬芽卵状披针形，长 3～6 mm，被灰白色或淡褐色短柔毛。

● 形态特征

类 别	形 态	颜 色	时 期
叶	叶对生，纸质，椭圆形，稀卵圆形，长 5～8.5 cm，宽 1.8～5.5 cm，先端突尖，基部楔形或阔楔形，边缘全缘或波状反卷，有极少的白色平贴短柔毛，被白色贴生短柔毛，有时脉腋有浅褐色髯毛，中脉在上面微凹陷，下面凸起，侧脉 4～6 对，弓形内弯，在上面微凹下，下面凸出，细脉在两面微显明	上面暗绿色，下面粉绿色	—
花	伞房状聚伞花序顶生，较密，宽 3 cm，被白色短柔毛；总花梗圆柱形，长 1.1～2.2 cm，被淡白色短柔毛；花小，长 5～6 mm，直径 6～8.2 mm，花萼裂片 4，尖三角形，长约 0.1～0.2 mm，短于花盘，外侧有疏生短柔毛；花瓣 4，卵状椭圆形，长 3～3.8 mm，宽 1.1～1.8 mm，先端急尖或短渐尖，上面无毛，下面疏生贴生短柔毛；雄蕊 4，长 5～5.5 mm，着生于花盘外侧，花丝线形，微扁，长 4～4.3 mm，无毛，花药淡黄色，2 室，卵状椭圆形，长 1.1～1.3 mm，丁字形着生；花盘垫状，高约 0.2～0.25 mm；花柱圆柱形，长 2.1～2.5 mm，近于无毛，柱头盘状，宽于花柱，子房下位，花托倒卵形，长 1.2 mm，直径 1 mm，被贴生灰白色短柔毛；花梗纤细，长 2～6.5 mm，被淡白色短柔毛，与子房交接处有关节	白色或淡黄白色	6—7 月
果	核果长圆形，微扁，长约 8 mm，直径 5.5～6 mm，花柱宿存；核棱形，侧扁，两端稍尖呈喙状，长 5 mm，宽 3 mm，每侧有脉纹 3 条；果梗细圆柱形，长 3～6 mm，有疏生短柔毛	成熟时白色或蓝白色	8—10 月

- **适用范围**

分布于中国黑龙江、吉林、辽宁、内蒙古、河北、陕西、甘肃、青海、山东、江苏、江西等省区。朝鲜、苏联及欧洲其他地区也有分布。

- **景观用途**

庭院观赏、丛植。红瑞木秋叶鲜红,小果洁白,落叶后枝干红艳如珊瑚,是少有的观茎植物,也是良好的切枝材料。本种在园林中多丛植于草坪上或与常绿乔木相间种植,得红绿相映之效果。

- **环境要求**

生长于海拔 600～1 700 m(在甘肃可高达 2 700 m)的杂木林或针阔叶混交林中。喜欢潮湿、温暖的生长环境,适宜的生长温度是 22～30℃,喜光照充足。红瑞木喜肥,在排水通畅、养分充足的环境,生长速度非常快。夏季注意排水,冬季在北方有些地区容易受冻害。

- **繁殖要点**

可用播种、扦插和压条法繁殖。

第八章

藤　木

第一节　常绿藤本

扶芳藤

（别名：爬行卫矛）

- 拉丁学名：*Euonymus fortunei* (Turcz.) Hand.-Mazz.
- 科属

类别	名称	拉丁名
科	卫矛科	Celastraceae
属	卫矛属	*Euonymus*
种	扶芳藤	*Euonymus fortunei* (Turcz.) Hand.-Mazz.

● **树木习性**

常绿匍匐灌木；株高约 60 cm；常呈丛生状，匍匐枝常用不定根攀缘，可达 10 m，枝上具小瘤状突起，并能随处生根。

● **形态特征**

类别	形态	颜色	时期
叶	对生，倒卵状椭圆形，长 2～7 cm，薄革质，边缘有钝锯齿，背面脉显；叶柄长约 5 mm	表面通常浓绿色	常年（春、夏、秋）
花	聚伞花序分枝端有多数短梗花组成球状小聚伞，花直径约 5 mm，花瓣 4 数	白绿色	5—6 月
果	蒴果球型，种子外包裹一层假种皮，直径达 1 cm	蒴果粉红色，假种皮橘红色	10—11 月

- 适用范围

原产于我国中部地区，日本和朝鲜也有野生，现各地普遍栽培。

- 景观用途

本种叶色油绿光泽，入秋变为红色，有较强攀缘能力，用以掩覆墙面、坛缘、山石或攀缘于老树、花格之上，均极优美。常见组合形式有2种：爬山虎、络石、扶芳藤，可用于墙面、石壁、立柱绿化；凌霄、络石、扶芳藤，可用于枯树、灯柱、树干或墙面绿化。

- 环境要求

多生于林缘、村庄，攀树、爬墙或匍匐石上；耐阴，喜温暖，耐寒性不强；耐干旱、瘠薄；抗风力强，可在岩石缝隙中生长。

- 繁殖要点

用扦插法繁殖极易成活，播种、压条也可。栽培管理较粗放，若要控制其生长过长，应于6月或9月进行适当修剪。

- 变种与品种

① 金边扶芳藤(*Euonymus fortunei* 'Emerald Gold')：叶小似舌状，叶缘为黄色斑带，秋天微泛粉红色。

② 银边扶芳藤('Emerald Gaiety')：枝叶茂密，叶缘为白色斑带，在叶面所占比例较大，叶小似舌状。

③ 花叶扶芳藤('Variegatus')：叶面有白色、黄色或粉红色边缘，可盆栽观赏。

- 备注

适应性强，在北方落叶或呈半常绿状态，南方则呈常绿状态，能忍耐－6～－5℃的低温，不会受冻。

薜荔

(别名：木莲、凉粉果、木馒头)

- 拉丁学名：*Ficus pumila* L.

● 科属

类 别	名 称	拉丁名
科	桑科	Moraceae
属	榕属	*Ficus* L.
种	薜荔	*Ficus pumila* L.

● 树木习性

常绿攀缘或匍匐灌木；小枝有褐色绒毛，借气生根攀缘，含乳汁。

● 形态特征

类 别	形 态	颜 色	时 期
叶	叶两型，营养枝上的叶薄而小，心状卵形，几无柄，生于花序枝上的叶大而厚革质，长 4～10 cm，有柄，椭圆形，全缘，背面有短柔毛，网脉凸起	深绿色	常年
花	雄花，生榕果内壁口部，多数；瘿花具柄，线形，花柱侧生；雌花生另一植株榕果内壁	绿白色	4—5 月
果	瘿花果梨形或倒卵形，榕果单生于叶腋，雌花果近球形	蓝紫色	9 月

● 适用范围

产于华东、华中及西南，分布于长江以南至广东、海南各省，日本、印度也有分布。

● 景观用途

在园林中可作假山及墙垣绿化材料，可形成十几米高的绿化带，若以凌霄相配则隆冬碧叶，夏秋红花，煞是可爱。

● 环境要求

北方栽于温室，江南各地露地栽植；性强健，稍耐阴，不耐寒，喜温暖湿润气候，适生于含腐殖质的酸性土壤，中性土壤也能生长。

● 繁殖要点

用播种、扦插和压条繁殖，通常多行扦插。

● 备注

果、根、枝叶均可供药用，茎皮纤维可制人造棉、造纸等，干枝、叶、果均含橡胶；成熟果可食用。

常春藤

（别名：洋常春藤、欧洲常春藤、英国常春藤）

- **拉丁学名：***Hedera helix* L.
- **科属**

类 别	名 称	拉丁名
科	五加科	Araliaceae
属	常春藤属	Hedera L.
种	常春藤	*Hedera helix* L.

- **树木习性**

常绿攀缘藤本，茎长3～20 m，具攀缘气根，小枝被锈色鳞片，幼枝具星状毛。

- **形态特征**

类 别	形 态	颜 色	时 期
叶	营养枝之叶三角状卵形或卵形，长5～12 cm，全缘或浅3裂，基部平截；花枝之叶椭圆状卵形或椭圆状披针形，先端渐尖，基部宽楔形，全缘，侧脉及网脉两面均明显	深绿色	常年
花	总状花序伞形，单生或2～7个簇生，芳香，萼筒近全缘，被锈色鳞片	淡黄白或淡绿白色	9—11月
果	核果，圆球形	黑色	翌年3—5月

- **适用范围**

原产于欧洲各地至高加索地区，现各地普遍栽培，我国已引种多年。

- **景观用途**

枝叶稠密，是垂直绿化的主要树种，适于攀附假山及建筑物墙壁，还可用于缠绕老树枯损部分，以为掩饰，或利用树桩做成盆景。

- **环境要求**

典型的阴性藤本植物，也能生长在全光照环境中，喜温暖湿润气候，稍耐寒，耐阴，对土壤要求不高，抗烟耐尘，不耐盐碱。

- **繁殖要点**

播种或扦插繁殖，以扦插为主。栽培管理较粗放，但需在土壤湿润、空气流通处。夏季在荫棚下养护，冬季放入温室越冬。

- **变种与品种**

(1) 金边常春藤(*Hedera helix* 'Aureovarigata')：叶缘黄色。

(2) 三色常春藤('Tricolor')：叶色灰绿，边缘白色，秋后变玫瑰红色。

(3) 金心常春藤('Goldheart')：叶三裂，中心部黄色。

(4) 银边常春藤('Silves-Queen')：叶灰绿色，具乳白色边，入冬后白边变粉红色。

(5) 日本常春藤('Conglomerata')：叶小而密生，叶缘波浪状。

(6) 中华常春藤(*H. nepalensis* var. *sinensis* Rehd)：叶色灰绿，边缘白色，秋后变深玫瑰色，春暖又复原。

金银花

(别名：忍冬、二色花藤)

- **拉丁学名：***Lonicera japonica* Thunb.

● 科属

类 别	名 称	拉丁名
科	忍冬科	Caprifoliaceae
属	忍冬属	*Lonicera* L.
种	金银花	*Lonicera japonica* Thunb.

● 树木习性

半常绿藤本;茎长 8～9 m;茎皮条状剥落,枝中空,幼枝暗红色,密被黄色糙毛及腺毛,下部常无毛。

● 形态特征

类 别	形 态	颜 色	时 期
叶	对生,叶卵形、卵状长圆形,稀倒卵形,长 3～8 cm,先端短钝尖,基部圆形或近心形,幼叶两面被毛,后叶常平滑无毛	幼叶入冬略带红色,凌冬不落	春、夏、秋
花	双花单生叶腋,苞片叶状,外被柔毛和腺毛	花冠白色,后变黄	4—6 月
果	浆果球形,长 6～7 mm	蓝黑色	10—11 月

- **适用范围**

产于辽宁以南，华北、华东、华中等多省区均有分布，朝鲜、日本也有。

- **景观用途**

藤蔓缠绕，冬叶微红，花先白后黄，色香俱备，花叶皆美，适于篱墙、栏杆、门架、花廊配植；在假山和岩坡隙缝间点缀一二，更为别致；因其枝条细软，还可扎成各种形状进行装点；老枝可作盆景赏玩。本种与地锦、扶芳藤、攀缘月季、铁线莲等配植尤为适宜。

- **环境要求**

多生于林缘、村庄，攀树、爬墙或匍匐石上；耐阴，喜温暖，耐寒性不强；耐干旱、瘠薄；抗风力强，可在岩石缝隙中生长。

- **繁殖要点**

繁殖容易，播种、扦插、压条均可；管理极为粗放，移栽宜在春季进行。

- **变种与品种**

（1）黄脉金银花（*Lonicera japonica* 'Aureo-reticulata'）：叶有黄色网脉。

（2）红金银花（var. *chinensis*）：花冠表面带红色，叶片边缘或背面脉上具短柔毛。

（3）紫脉金银花（var. *repens*）：叶脉带紫色，花为白色或淡紫色。

- **附种**

金银木[*Lonicera maackii* (Rupr.) Maxim.]：落叶灌木，高可达 6 米。

- **备注**

花、茎、叶药用;花含芳香油,可配制化妆品。

金樱子

(别名:糖罐子、野石榴、糖橘子)

- **拉丁学名:** *Rosa laevigata* Michx.
- **科属**

类别	名称	拉丁名
科	蔷薇科	Rosaceae
属	蔷薇属	*Rosa* L.
种	金樱子	*Rosa laevigata* Michx.

- **树木习性**

常绿蔓性攀缘灌木,高可达 5 m;茎枝绿色,有钩状皮刺,并密生细毛。

- **形态特征**

类别	形态	颜色	时期
叶	奇数羽状复叶,具托叶,小叶 3(5)枚,椭圆状卵形或披针状卵形,长 2~7 cm,宽 1.5~4.5 cm,边缘有细锯齿,两面无毛,革质;叶柄、叶轴有小皮刺或细刺;托叶线形,和叶柄分离,早落	绿色	常年

（续表）

类 别	形 态	颜 色	时 期
花	花单生侧枝顶端，有香味，直径 5～9 cm；花柄和萼筒外面密生腺毛，随果实成长变为细刺	白色	4—5 月
果	蔷薇果近球形或倒卵形，长 2～4 cm，有细刺，顶端有长而外反的宿存萼片	橙红色或暗红色	9—10 月

- **适用范围**

分布于华中、华东、华南、西南，喜生于向阳山坡。

- **景观用途**

枝蔓虬曲，繁叶葱绿，春日白花醒目，秋日黄果累累，隆冬仍叶碧果艳，煞是可爱。若用它丛植于草坪边缘或禁游区外围，可起到屏障分隔作用；在假山石旁、河边、林缘点缀几丛，也颇具野趣。近年来，南京药用植物园等单位栽植金樱子作墙垣绿化，生长迅速，收效颇佳。

- **环境要求**

喜光，宜生于阳坡，对土壤要求不高，用于垂直绿化时宜栽植在向阳的墙面，才能著花良好。

- **繁殖要点**

扦插或播种繁殖，本种养护管理粗放。

- **备注**

根皮可提制栲胶；果实含有大量维生素 C，每 100 g 鲜果中含维生素 C 多达 2 400 mg，比猕猴桃更多，比柑橘高 50～60 倍以上，还含有大量糖分，营养价值极大；还有极高的医药疗效，是值得重视的一种野生果树，果实入药，具补肾作用，叶有解毒消肿作用，根药用能活血散瘀、拔毒收敛、祛风除湿。

络石

（别名：石龙藤、耐冬、白花藤）

- **拉丁学名：***Trachelospermum jasminoides* (Lindl.) Lem.
- **科属**

类 别	名 称	拉丁名
科	夹竹桃科	Apocynaceae
属	络石属	*Trachelospermum* Lem.
种	络石	*Trachelospermum jasminoides* (Lindl.) Lem.

- **树木习性**

攀缘木质藤本，茎长可达 10 m，有乳汁，上有气根，嫩枝被柔毛。

- **形态特征**

类 别	形 态	颜 色	时 期
叶	叶对生，具短柄，椭圆形或卵状披针形，长 2～10 cm，革质，叶背被短柔毛	绿色	常年
花	聚伞花序顶生或腋生，具长总梗；花萼 5 深裂，顶部反卷；花冠裂片 5 枚，向右覆盖形如风车，有浓香，花冠筒中部膨大；雄蕊 5 枚，内藏；花盘环状 5 裂	白色	4—5 月
果	蓇葖果筒状，长 15～20 cm，种子线形，具白毛	黑紫色	10—12 月

- **适用范围**

原产于我国，除新疆、青海、西藏、东北等地区外，均有分布。

- **景观用途**

本种叶色浓绿，经冬不凋，花白色繁密，且具芳香，在温暖地用来点缀山石、岩壁及挡土墙，均优美而自然，在北方可温室盆栽观赏。杭州西湖区西山阔叶常绿与阔叶落叶混交林下及常绿林下均有络石自然生长，林下照度常为空旷地照度的1/65～1/25，生长仍然正常，故其宜做园林林下树种或孤植树下的常青地被。

- **环境要求**

喜阴，喜温暖湿润气候，不耐寒；对土壤要求不高，能抗干旱，但畏水淹；萌蘖性尚强。

- **繁殖要点**

扦插与压条繁殖，均易生根，播种也可。由于花着生于一年生枝上，对老枝进行适当更新修剪，可促生新枝，使开花繁密。

- **变种与品种**

(1) 小叶络石(*Trachelospermum jasminoides* var. *heterophyllum* Tsiang)：叶片线状披针形。

(2) 斑叶络石('Variegatum')：叶具白色或浅黄色斑纹，边缘乳白色，可盆栽观赏。

- **备注**

入冬叶转紫红，可增强其御寒力。

鸡血藤

(别名:昆明鸡血藤、血藤、网状崖豆藤)

- 拉丁学名:*Millettia reticulata* Benth.
- 科属

类 别	名 称	拉丁名
科	蝶形花科	Fabaceae
属	崖豆藤属	*Millettia* Wight et Arn.
种	鸡血藤	*Millettia reticulata* Benth.

- 树木习性

缠绕或蔓生大藤木,根粗壮,皮层红色,茎蔓长达 10 m 以上,枝上有皮孔,小枝上有锈色绒毛。

- 形态特征

类 别	形 态	颜 色	时 期
叶	奇数羽状复叶,对生,全缘,小叶 7～9,长椭圆形或卵形,长 3～10 cm,先端钝,渐尖或微凹,基部圆形,两面网状细脉微隆起,小托叶钻形	绿色	常年
花	总状或圆锥花序,长 10～20 cm,花序梗及长梗疏被毛或无毛;萼 4～5 齿裂,花冠美丽;花瓣无毛,长 1.3～1.5 cm	深红或暗紫色	5—8 月
果	荚果条形,长 7～16 cm,无毛,近木质,开裂;种子 3～7 粒,扁圆形	紫黑色	10—11 月

- 适用范围

产于江苏、浙江、安徽、福建、台湾、江西、湖北、河南、广东、广西、海南、四川、贵州。

- 景观用途

常绿攀缘灌木,花冠美丽,可种于小型花架,亦可种于大树附近,还能盆栽制成盆景。

- **环境要求**

亚热带藤木，好生于土壤深厚肥沃之地，瘠薄之处亦能适应；不耐寒，性喜光，稍耐阴；适应性强，多生于山坡灌丛或路边。

- **繁殖要点**

播种繁殖，也可扦插、分株。苗木定植后，需设立支架以供攀缘，其他管理较为粗放。

- **备注**

根及藤入药，茎皮可供编织。

木香花

（别名：七里香）

- **拉丁学名：*Rosa banksiae* Ait.**
- **科属**

类别	名称	拉丁名
科	蔷薇科	Rosaceae
属	蔷薇属	*Rosa* L.
种	木香花	*Rosa banksiae* Ait.

- **树木习性**

常绿或半常绿攀缘灌木；茎长 6 m；枝绿色细长，经栽培后有时光滑而少刺。

- **形态特征**

类别	形态	颜色	时期
叶	奇数羽状复叶，小叶 3～5，罕 7，卵状长椭圆形至披针形，长 2.5～5 cm，先端急尖或稍钝，边缘有细锐齿，上表面有光泽，背面中脉常微有柔毛；托叶线形，与叶柄离生，早落	表面暗绿	常年（春、夏、秋）
花	花直径约 2.5 cm，有芳香；萼片全缘，花梗细长，光滑；3～15 朵排成伞形花序	白色、黄色	4—5 月
果	果球型，直径 3～4 mm，萼片脱落	红色	9—10 月

- **适用范围**

原产于我国西南部，野生多分布于陕西、甘肃、山东等省区，现各地广泛栽培。

- **景观用途**

木香花“香馥清远，高架万条”，白者望若香雪，黄者灿若披锦，在我国长江流域各地普遍栽作棚架、花篱，在北方也常盆栽并编扎成网状，用于观赏，孤植于草坪、路边、林缘、坡地皆甚相宜。

- **环境要求**

亚热带树种，性喜阳光，耐寒性不强；对土壤要求不高，中性土、微酸性黄壤均能生长，排水良好的砂质壤土尤为相宜。北京地区须选背风向阳处栽植。

- **繁殖要点**

多用压条或嫁接法；扦插虽可，但较难成活。木香生长迅速，管理简单，冬季须适当修剪，除去密生枝、纤弱枝，以利通风，开花繁茂而有芳香，花后略行修剪即可。

- **变种与品种**

① 重瓣白木香(*Rosa banksiae* var. *albo-plena* Rehd):花白色,重瓣,香味浓烈,常为 3 小叶,久经栽培,应用最广。

② 重瓣黄木香(var. *lutea* Lindl.):花淡黄色,重瓣,香味甚淡,常为 5 小叶,栽培较少。

③ 单瓣黄木香(f. *lutescens* Voss):花黄色,单瓣罕见。

④ 金樱木香(*Rosa forruneana* Lindl.):可能是木香与金樱子的杂交种,藤木,小叶 3~5,有光泽;花单生,大形,重瓣,白色,香味极淡,花梗有刚毛。

- **备注**

木香是传统的优良棚架绿化树种,尤以花香闻名。根可入药。

第二节 落叶藤本

紫藤

(别名:藤萝、藤花、绞藤、朱藤)

- **拉丁学名**:*Wisteria sinensis* (Sims) Sweet
- **科属**

类别	名称	拉丁名
科	蝶形花科	Papilionaceae
属	紫藤属	*Wisteria* Nutt.
种	紫藤	*Wisteria sinensis* (Sims) Sweet

- **树木习性**

大型落叶木质藤本,藤长 18 m 以上,嫩枝被柔毛。

● 形态特征

类 别	形 态	颜 色	时 期
叶	奇数羽状复叶，小叶 7～13，卵形、长圆形或卵状披针形，长 4.5～8 cm，先端渐尖，基部圆形或宽楔形，幼时两面密被平伏柔毛，老叶近无毛	绿色	—
花	花序长 15～30 cm，形成下垂的总状花序	紫色或紫堇色	4—5 月
果	荚果，果具喙，密被柔毛，木质、开裂	果黄绿色，种子褐色	9—10 月

● 适用范围

东北南部至广东、四川、云南均有分布。

● **景观用途**

枝蔓勾连缠绕，先叶开花，藤花烂漫，是国内外普遍应用的最华美的藤本之一，可用以遮盖栏杆，攀缘亭子和棚架，覆盖台壁，或沿墙壁进行整形装饰，均十分美观；也可栽作院子围屏，攀缘门廊和拱形建筑。在中国古典园林中，还常用紫藤装点假山石，攀缘枯干、朽木形成“枯木逢春”等园林小品。

● **环境要求**

喜光，耐干旱，忌积水；对土壤要求不高，萌蘖性强，不耐移栽；对 SO_2、Cl_2 抗性强。

● **繁殖要点**

以播种繁殖为主，兼行扦插或分株，在向阳避风处栽植最为相宜，生长较快，寿命长，缠绕能力强（能绞杀其他植物）。

● **变种与品种**

① 多花紫藤（别名：丰花紫藤，*Wisteria floribunda*）：小叶 13～19 片，卵状椭圆形，长 3.8～6.4 cm，秋季转黄，花序长 30～50 cm，花冠紫色或蓝紫色，有芳香，与叶同放。本种有许多园艺变种。

② 美丽紫藤（*Wisteria*×*formosa*）：为多花紫藤和中国紫藤的杂交种，许多性状介于两者之间，有浓香，先叶开花，小叶 7～13。

③ 银藤（*Wisteria sinensis* ‘Alba’）：花白色。

④ 香花紫藤（*Wisteria sinensis* ‘Jako’）：花特别香。

⑤ 白花藤萝（别名：丝藤，*Wisteria venusta*）：成熟叶两面均有毛，小叶 9～13，先端短渐尖，长椭圆状披针形至卵状长椭圆形，长 5～10 cm，花白色，种荚有毛。

本种有两个变种：花丝藤（*Wisteria venusta* ‘Violacea’）花紫色，香瓣丝藤（*Wisteria venusta* ‘Plena’）花重瓣、白色。

● **备注**

茎皮纤维优良，茎可用于编织；常含挥发油，供提浸膏；种子、茎皮、花穗均可供药用。

凌霄

（别名：凌霄花、紫葳）

- **拉丁学名：***Campsis grandiflora*（Thunb.）Schum.
- **科属**

类 别	名 称	拉丁名
科	紫葳科	Bignoniaceae
属	凌霄属	*Campsis* Lour.
种	凌霄	*Campsis grandiflora*（Thunb.）Schum.

- **树木习性**

落叶大藤木，由气生根攀缘向上，茎可达 10 m，树皮灰褐色，呈细条状纵裂。

- **形态特征**

类 别	形 态	颜 色	时 期
叶	奇数羽状复叶，小叶 7～9，卵形至卵状披针形，长 4～6 cm，先端渐尖，边缘有粗锯齿，两面光滑无毛	表面通常浓绿色	—
花	花较大，呈疏松顶生聚伞状圆锥花序；萼长约花冠之半，5 深裂几达中部，裂片三角形，渐尖	花冠鲜红色	5—8 月
果	蒴果先端钝，细长如荚	绿色	10 月

- **适用范围**

原产于我国长江流域至华北一带，日本也有分布。

- **景观用途**

花大色艳，花期甚长，为庭园中棚架、花门的良好绿化材料，用以攀缘枯树、假山、墙垣也甚美丽，另可做桩景。凌霄、络石、扶芳藤配植可用于枯树、灯柱、树干或墙面的装饰、美化。

- **环境要求**

喜向阳及排水良好之处，幼苗早期宜稍荫庇处理，成年植株略耐阴，喜温暖湿润，耐寒性较差。

- **繁殖要点**

可播种、扦插、埋根、压条、分蘖繁殖。移植在春秋两季进行，植株通常需带宿土，植后应立引杆，供其攀附，在萌芽前剪除枯枝和密枝，以整树形。

- **变种与品种**

美国凌霄(*Campsis radicans*)：小叶 9～11，卵状长圆形，背面脉间有毛，花冠细长，漏斗形，筒部为萼长的 3 倍，花期 7—10 月。原产于美国，耐寒性较凌霄为强。

地锦

(别名：爬山虎、爬墙虎)

- **拉丁学名：***Parthenocissus tricuspidata* Planch.
- **科属**

类　别	名　称	拉丁名
科	葡萄科	Vitaceae
属	爬墙虎属	*Parthenocissus*
种	地锦	*Parthenocissus tricuspidata* Planch.

● **树木习性**

落叶藤本，卷须短而多分枝，须端扩大成吸盘。

● **形态特征**

类别	形态	颜色	时期
叶	单叶广卵形，长 10～20 cm，通常 3 裂，基部心形，边缘有粗齿，表面无毛，背面脉上常有柔毛；幼苗或下部枝上的叶较小，常分成小叶或为全裂	绿色，入秋转绯红色	—
花	花小，聚伞花序通常生于短枝顶端两叶之间	黄绿色	5—6 月
果	浆果球形，直径 6～8 mm	熟时蓝黑色，有白粉	10—11 月

● **适用范围**

在我国分布很广，北起吉林，南至广东。日本亦有分布。

- **景观用途**

蔓茎纵横，密布气根，翠叶遍盖如屏，入秋转绯色或橙色，是垂直绿化的好材料，适于攀缘墙垣、山石、老树干等，短期内能收到较好的效果。常见组合形式：爬山虎、络石、扶芳藤，可用于墙面、石壁、立柱绿化。

- **环境要求**

喜阴，耐寒，对土壤及气候适应性强；生长快，对 Cl_2 抗性强。

- **繁殖要点**

播种和扦插繁殖，管理简单粗放，于早春萌芽前可在建筑物四周裸根栽种。

- **变种与品种**

五叶地锦（又称：美国地锦，*Parthenocissus quinquefolia* planch.）：幼枝带紫红色，卷须与叶对生，掌状复叶，具长柄，小叶 5，质较厚，表面暗绿色，背面稍具白粉并有毛。秋叶血红色。花期 7—8 月，果期 9—10 月。性耐寒，喜温润气候，攀缘力较地锦为弱。

- **备注**

地锦藤、茎、根可供药用；果可酿酒。

葡萄

- **拉丁学名：*Vitis vinifera* L.**
- **科属**

类　别	名　称	拉丁名
科	葡萄科	Vitaceae
属	葡萄属	*Vitis* L.
种	葡萄	*Vitis vinifera* L.

- **树木习性**

落叶木质藤本，长可达 30 m；树皮红褐色，条状剥落；幼枝有毛或无毛；卷须分枝，间歇性着生。

● 形态特征

类别	形态	颜色	时期
叶	叶近圆形，长 7～15 cm，3～5 掌状裂，基部心形，边缘有粗齿，两面无毛或背面有短柔毛；叶柄长 4～8 cm	表面通常浓绿色	—
花	花小，圆锥花序大而长	黄绿色	5—6 月
果	浆果椭球形或圆球形，有白粉	绿色、红色、黄色、紫色	8—9 月

● 适用范围

原产于亚洲西部，我国栽培历史悠久，分布广，尤以长江流域以北栽培较多。

- **景观用途**

翠叶满架，果实晶莹，是观赏结合生产的垂直绿化树种。葡萄除辟专园作果树栽培外，常用于棚架、门廊绿化，也可盆栽。

- **环境要求**

喜光，喜干燥及夏季高温的大陆性气候，冬季需一定低温；以土层深厚、排水良好而湿度适宜的微酸性至微碱性砂质或砾质壤土生长最好；耐干旱、怕涝；深根性，生长快，对 SO_2 稍有抗性。

- **繁殖要点**

扦插为主，嫁接、压条也可。

- **变种与品种**

作为果用栽培品种很多。

- **备注**

果味鲜美，供鲜食，亦可供加工；种子可榨油；果、根与藤茎均可药用。

木通

（别名：八月炸藤、野香蕉）

- **拉丁学名：*Akebia quinata*（Houtt.）Decne.**
- **科属**

类　别	名　称	拉丁名
科	木通科	Lardizabalaceae
属	木通属	*Akebia* Decne.
种	木通	*Akebia quinata*（Houtt.）Decne.

- **树木习性**

落叶缠绕性攀缘藤本，长约 9 m，通体无毛。

- **形态特征**

类 别	形 态	颜 色	时 期
叶	掌状复叶,互生,小叶5枚,倒卵形或椭圆形,先端钝或微凹,全缘	绿色	—
花	有芳香,雌花直径2.5～4 cm,雄花直径7～10 mm	雌花暗紫色,雄花淡紫色	4月
果	长椭圆形,长6～8 cm,种子多数	果熟时紫色,外被蜡质白粉	8—10月

- **适用范围**

广布于长江流域、华南及东南沿海各省,北至豫、陕;日本、朝鲜亦有分布。

- **景观用途**

本种藤蔓纤细俊秀,叶展似掌,着花均匀,秀美可观,可作园林篱垣、小型花架绿化材料,或令其缠绕树木、点缀山石都很合适,亦可作盆景材料。

- **环境要求**

喜温暖气候及湿润而排水良好之土壤;不耐寒,在向阳温暖处冬季不完全落叶,喜半阴环境;常见生长于山麓、谷底、林缘、灌丛或山坡疏林、水田、溪畔。

- **繁殖要点**

可用播种、压条或分株法繁殖。压条在夏季梅雨前进行,以后每年冬春间应根据开花习性进行修剪,保留花枝。

- **变种与品种**

① 三叶木通(*Akebia trifoliata* koidz.):小叶3枚,其习性、管理等与木通相同。

② 钝叶木通(var. *retusa*):小叶较大,长约5.5～7 cm,产于广东。

③ 多叶木通(var. *polyphylla*):小叶6～8枚,产于江苏、浙江、四川、陕西等地。

④ 绿花木通(var. *yiehi*):花绿白色,产于江苏。

- **备注**

果可食或酿酒,果及藤可入药。

猕猴桃

(别名:藤梨、毛梨、羊桃)

- 拉丁学名:*Actinidia chinensis* Planch.
- 科属

类别	名称	拉丁名
科	猕猴桃科	Actinidiaceae
属	猕猴桃属	*Actinidia* Lindl
种	猕猴桃	*Actinidia chinensis* Planch.

- 树木习性

落叶缠绕藤本,小枝幼时密生灰棕色柔毛,老时渐脱落;髓大,白色,片状。

- 形态特征

类别	形态	颜色	时期
叶	叶纸质,圆形、卵圆形或倒卵形,长 5～17 cm,顶端突尖或平截并中间微凹,边缘有刺毛状细齿,表面仅脉上有疏毛,背面密生灰棕色星状绒毛	绿色	—
花	花杂性,多为雌雄异株,1～3 朵形成聚伞花序,花直径 3.5～5 cm	初为白色,后变黄色	6 月
果	浆果椭球形或卵形,长 3～5 cm	有棕色绒毛,黄褐色	8—10 月

- 适用范围

广布于长江流域及其以南各省区,北至陕、豫;朝鲜、日本、俄罗斯亦有分布。

- 景观用途

藤蔓茂盛,花色雅丽,且有香气,果实亦较别致,适于花架、绿廊、绿门配置,若任其攀附树上或盘缠山石陡壁,随风摇曳,颇为可观。

- 环境要求

喜光,也较耐阴;喜温暖,也有一定的耐寒能力;适应性强,多生于土壤湿润肥沃的溪谷、林缘;根系肉质,主根发达,萌蘖力强,有较好的自然更新习性。

- **繁殖要点**

以播种繁殖为主,间行扦播。猕猴桃虽有自然更新习性,但修剪整枝仍不能忽略。

- **备注**

果含大量糖类和维生素,可生食或加工。其根、藤、叶可药用;花可提取香料;茎皮是高级的造纸材料。

铁线莲

- **拉丁学名**:*Clematis florida* Thunb.
- **科属**

类 别	名 称	拉丁名
科	毛茛科	Ranunculaceae
属	铁线莲属	*Clematis* L.
种	铁线莲	*Clematis florida* Thunb.

- **树木习性**

落叶或半常绿藤本,全体疏生白色短毛,藤蔓瘦长而质硬,长可达 4 m。

- **形态特征**

类 别	形 态	颜 色	时 期
叶	对生,叶常为二回三出复叶,小叶卵形或卵状披针形,长 2~5 cm,全缘或有少数浅缺刻,网脉明显	表面暗绿,背面疏生短毛	—
花	花单生叶腋,细长花梗近中部有 2 枚对生之叶状苞片;萼片花片状,通常 6 片,花直径 5~8 cm,雄蕊暗紫色,无毛;子房有柔毛,花柱上部无毛,结果时不延伸	乳白色,背有绿色条纹	5—6 月
果	蒴果倒卵型,种子外包裹一层假种皮,直径达 1 cm	蒴果粉红色,假种皮橘红色	10—11 月

● **适用范围**

产于我国桂、粤、湘、鄂、浙、苏、鲁等省；日本广为栽培，欧美园林中亦多应用。

● **景观用途**

花大而美丽，是点缀园墙、棚架、围篱及凉亭等垂直绿化的好材料，亦可与假山、岩石配植或盆栽观赏。本种原产我国，但其变种及园艺品种在欧美及日本庭园中应用颇广。我国目前也已广泛应用。

● **环境要求**

喜光，但有侧方荫庇生长更好；喜肥沃轻松、排水良好之石灰质土壤；耐寒性较差，华北多盆栽，温室越冬。

● **繁殖要点**

可播种、压条、分枝、扦插及嫁接等，不宜移植，不论用何法繁殖之幼苗，均以一次定植为妥。

● **变种与品种**

① 重瓣铁线莲（*Clematis florida* var. *plena*）：花重瓣，雄蕊变成白色或淡绿色，外轮萼片较长。

② 蕊瓣铁线莲（'Sieboldii'）：雄蕊部分变成紫色，花瓣状。

③ 二色铁线莲（紫番莲）（var. *bicolor*）：有的雄蕊瓣化，密集于花的中心，以白色之萼与紫色雄蕊群相映而成悦目之二色。

④ 变色铁线莲(黑瓣铁线莲)(var. *fortunei*):雄蕊全部瓣化而成重瓣,初为白色,而后粉红色或紫色。

- **备注**

种子含油 18%,可供工业用油;根入药,有解毒、利尿、祛瘀之效。

第九章

竹　　类

毛竹

- 拉丁学名：*Phyllostachys pubescens* Mazel ex H. de Lebaie
- 科属

类　别	名　称	拉丁名
科	禾本科	Gramineae
属	刚竹属	*Phyllostachys*
种	毛竹	*Phyllostachys pubescens* Mazel ex H. de Lebaie

- 树木习性

乔木状竹种，高度可达 25 m，胸径粗者可超过 20 cm；竿节间稍短，竿箨厚革质，密被糙毛和深褐色斑点和斑块，竿环不隆起，叶披针形，笋箨有毛。

● 形态特征

类 别	形 态	颜 色	时 期
叶	长三角形至披针形	绿色	常年
竿	茎部节间短，1～5 cm，中部节间长达 30 cm	绿色	常年
笋	箨鞘具黑色斑点并密生棕色刺毛；箨耳微小，缝毛发达；箨舌宽短，强隆起乃至为尖拱形，边缘具粗长纤毛；箨片较短，长三角形至披针形，初直立，后外翻	黄褐色	4 月

● 适用范围

分布自秦岭、淮河以南，南岭以北。

- **景观用途**

竿高、叶翠，端直挺秀，宜林植，最宜大面积种植，是优良的庭园观赏竹类。

- **环境要求**

喜温湿，亦耐阴；在深厚、肥沃、湿润又排水良好的酸性砂质壤土中生长良好。

- **繁殖要点**

可播种、分株、埋鞭繁殖。

- **备注**

根系的穿透力较强，不适宜种植于屋顶花园等底部有建筑的园林空间。

刚竹

- **拉丁学名：***Phyllostachys viridis* (Young) Mcclure
- **科属**

类　别	名　称	拉丁名
科	禾本科	Gramineae
属	刚竹属	*Phyllostachys*
种	刚竹	*Phyllostachys viridis* (Young) Mcclure

- **树木习性**

高 10～15 m，直径 8～10 cm，淡绿色，枝下各节无芽，竿环平，分枝各节则隆起，叶披针形，翠绿色，至冬季转黄色。

- **形态特征**

类　别	形　　态	颜　色	时　期
叶	长圆状披针形或披针形，长 5.6～13 cm，宽 1.1～2.2 cm	翠绿色	常年
竿	全竿各节箨环均突起；节间具猪皮状皮孔区	绿色或黄绿色	常年
笋	竿箨密布褐色斑点或斑块；箨舌黄绿色，箨叶带状披针形，外翻，微皱曲	黄褐色	5月

- **适用范围**

分布于长江流域。

- **景观用途**

是长江下游各省区重要的观赏和用材竹种之一。

- **环境要求**

喜光，耐阴耐寒，对土壤适应性强，微耐盐碱，在 pH 值 8.5 左右的碱土和含盐 0.1%的盐土上亦能生长。

● **繁殖要点**

移植母株或播种繁殖培育实生苗。

● **变种与品种**

① 槽里黄刚竹(f. *houzeauana* C. D. Chu et C. S. Chao):竹竿的纵槽淡黄色。

② 黄皮刚竹(f. *youngii* C. D. Chu et C. S. Chao):竿常较小,金黄色,节下有绿色环带,节间有少数绿色纵条纹,叶片也常有淡黄纵条纹。

● **附种**

金镶玉竹(*Phyllostachys aureosulcata* McClure 'Spectabilis'):禾本科黄槽竹的一个变种。竿高 4～10 m,直径 2～5 cm。新竹新竿为嫩黄色,后渐为金黄色,各节间有绿色纵纹,有的竹鞭也有绿色条纹,叶绿,少数叶有黄白色彩条。该竹竹竿鲜艳,黄绿相间故称为金镶玉。有的竹竿下部之字型弯曲。笋期 4 月中旬至 5 月上旬,花期 5—6 月。

斑竹

● **拉丁学名:***Phyllostachys bambusoides* Sieb et Zucc f. *Lacrima-deae* Keng f. et Wen

● 科属

类 别	名 称	拉丁名
科	禾本科	Gramineae
属	刚竹属	*Phyllostachys*
种	桂竹(亚种:斑竹)	*Phyllostachys bambusoides* Sieb et Zucc f. *Lacrimadeae* Keng f. et Wen

● 树木习性

高 8～22 m,直径可达 20 cm;节间鲜绿色,长达 40 cm。主枝三棱形或为四方形,实心或仅有小如针孔之中空。小枝单生,顶端具叶 2～4 枚;箨鞘棕黄色。

● 形态特征

类 别	形 态	颜 色	时 期
叶	叶片长椭圆状披针形,长 5～20 cm,宽 10～25 mm	上面灰绿色,下面淡绿色	常年
竿	圆筒形,具大小不等之淡墨色斑点	节间鲜绿色,具大小不等之淡墨色斑点	常年
笋	箨耳不发达,箨舌短,箨叶长三角形或带状,箨片带状,平直或偶可在顶端微皱曲,外翻	黄绿色	5 月下旬

- **适用范围**

分布长江流域以南各地及四川、山东、河南、广西等地。

- **景观用途**

栽培于庭园或野生于山间。

- **环境要求**

性喜温暖、耐高温,生命力强;喜温、喜阳、喜肥、喜湿、怕风不耐寒;静水及水流缓慢的水域中均可生长,适宜在 20 cm 以下的浅水中生长;适温 15～30℃,越冬温度不宜低于 5℃。

- **繁殖要点**

移植母株或播种繁殖培育实生苗。

- **备注**

本植物的箨(斑竹笋壳)、花(斑竹花)可供药用;竹材坚硬,篾性也好,为优良用材竹种;笋味略涩。

紫竹

- **拉丁学名:** *Phyllostachys nigra* (Lood. ex Lindl.) Munro
- **科属**

类 别	名 称	拉丁名
科	禾本科	Gramineae
属	刚竹属	*Phyllostachys*
种	紫竹	*Phyllostachys nigra* (Lood. ex Lindl.) Munro

- **树木习性**

地下茎单轴散生,高 4～10 m,直径 2～5 cm,竿幼时淡绿色,次年渐变为棕紫色至紫黑色。

● 形态特征

类 别	形 态	颜 色	时 期
叶	叶脉紫色,叶片窄披针形,长 4～10 cm,先端渐长尖而质薄	绿色	常年
竿	无毛,中部节间长 25～30 cm,竿环与箨环均隆起	一年生以后紫黑色	常年
笋	箨鞘无斑点,被淡褐色刺毛,箨耳长圆至镰形,边缘生紫黑色缝毛,箨舌拱形至尖拱形,边缘有长纤毛,箨片三角形至三角状披针形,直立或稍开展,微皱曲	紫色、绿色	4 月

● 适用范围

主要分布于长江流域。

- **景观用途**

竿直分枝高，株形优美，竹竿及枝全为紫色，紫色的竹竿与绿色的叶片相映成趣，十分别致，整株造型古朴优雅，观赏价值高，可与琴丝竹、槽里黄刚竹、黄皮刚竹等竹竿颜色特别的竹种同栽于园林中增添色彩变化，多见丛植于庭园中。

- **环境要求**

抗旱性强，稍耐水湿，喜肥沃土壤，一般垂直分布在海拔1 000 m以下。

- **繁殖要点**

移植母竹或埋鞭育苗繁殖。

罗汉竹

(别名：人面竹)

- **拉丁学名：***Phyllostachys aurea* Carr. ex A. et C. Riv.
- **科属**

类别	名称	拉丁名
科	禾本科	Gramineae
属	刚竹属	*Phyllostachys*
种	罗汉竹	*Phyllostachys aurea* Carr. ex A. et C. Riv.

- **树木习性**

散生竹，竿高3～5 m，直径2～3 cm，部分竿的基部或中部以下数节极为短缩而呈不对称肿胀，膨大。

- **形态特征**

类别	形态	颜色	时期
叶	叶片带状披针形或披针形，长6～12 cm，宽1～1.8 cm	绿色	常年
竿	竿形劲直，部分竿的下部节间为畸形	绿色	常年
笋	箨鞘有稀疏褐色小斑点，箨叶带状披针形，下垂	淡紫色至黄绿色	4—5月

- **适用范围**

福建、浙江、江苏等省区。

- **景观用途**

于庭院空地栽植可供观赏；亦可与佛肚竹、方竹等竿有特殊变化的种类配植，增添景趣。

- **环境要求**

喜温暖潮湿，稍耐寒，适生于土层深厚的低山丘陵及平原地区。

- **繁殖要点**

移植母竹及埋鞭法繁殖。

方竹

- **拉丁学名：***Chimonobambusa quadrangularis* (Fenzi) Makio
- **科属**

类 别	名 称	拉丁名
科	禾本科	Gramineae
属	寒竹属	*Chimonobambusa*
种	方竹	*Chimonobambusa quadrangularis* (Fenzi) Makio

- **树木习性**

高 3～8 m，节间呈钝圆四方形，深绿色；竿环基隆起，基部数节常具一圈刺瘤；叶 2～5 片着生小枝上，薄纸质窄披针形；花枝无叶，小穗常簇生成团。

- **形态特征**

类别	形态	颜色	时期
叶	叶质薄，常 3～5 枚生于小枝上，窄披针形，长 9～27 cm，宽 1.3～2.7 cm	绿色	常年
竿	节间呈钝圆的四棱形	绿色	常年
笋	箨鞘纸质或厚纸质，早落；箨耳和箨舌不发达；箨片极小	黄褐色	9—10 月

- **适用范围**

产于我国江苏、浙江、福建、台湾、广东、广西以及秦岭南坡等地。

- **景观用途**

竹竿呈青绿色，竹节头带有小刺毛，绿叶婆娑成塔形；四季均可发笋，常作观赏用。

- **环境要求**

喜阴凉潮湿，畏光，适生于土质肥沃、排水性好的地区。

- **繁殖要点**

母竹移植或鞭根移植。

佛肚竹

- **拉丁学名**：*Bambusa ventricosa* McClure
- **科属**

类别	名称	拉丁名
科	禾本科	Gramineae
属	簕竹属	*Bambusa*
种	佛肚竹	*Bambusa ventricosa* McClure

- **树木习性**

乔木型或灌木型，高 8～10 m，直径 3～5 cm，四季常青，其节间膨大，状如佛肚，形状奇特，故得名“佛肚竹”。

- **形态特征**

类　别	形　　态	颜　色	时　期
叶	叶片条状披针形至长圆状披针形	绿色	常年
竿	有二型，正常为圆柱形，节间 30～35 cm；畸形竿节间较短，高 25～50 cm，基部肿胀，呈瓶状	绿色	常年
笋	箨鞘早落，箨耳不相等，箨舌短，箨片直立或外展，易脱落	黄褐色	3—5 月

- **适用范围**

产于广东，现我国南方各地均有引种栽培。

- **景观用途**

竹竿畸形，样子独特，为优良园林观赏竹种，适宜于庭院空地栽植，可盆栽或制作盆景，以供观赏。

- **环境要求**

喜温喜光，畏寒畏旱，宜在肥沃疏松的砂壤土中生长。

● **繁殖要点**

宜母竹移植或鞭根移植,还可扦插繁殖。

孝顺竹

● **拉丁学名**:*Bambusa multiplex* (Lour.) Raeusch. ex Schult.

● **科属**

类 别	名 称	拉丁名
科	禾本科	Gramineae
属	簕竹属	*Bambusa*
种	孝顺竹	*Bambusa multiplex* (Lour.) Raeusch. ex Schult.

● **树木习性**

灌木型丛生竹,高 4~7 m,直径 1~3 cm;枝叶稠密纤细下弯;竹竿丛生,幼竿稍有粉。

● **形态特征**

类 别	形 态	颜 色	时 期
叶	叶片线状披针形或披针形,长 4.5~13 cm,宽 6~12 mm	绿色	常年
竿	挺直,丛生,节间上部有暗棕色或棕色刚毛;竿绿色,老时变黄色,梢稍弯曲;枝条多数簇生于一节	绿色	常年
笋	箨鞘薄革质、硬脆、淡棕色,背面无毛,无箨耳或箨耳很小,有纤毛	褐色	秋季

- **适用范围**

原产于东南亚各国，现分布于我国东南部至西南部，野生或栽培。

- **景观用途**

多丛植以做绿篱或供观赏，本种植丛秀美，最宜植于园中或宅旁，也常在塘边、河岸栽植。

- **环境要求**

喜温暖湿润，畏寒，适宜生长在排水良好、湿润的土壤。

- **繁殖要点**

丛生竹的繁殖，园林中常以移植母竹为主，亦可埋兜、埋竿、埋节繁殖。

- **变种与变型**

① 凤尾竹[cv. *nana* (Roxb.) Keng f.]：栽培品种，比原种矮小，竿高常1～2 m，直径不超过1 cm，枝叶稠密，纤细而下弯；叶细小，长2.5 cm左右，宽3～8 mm，常20片排生于枝之两侧似羽状；盆栽观赏或作为绿篱。

② 小琴丝竹(f. *alphonsokarri* Sasaki)：节间鲜黄，竿上有显著绿色之纵纹；常盆栽或栽植于庭院观赏。

淡竹

- 拉丁学名:*Phyllostachys glauca* McClure
- 科属

类别	名称	拉丁名
科	禾本科	Gramineae
属	刚竹属	*Phyllostachys*
种	淡竹	*Phyllostachys glauca* McClure

- 树木习性

中型竹,竿高6～14 m,直径可达2～5 cm。

- 形态特征

类别	形态	颜色	时期
叶	叶片披针形,长5～16 cm,宽1.2～2.5 cm	绿色	常年
竿	新竿被雾状白粉而呈蓝绿色,老竿绿色或黄绿色	灰黄绿色	常年
笋	箨鞘淡红褐色或黄褐色,具稀疏紫褐斑点和斑块,无箨耳,箨舌紫色,先端截平形	褐色	4—5月

- 适用范围

产于黄河流域至长江流域等地。

- 景观用途

淡竹竿高、叶翠,姿态秀丽,适合在园林中营造散生竹林,多用于庭园观赏。

- 环境要求

耐寒耐旱,适应性强,常见于平原、低山坡地及河滩上。

- 繁殖要点

移植母竹造林,早春或梅雨季移竹较易成活。

箬竹

- 拉丁学名：*Indocalamus tessellatus* (Munro) Keng f.
- 科属

类　别	名　称	拉丁名
科	禾本科	Gramineae
属	箬竹属	*Indocalamus*
种	箬竹	*Indocalamus tessellatus* (Munro) Keng f.

- 树木习性

灌木状或小灌木状，竿为圆筒形，叶片呈长披针形，散生锈色短柔毛，叶基急收缩，叶缘有尖锐小锯尖；叶柄健壮而带微紫色；花序主轴和分枝均密被棕色短柔毛。

- 形态特征

类　别	形　　态	颜　色	时　期
叶	宽披针形或长圆状披针形，长 20～46 cm，宽 4～10.8 cm	绿色或有斑纹	常年
竿	竿高约 0.75～2 m，直径 2.5～5 mm；节间长 2.5～5 cm，竿上每节生枝条 1 枚(稀有 2 枚者)	绿色	常年
笋	箨鞘长 20～25 cm；箨舌顶端呈弧形，背部有棕色伏贴微毛	棕色	4—5 月

● **适用范围**

原产于浙江西天目山、衢县和湖南零陵阳明山，现分布于华东、关中地区及汉江流域(陕西段)，山东南部亦有栽培。

● **景观用途**

植株低矮，丛状密生，叶色翠绿，是园林中常见地被植物。

● **环境要求**

阳性竹类，喜温暖湿润，宜生长在疏松、排水良好的酸性土壤中。

● **繁殖要点**

移植母竹繁殖，易成活。

菲白竹

● **拉丁学名**：*Sasa fortunei* (Van Houtte) Fiori

● **科属**

类别	名称	拉丁名
科	禾本科	Gramineae
属	赤竹属	*Sasa*
种	菲白竹	*Sasa fortunei* (Van Houtte) Fiori

● **树木习性**

小灌木状，高 10～30 cm，高大者可达 50～80 cm，直径 1～2 mm；竿每节不分枝或每节仅分 1 枝；叶片狭披针形，叶柄极短，叶鞘淡绿色无毛，边缘有明显纤毛，鞘口有数条白缘毛。

● **形态特征**

类别	形态	颜色	时期
叶	叶片短小披针形，长 6～15 cm，宽 8～14 mm	—	常年
竿	节间细而短小，圆筒形	绿色或花叶(黄色或白色)	常年
笋	箨鞘宿存，无毛，鞘口缝毛白色	—	4—5 月

- **适用范围**

原产于日本，江苏和浙江省有栽培。

- **景观用途**

为城市公园或庭院的良好观赏竹种，是一种极好的地被植物，也是盆栽或盆景中配植的好材料。

- **环境要求**

喜温暖湿润气候，不耐寒，忌烈日，宜半阴，在肥沃疏松、排水良好的砂质壤土生长良好。

- **繁殖要点**

主要采用分株和扦插的方法繁殖。

翠竹

- **拉丁学名：***Sasa pygmaea* (Miq.) E.-G. Camus
- **科属**

类 别	名 称	拉丁名
科	禾本科	Gramineae
属	赤竹属	*Sasa*
种	翠竹	*Sasa pygmaea* (Miq.) E.-G. Camus

- **树木习性**

小型灌木状，竿高 20～40 cm，直径 1～2 mm；竿箨及节间无毛，节处密被毛；叶二行列排列，叶鞘有细毛，叶耳不发达，鞘口柔毛白色、平滑，叶片线状披针形，叶基近圆形，先端略突渐尖或为渐尖。

类 别	形 态	颜 色	时 期
叶	叶片线状披针形，长 4～7 cm，宽 7～10 mm	翠绿色	常年
竿	节间圆筒形，无沟漕，竿节隆起，竿每节仅分 1 枝，并常与主竿同粗	翠绿色	常年

（续表）

类别	形　态	颜色	时期
笋	竿箨宿存，质地厚硬，箨耳及缝毛有时无，箨片披针形	褐色	4—5月

- **适用范围**

原日本栽培，观赏竹类。

- **景观用途**

叶小翠绿，植株矮小，宜栽作地表绿化观赏用。

- **环境要求**

系浅根植物，适宜在肥沃、疏松的酸性土壤中生长。

- **繁殖要点**

宜母竹移植或鞭根移植繁殖。

索　引

E

F

G

H

J

K

L

M